U1015924

大学物理实验教程

主　　编：闫万珺　张忠政　张殿喜
副 主 编：杨　勇　张春红　郭宗富
参编人员：王太荣　李瑞琴　陈　英　李东翔　李兴华
骆远征　陈少波　曾凡金　邹世乾　冯春杰

湘潭大学出版社

前 言

物理学是一门实验学科，其实验思维、实验方法和实验手段广泛应用于科学技术的各个领域。大学物理实验可以培养学生的创新能力和实践能力，提高学生的科学素养，是大学物理教学中极其重要的教学环节，是高等学校理工科学生必修的一门基础实验课程。通过大学物理实验的训练与学习，学生可以培养发现问题、分析问题和解决问题的能力，培养严谨的科学学风，为今后的学习和科学研究奠定良好的实验基础。

本书是根据教育部制定的《非物理类理工科大学物理实验课程教学基本要求》，在广泛汲取国内同类教材精华的基础上，结合多年实验教学和我校物理实验教学仪器设备的实际情况编写而成的。本书以学生为中心，编写的内容按照普通物理（力学、热学、光学、电磁学）的实验课程体系，各部分均按照基础性实验、综合性实验和设计性实验来构建物理实验教学体系，突出对学生基本能力的训练和创新意识及创新能力的培养。

全书共分为 4 章，绪论部分主要介绍了物理实验课程的目的、物理实验课程的主要教学环节和物理实验规则。第 1 章系统地介绍了误差理论与数据处理基础知识等内容；第 2 章为力学和热学部分的实验，包括基础性实验 8 个、综合性实验 5 个、设计性实验 5 个；第 3 章为光学部分的实验，包括基础性实验 12 个、综合性实验 12 个、设计性实验 3 个；第 4 章为电磁学部分的实验，包括基础性实验 5 个、综合性实验 10 个、设计性实验 3 个。

大学物理实验课程是体现集体智慧和教学研究成果的一门课程，本实验教程由安顺学院数理学院大学物理教研室和物理学校级重点支持学科团队的教师共同编写完成。本教材在编写过程中，得到了安顺学院领导的热情鼓励和大力支持，同时，一些兄弟院校的教材也为本教材的编写提供了很好的借鉴，对此一并表示衷心感谢。由于编者水平有限，编写时间仓促，书中难免会有疏漏和不妥之处，敬请专家、同行批评指正。

编　者

2019 年 10 月

目　录

绪　论

一、物理实验课程的目的

物理学是一门实验科学，无论是物理概念的建立还是物理规律的发现都必须依赖于科学实验，并通过今后的科学实验来证实。大学物理实验课程是对大学生进行实验方法和实验技能基本训练的入门课程，在培养学生的基本科学能力和素质等方面具有重要作用，其教学目的是：

(1) 使学生通过对实验现象的观察、分析和研究，学习物理实验基础知识和设计思想，理解和应用物理学原理。

(2) 培养学生的科学实验能力，包括：通过阅读实验教材和查阅参考资料，正确理解实验内容；借助教材或仪器说明书，正确使用仪器；运用物理学理论对实验现象进行初步分析和判断；正确记录和处理实验数据，撰写合格的实验报告；能够根据实验目的和实验仪器独立设计出合理的实验。

(3) 提高学生的实验素养，包括理论联系实际、实事求是的科学作风，严肃认真、一丝不苟的工作态度，主动研究、积极创新的探索精神，以及遵守纪律、爱护公物、团结协作的优良品德。

二、物理实验课程的主要教学环节

物理实验课程具体分为3个主要教学环节：

(1) 实验预习。仔细阅读实验教材或查阅有关实验资料，理解实验目的、实验要求、实验原理和实验方法，初步了解有关测量仪器的主要性能、使用方法和注意事项。对于设计性实验，需要根据实验目的和实验仪器设计实验方案和实验基本步骤。

(2) 实验过程(仪器操作、测量记录)。操作和测量是实验教学的主要环节。实验前，指导教师应作简要讲授和提问。学生开始进行实验时，应先检查仪器设备并简单练习操作，基本熟悉仪器性能及使用方法后才能开始进行实验。

实验过程要严肃认真，仔细观察物理现象，正确读取和记录测量数据，要实事求是地分析处理，不要碰到问题就一概归咎于仪器设备。若发现问题而无法解决，应及时向指导教师报告，由指导教师处理。仪器设备的调整、操作和测量记录，是科学实验的基本功。实验记录内容一般包括如下几个方面：① 与实验条件有关的物理量(室温、气压等)。② 实验仪器、设备(仪器型号、编号、级别、精度等)。③ 与测量有关的物理量。应按照实验要求多次测量、记录。每次测读到的数值、有效数字和单位应立即如实地记录在表格上。若发现记录数据有问题，可以再次测量，切不可抄袭或涂改数据。实验完毕后，记录数据交指导教师审阅签名。最后还应按照实验前状况整理好仪器设备。

(3) 实验报告。实验报告是实验工作的全面总结，是对实验目的和实验要求的回答，是学生思考能力提高的过程，因此实验报告不能简单抄写记录和计算结果。

撰写实验报告要简明扼要，有自己的特色，注重条理性，要有主要的数据处理过程，要有实验结果以及对实验结果的评价，要有实验后的思考和分析。

实验报告的基本内容主要有：① 实验名称；② 实验目的；③ 实验仪器设备；④ 简要实验原理；⑤ 简要实验步骤和实验数据记录；⑥ 实验数据处理；⑦ 实验结果与分析；⑧ 实验后的思考与总结。

三、物理实验规则

(1) 进入实验室时，应保持安静，不得喧哗取闹。保持清洁，不准吸烟和乱扔果皮纸屑等。

(2) 实验前，应先检查仪器设备，了解仪器性能和使用方法，然后才能开始实验。如有疑问，应询问指导教师。

(3) 实验过程中，应听从指导教师和实验工作人员的指导，未经许可不得任意调换各组仪器。

(4) 爱护仪器设备，对仪器性能不了解时，不得随意扭动仪器开关部件。如损坏了仪器，应立即报告指导教师并进行登记，根据具体情况按学校规定处理。

(5) 注意安全，严禁违反用电规程，防止发生损坏仪器及人身事故。

(6) 实验过程中，如有违反实验室规则而又不听从规劝改正者及无故迟到 15 分钟以上者，应停止其实验。

(7) 无故缺课者，实验室不予补做。因事因病缺做实验者，由实验室和指导教师统一安排补做实验。

(8) 实验结束后，应把仪器理清点好，指导教师检查并签名后，方能离开实验室。

第 1 章

误差理论与数据处理基础知识

第 1 节　测量误差的基本概念

一、测量

测量分为直接测量和间接测量。直接测量是把待测量与同类的标准量进行比较，得到待测量值的大小和单位的过程。例如，用游标尺测物体的长度，用天平测物体的质量等。间接测量的待测量则是由若干个直接测量的量经过一定的函数关系运算后获得。例如，圆柱体的体积 $V=\pi\left(\frac{d}{2}\right)^2 h$，梯形面积 $S=\frac{a+b}{2}h$ 。

二、误差

测量结果不仅应当提供被测量对象的量值大小和单位，还应该对量值本身的可靠程度作出判断。不知道可靠程度的测量值，是没有多大意义的。不确定度就是用于表征测量值可靠程度的一个定量指标。

在确定的条件下，待测量具有的客观实际值叫作真值。当被测量的对象和测量过程完全确定，且所有测量的不完善性完全排除时，测量值就等于真值。但是，严格的完善测量难以做到，故真值也不可以完全达到。由于受测量的环境、方法、仪器及观测者等诸多因素的影响，使得测量值偏离真值，这种偏差叫作误差(error)。设被测量真值为 a，测量值 x 的绝对误差 Δx 定义为

$$\Delta x = x - a \tag{1}$$

误差的绝对值越小，测量值就越准确。但对于不同的测量结果，即使误差相同，测量结果的优劣也不一定相同。例如，假设某物体的长度测量值为 10 cm，若误差为 1 cm；另一物体的长度测量值为 100 cm，误差也为 1 cm，它们的误差值相同，但后者的测量结果要好于前者，用相对误差可以表示出这种区别。用 E 表示相对误差，其定义为

$$E = \frac{\Delta x}{x} \times 100\% \tag{2}$$

三、不确定度

由于真值不可以完全达到，因此，误差只是一个理想的概念，无法通过测量给出。在实际测量中，保持测量条件相同，对一个被测量进行多次测量得到的一组数据叫作一组等精度的测量值，即一个测量列。这些测量值的算术平均值叫作这个测量列的最佳估计值，或者数学期望。

设被测量 x 的测量值为 $x_1, x_2, \cdots, x_n$，则最佳估计值为

$$\bar{x} = \frac{1}{n}\sum_{i=1}^{n} x_i \tag{3}$$

最佳估计值只能无限趋近于真值，所以，实验中用不确定度 u(uncertainty) 表示测量值

与最佳估计值的偏差，即

$$u = |x - \bar{x}| \tag{4}$$

这样定义的不确定度是绝对不确定度，在没有特别指明时，不确定度就用绝对不确定度来表示。它是对测量的真值在某个量值范围的一个客观评定。用 u 代表不确定度，x 表示测量值，则测量的真值以某一较高的概率出现在 $(x-u, x+u)$ 区间。

不确定度通常含有两类分量：用统计学方法计算的 A 类分量 u_A 和用其他方法评定的 B 类分量 u_B。u_A 通常用标准误差来表示，u_B 的评定方法与具体的实验仪器和测量条件有关。

总不确定度按"方和根法"合成：

$$u = \sqrt{u_A^2 + u_B^2} \quad 或 \quad u = ku_c \tag{5}$$

其中，u_c 表示标准不确定度。有些问题往往需要用相对不确定度来表示，相对不确定度常常表示为绝对不确定度与测量列的最佳估计值 $\bar{x}$ 之比。相对不确定度常用百分数来表示，即

$$u_r = \frac{u}{\bar{x}} \times 100\% \tag{6}$$

不确定度是说明测量结果的一个参数，是说明测量结果可靠程度的一个定量指标，用于表征合理赋予被测量值的分散性，也就是表征被测量所处量值范围的一个评定。由此可见，误差与不确定度是有区别的，误差是一个理想的概念，不能准确地知道，但不确定度反映误差分布的范围，可由不确定度理论求得。

不确定度并不是实际值的误差，也不代表误差的绝对值，它只是提供了在概率含义下的误差可能取值范围的一种估计。在许多情况下，测量值可能相当接近于真值，两者之间的差值明显地小于不确定度。真值落在不确定度提供的范围之外的可能性很小。

四、精密度、准确度

表达测量不确定度的大小，有两个常用的术语。其一是精密度(precision)，它用来描述重复测量的离散程度，反映随机不确定度的大小，精密度高则离散小、重复性好；其二是准确度(accuracy)，它用来描述测量结果与被测量真值之间的一致性程度，反映系统不确定度和随机不确定度综合的结果，准确度越高，则测量值越接近于真值。此外，在一些教科书中，常用正确度来反映系统不确定度的大小。图 1 给出了精密度、正确度和准确度的形象说明。

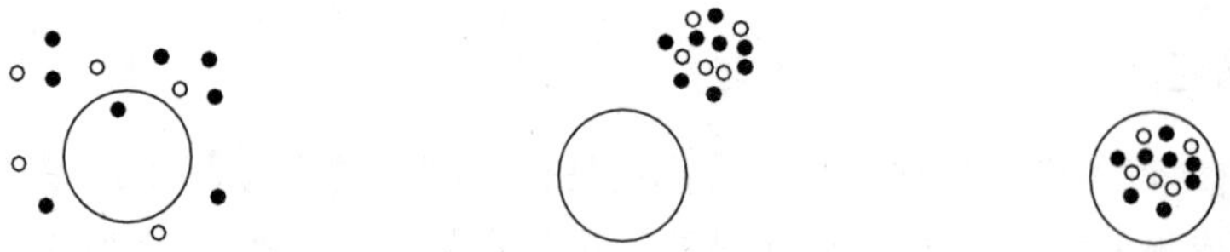

(a)正确度高而精密度差　　(b)正确度差而精密度高　　(c)准确度高

图 1　精密度、正确度和准确度形象说明图例

第2节 测量值的有效数字

一个测量结果究竟应该给出多少位数字呢？经常有学生把数据保留至两位小数，也有许多学生把计算器(机)算出的一大串数字全部抄写在实验报告上，这样做都是错误的。其实，当一个实验方案确定后，所选用的测量仪器就已经认定了实验结果的数位，这些数位不能由主观随意而定。

一、有效数字

实验结果给出的数字叫有效数字。有效数字给出测量的有效信息，是由不确定度决定的。有效数字的第一个影响因素就是有效读数，如何进行有效读数，下面通过举例说明。

用两把分度分别为毫米(钢卷尺)和厘米(皮尺)的刻度尺，测量一段木杆的长度。用厘米分度的刻度尺测量的读数为 6.7 cm，其中，6 是准确读数，7 是估计读数，估计读数也叫欠准数字、可疑数字。用毫米分度的刻度尺测量的读数为 6.70 cm，其中，6.7 为准确读数，最后一个 0 为估计读数，如图 2 所示。

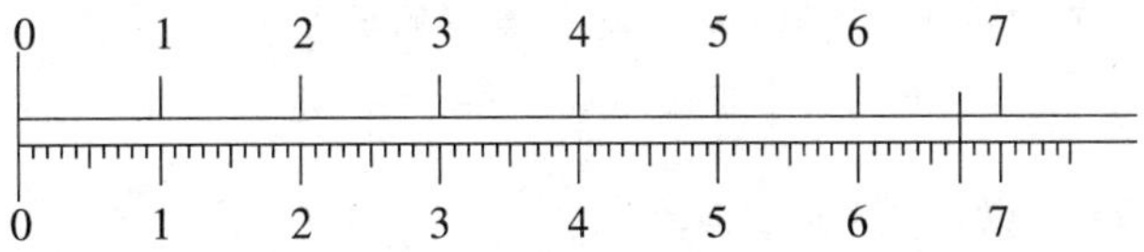

图 2 刻度尺读数示例图

准确读数与估计读数构成有效数字，也就是说有效读数在末位上的数字是可疑的，具有不确定性。但它能使测量结果更准确，没有这一位数字，测量值与待测量的实际值偏差就更大，所以测量时都要在末位估数。例如，实验室中测量微小长度的螺旋测微器，将 0.5 mm 分成 50 格，每格 0.01 mm，再估计 1 位，可读到 0.001 mm 数位上。分度为 1 ℃的温度计，可以读到 0.1 ℃数位上。用电流表、电压表测量电流强度和电压时，可以按最小刻度的十分之一估读 1 位。用电子表测量物理量时，如电子秒表能读出"××分××秒××"，即能读到 1/100 s，最后一位为欠准数字。数字表读数的最后一位都是欠准数字。对于 50 分度的游标尺，因为主尺上 49 mm 在辅尺(游标)上分成 50 格，故称 50 分度游标尺，其精度为 0.02 mm，读数时按游标零点处读出主尺上的毫米数，再找到主尺和游标对齐的位置，读数的末位是 0.02 mm 的倍数，与主尺上的毫米数相加，得有效数字。注意，末位不会出现奇数，末位就是欠准数。

在一次测量中，数字前面的"0"不作为有效数字，它通常由选取的单位所决定，而数字后面的"0"则是有效数字，它反映了所取的实验工具的精度和测量的精度。

二、有效数字的运算规则

影响有效数字的第二个因素就是有效数字的运算，有效数字的运算规则如下：

(1) 加减运算

$$N = A - B + C - D \tag{7}$$

在同一单位下，各因子中欠准数位最高的那个数字就决定了结果的有效数字的最后一位数。例如，$N=15.43-4.263+503.2-87=427$。

$$\begin{array}{r} 15.4\overline{3} \\ -4.26\overline{3} \\ \hline 11.1\overline{67} \end{array} \qquad \begin{array}{r} 11.1\overline{67} \\ +503.\overline{2} \\ \hline 514.\overline{367} \end{array} \qquad \begin{array}{r} 514.\overline{367} \\ -8\overline{7} \\ \hline 42\overline{7.367} \end{array}$$

在上面的竖式中，有上划线的数字表示欠准数，最后结果欠准数保留 1 位。

(2) 乘除运算

$$N = \frac{AB}{C} \tag{8}$$

各因子中有效数字位数最少的因子决定结果的有效数字位数。例如，

$$N = \frac{\pi}{4}(4.326)^2 \times \frac{5.64}{32.44} = 2.55$$

(3) 乘方与开方。其结果的有效数字应与其底的有效数字相同。

(4) 三角函数。三角函数的有效数字位数由角度的有效数字位数决定。物理实验中，角度多由分光计测出，其精度为 $1'$。$\sin 1' = 0.000\,3$，故一般取 4 位有效数字。

(5) 准确数与常数及一些系数不影响有效数字，但在具体运用时，所取数字的位数不得少于测量所得的各因子中有效数字最少的那个因子的数位。

注：其他函数有效数字运算参阅有关书籍，这里不再详述。

三、不确定度对有效数字的影响

影响有效数字的第三个因素就是不确定度的分析。在测量结果中，结果的有效数字应当与不确定度相符。一般来说，不确定度数字保留 1～2 位。有效数字在普通物理实验中只要求保留 1～2 位不确定数字，有效数字的最后 1 位是测量的不确定度所在的数位。

第 3 节　测量误差的分类和评定

一、误差的分类

当分析导致测量值偏离其真值的原因时，可以根据误差出现的不同特点，把误差分为系统误差和随机误差。

1. 系统误差

在一定的实验条件下，对同一被测量进行多次测量时，保持恒定或以预知的方式变化的测量误差称为系统误差。它有两类：一类是固定值的系统误差，其值（包括正负号）恒定；另一类是随条件变化的系统误差，其值以确定的、已知的规律随某些测量条件变化。系统误差来源于测量装置（标准器具、仪器、附件和电源等）、环境（温度、湿度、气压、振动和电磁辐射

等)、方法(理论公式的近似限制或测量方法的不完善等)以及测量人员(测量人员感官不完善、具有某种习惯或偏向)等方面。

在进行测量之前,测量者要对可能产生系统误差的环节做仔细的分析,从产生根源上加以消除。例如:若系统误差来自仪器不准确或使用不当,则应该把仪器校准,并按规定的使用条件去使用;若理论公式是近似的,则应在计算时加以修正;若测量方法上存在着某种因素会带来系统误差,则应估计其影响的大小或改变测量方法以消除其影响;若外界环境条件急剧变化或存在某种干扰,则应设法稳定实验条件,排除有关干扰;另外,有些物理现象存在着统计涨落,测量仪器产生零点漂移,控制的实验条件随时间而明显变化等,这些因素都将带来系统误差。总之,对实验本身的分析研究,往往使我们能直接找出系统误差的来源,并估计其大小。

2. 随机误差

在一定条件下对被测量进行多次测量时,以不可预知的随机方式变化的测量误差称为随机误差,这种误差时大时小、时正时负,没有规律性,任何计量性测量中随机误差总是存在的。

随机误差来源于许多不可控因素的影响,例如,环境的无规则起伏,仪器性能的微小波动,观察者感官分辨本领的限制,以及一些尚未发现的因素等。这种误差对每一次测量来说没有必然的规律性,但进行多次重复测量时会呈现出统计规律性。虽然无法消除或补偿测量结果的随机误差,但增加观测次数可使它减小,并可用统计方法估算其大小。

假设有一个物理量的测量值为 z,其真值为 a,横坐标表示误差 $\Delta = z - a$,纵坐标表示误差出现的概率密度 $f(\Delta)$,$f(\Delta)$-Δ 的关系曲线具有左右对称性,称为正态分布曲线,如图 3 所示。

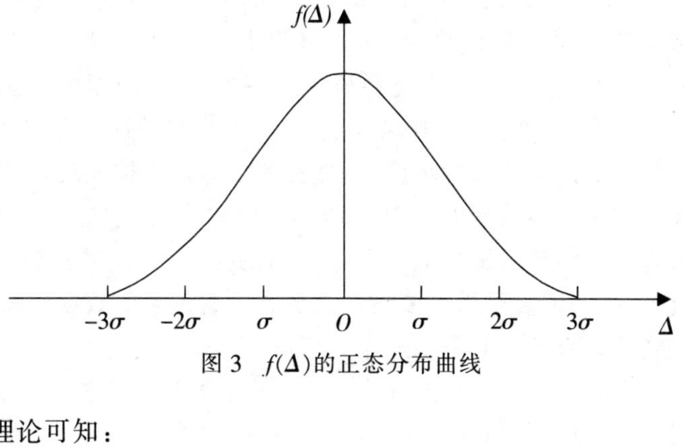

图 3　$f(\Delta)$的正态分布曲线

由数理统计理论可知:

$$f(\Delta) = \frac{1}{\sigma\sqrt{2\pi}} e^{-\frac{\Delta^2}{2\sigma^2}} \tag{9}$$

式中,特征量 σ 为

$$\sigma = \sqrt{\int_{-\infty}^{+\infty} \Delta^2 f(\Delta) \mathrm{d}\Delta} = \lim_{n\to\infty} \sqrt{\frac{1}{n}\sum_{i=1}^{n}(x_i - a)^2} \tag{10}$$

称为标准差。数理统计理论证明,测量值 x_i 落在$[a-\sigma, a+\sigma]$范围内的可能性为68.3%,落在$[a-2\sigma,a+2\sigma]$范围内的可能性达到95.5%，落在$[a-3\sigma,a+3\sigma]$范围内的可能性达到99.7%。值得注意的是，在实验中，测量的次数不可能是无穷多次的，一般只进行8～10次，所以，常用标准差的估计值

$$s=\sqrt{\frac{1}{n-1}\sum_{i=1}^{n}(x_i-\overline{x})^2} \tag{11}$$

来表示有限次测量值的标准差，叫作样本不确定度。

3.随机误差与系统误差的关系

随机误差与系统误差是两种不同性质的误差，但它们之间又有着内在联系。在一定的实验条件下，它们有自己的内涵和界限，当条件变化时，彼此又可能互相转化。随机误差本身是许多微小的、独立的、难以控制的、不可分解的系统误差的随机组合。随着测量技术的发展和实验设备的改进，某些造成随机误差的因素能够得到控制，随机误差就可确定为系统误差，并得到改善或修正，而有些规律复杂的未定系统误差，也可以通过改变测量状态使之随机化，这种系统误差又可当作随机误差处理。事实上，对于那些微小的未定系统误差，很难做到在测量时保证其确定的状态，因此，它们就会像随机误差那样，呈现出某种随机性。

在实际测量中，虽然尽可能地设法限制和消除系统误差，通过多次测量来减小随机误差，但两种误差还会同时存在，这时需按其对测量结果的影响分别对待：

(1) 若系统误差经技术处理后消除，或远小于随机误差，可按纯随机误差处理；

(2) 若系统误差的影响远大于随机误差，可按纯系统误差处理；

(3) 若系统误差与随机误差的影响差别不大，两者均不可忽略，则应按不同的方法分别处理并综合两种误差。

4.粗差

此外，还有一种由于环境或人为因素导致的错误，叫作粗差。在数值上，粗差表现为明显超出规定条件下预期值的不确定度。在实验过程中，由于某种差错使得测量值明显偏离正常测量结果，例如，读错数、记错数或者环境条件突然发生变化而引起测量值的错误等。在对同一被测量进行多次测量的过程中，个别带有过失粗差的测量值可用统计方法鉴别出来。凡是带有过失粗差的测量值称为坏值，虽然在测量时没有被发现，但我们应把测量值中含有粗差的值剔除。这是实验数据处理中首先要进行的一项工作。在实验数据处理中，应按一定的规则来剔除含有粗差的测量值。必须指出的是，对原始数据的处理应持极为慎重的科学态度，绝不应该把因测量的随机波动性而含有正常偏差的数据剔除掉，随意舍弃偏差较大的数据而造成实验结果的虚假是绝对不允许的。

判别测量值中是否含有应该剔除的异常值，在统计学中已经建立了多种准则。当重复测量次数较多时，拉依达(Paita)准则(即3倍样本不确定度准则)是一种最为简便的方法。这种判别方法是先求出测量值的平均值$\overline{x}$和样本不确定度$s=\sqrt{\frac{1}{n-1}\sum_{i=1}^{n}(x_i-\overline{x})^2}$，如果某可疑数据$x_i$与平均值$\overline{x}$的偏差满足$|x_i-\overline{x}|>3s$时，则$x_i$应该剔除。因为前面提到测量值与平均值的偏差在$\pm 3s$范围内的置信概率已达99.7%，超出这个范围以外的概率只有0.3%。该异常测量值剔除后，还应对余下的测量值的数据用同样的方法检验是否存在异常值。应当指出，拉伊达准则对于重复测量次数较少($n<5$)的情况来说，其判别可靠性是不够

好的，更可靠的剔除可疑数据的方法是格拉布斯(Grubbs)准则等。

二、不确定度的评定

由于测量误差不可避免，使得真值不能确定，真值不能确定，也就无法确定误差的大小，因此，实验数据处理就只能求出实验的最佳估计值及其不确定度，通常把结果表示为

$$x = \overline{x} \pm u_{\overline{x}} \tag{12}$$

测量结果分为直接测量结果和间接测量结果，现在分别讨论直接测量结果和间接测量结果的不确定度的计算。

1. 直接测量结果不确定度的评定

(1) A 类标准不确定度的评定

A 类标准不确定度是由统计方法评定的。对于大量可重复事件，虽然单个事件出现的状态具有很大的偶然性，但事件的总体却表现出一定的规律性，这种规律性就叫作统计规律性。单个事件表现出来的偶然性叫作随机性。我们可以用一个变量代表单个事件，这样的变量也就叫作随机变量。由于随机变量受到不同因素的影响，或者物理现象本身的统计性差异使得随机变量的概率分布形式多种多样。常见的随机变量的概率分布有二项式分布、泊松分布、均匀分布和正态分布(又称高斯分布)。实际使用中，最重要的概率分布是正态分布。

由正态分布得到样本平均值的标准偏差 $s_{\overline{x}}$，即

$$s_{\overline{x}} = \sqrt{\frac{\sum_{i=1}^{n}(x_i - \overline{x})^2}{n(n-1)}} = \frac{s}{\sqrt{n}} = u_A \tag{13}$$

称为标准不确定度，是 A 类标准不确定度的评定分量。

例 1　用游标尺测量一个物体的长度 10 次，得到表 1 的数据。

表 1　用游标尺测量物体长度的数据

测量次数 n	1	2	3	4	5	6	7	8	9	10
长度 L_i/cm	5.998	6.002	6.000	5.996	6.004	5.996	5.998	6.002	6.004	5.998
偏差 $(L_i - \overline{L})$/cm	0.002	0.002	0.000	0.004	0.004	0.004	0.002	0.002	0.004	0.002

求：① 物体长度的平均值；② 样本不确定度；③ 平均值的标准不确定度；④ 测量的总不确定度、相对不确定度及实验结果。

解　① 长度的平均值：

$$\overline{L} = 6.000 \text{ cm}$$

② 样本不确定度：

$$s_L = \sqrt{\frac{1}{10-1}\sum_{i=1}^{10}(L_i - \overline{L})^2} = 0.003 \text{ cm}$$

③ 平均值的标准不确定度：

$$u_{\overline{L}} = \sqrt{\frac{1}{10\times(10-1)}\sum_{i=1}^{10}(L_i - \overline{L})^2} = 0.001 \text{ cm}$$

④ 总不确定度(设 $k = 3$)：

$$u = 3u_{\overline{L}} = 3\times 0.001 \text{ cm} = 0.003 \text{ cm}$$

相对不确定度：

$$u_r = \frac{0.003\ \text{cm}}{6.000\ \text{cm}} \times 100\% = 0.05\%$$

最终实验结果：

$$L = (6.000 \pm 0.003)\ \text{cm}$$

(2) B类标准不确定度的评定

B类标准不确定度是用非统计分析的其他方法评定的，对于那些未能进行多次重复测量的情况，显然不能进行统计处理，这时要利用被测量 x 可能变化的全部可用信息进行科学判断。因为不确定度的评定所依据的信息包括以前的测量数据、对测量中所用装置或材料性能的了解程度、厂商的技术指标、鉴定证书或其他证书的数据等。在测量精度要求不高或某个量的测量不确定度的大小对实验结果无大的影响时，常常使用仪器的出厂公差或仪器不确定度限作为一次测量的不确定度。B类标准不确定度常用 u_B 表示。仪器不确定度限是指在正确使用条件下，仪器可能出现的最大不确定度。通常按以下5种方法确定：

① 有刻度的仪器，如果未标出精度(等级)，取其最小分度的一半为测量不确定度限，即 $u=e/2$，e 为最小分度。

② 标有精度的仪器仪表，将精度作为测量不确定度，例如，精度为0.02 mm的游标尺，取 $u=0.02$ mm。

③ 有精度等级的仪器仪表，按精度等级计算不确定度。

在多挡连续示值的仪器仪表等计量器具中，各刻度点的示值和它所对应的真值都不相同，计算相对不确定度时，因所有的分母都不相同，使用起来很不方便，同时，也难以表征仪器仪表的准确度等级。为此，引入了一种简化而实用的相对不确定度，也称引用不确定度，它等于计量器具示值的绝对不确定度除以某一特定值，这个特定值通常是仪器测量范围的上限，或零点两侧的测量范围之和，引用不确定度通常以百分数给出。例如，电工仪表的精度等级分为0.1、0.2、0.5、1.0、1.5、2.5和5.0等7级，就是以所属仪表的最大引用不确定度为标志的。对于第 k 级的仪表，表明其合格仪表的最大引用不确定度不超过 $k\%$，但不能认为各刻度点上的示值不确定度都是 $k\%$。设某仪表的满刻度值为 x_n，测量点的值为 x，则该仪表在 x 值邻近处的示值不确定度为

$$\text{绝对不确定度} \leqslant x_n k\%; \qquad \text{相对不确定度} \leqslant \frac{x_n}{x} k\%$$

由于 $x \leqslant x_n$，故 x 越接近于 x_n 处，其准确度越高；x 越远离 x_n 处，其准确度越低。因此，用这类仪表测量时应选择合适的量限，尽可能使测量点处在2/3量程以上。

④ 数字显示的仪器仪表，一般取显示末位的一半为测量不确定度限。对于5位以上的精密数字仪表，按仪表说明书取测量不确定度限。

⑤ 单次测量的不确定度常简化取为 $\frac{\Delta}{\sqrt{3}}$，Δ 为仪器的最大误差。

实验测量中消除了一定的系统误差后，仍然存在随机误差和未定系统误差。通常把系统误差存在的范围叫作系统不确定度，随机误差存在的范围叫作随机不确定度。不确定度是对误差可能取值范围的一种估计，一般包含多个分量。按其数值评定方法的不同，可分为

A 类(由统计分析方法评定的不确定度分量)和 B 类(由其他方法评定的不确定度分量)标准不确定度。

由于不确定度的评定要合理赋予被测量值的不确定区间,而不同的置信概率所表示的不确定区间是不同的,因此,还应当表明是在多大概率含义下的不确定度。如果 A 类和 B 类不确定度分量均以一个标准差给定,则合成不确定度也是一个标准差,用 u_c 表示,称为标准不确定度。如果把合成的标准不确定度 u_c 乘以一个与一定置信概率相联系的包含因子(又称覆盖因子) k,则 $u=ku_c$ 称为总不确定度(或展伸不确定度)。

不确定度评定是以统一的观点来对误差进行估计的,A 类和 B 类不确定度只说明不确定度数值评定方法有不同之处,并不是随机不确定度和系统不确定度的区分,把 A 类方法理解为对随机误差的估计,而把 B 类方法说成是对系统误差的估计是不妥当的。实际上,许多未定系统误差由于测量条件的人为改变或不可能实现严格的控制,同样会表现出随机性,也可用 A 类方法来估计,但其随机误差就不可能利用统计方法处理,而要利用被测量可能变化的信息进行判断,这就属于 B 类不确定度分量。另外,还有一些 A 类和 B 类分量本身反映了若干随机误差和系统误差作用的综合。

(3) 系统不确定度的处理

系统误差是一种固定的或服从于一定规律变化的误差。对某物理量做多次重复测量时,系统不确定度不具有抵偿性,所以,通过多次测量不能减小系统不确定度,通常不能用处理随机不确定度的方法来处理系统不确定度。讨论随机不确定度是以测量数据中不包含系统不确定度为前提的,但是系统不确定度与随机不确定度往往同时存在于测量数据中,有时系统不确定度对实验结果的影响比随机不确定度还要大,关系到实验数据的可靠性,以至影响到实验工作的成败,因此,必须采取措施限制和消除系统不确定度。

系统不确定度分为已定系统不确定度和未定系统不确定度(u_s)。对于固定不变的系统不确定度,在测量过程中有很多方法可以限制和消除,如抵消法、代替法、交换法。而对于消除按一定规律变化的系统不确定度,则有对称观测法、半周期偶次测量法、实时反馈修正法等。系统不确定度的产生原因往往可知或能掌握,一经查明就应设法消除其影响。对未能消除的系统不确定度,若它的符号和大小是确定的(即已定系统不确定度),可对测量值加以修正。若它的符号和大小都不确定(即未定系统不确定度),可设法减小其影响并估计出不确定度范围。

(4) 合成标准不确定度

将系统误差引起的未定系统不确定度 u_s 与随机不确定度即平均值的标准不确定度 $u_{\bar{x}}$ 合并,称为合成标准不确定度 u_c,即

$$u_c = \sqrt{u_s^2 + u_{\bar{x}}^2} \tag{14}$$

例 2　用一电压表测量某电压 10 次,得到表 2 的数据。

表 2　用电压表测量电压的数据

测量次数 n	1	2	3	4	5	6	7	8	9	10
电压/ V	1.53	1.50	1.52	1.51	1.55	1.52	1.49	1.53	1.54	1.48

又知未通电时电压表的指针指向 0.01 V,由电压表的精度等级产生的不确定度为0.03 V,求总不确定度及测量结果。

解　由题意可知，已定系统不确定度 $s_1=0.01\ \text{V}$，未定系统不确定度 $u_s=0.03\ \text{V}$，那么测量平均值为

$$\overline{U}=1.52\ \text{V}$$

平均值的标准不确定度为

$$u_{\overline{U}}=\sqrt{\frac{1}{10\times(10-1)}\sum_{i=1}^{10}(U_i-\overline{U})^2}=0.01\ \text{V}$$

消除已定系统不确定度后的修正值为

$$U_c=\overline{U}-s_1=1.52\ \text{V}-0.01\ \text{V}=1.51\ \text{V}$$

合成标准不确定度为

$$u_c=\sqrt{u_{\overline{U}}^2+u_s^2}=0.04\ \text{V}$$

总不确定度(设覆盖因子 $k=3$) 为

$$u=3\times 0.04\ \text{V}=0.12\ \text{V}=0.2\ \text{V}$$

测量结果为

$$U=(1.5\pm 0.2)\ \text{V}$$

在此例中，s_1 为已定系统不确定度，用它对结果进行修正得到 $U_c=\overline{U}-s_1$，u_s 为未定系统不确定度，用它与随机不确定度即平均值标准不确定度合成，得到合成标准不确定度。

2. 间接测量结果不确定度的评定

在间接测量中，被测量是利用直接测量的物理量的结果代入一定的函数关系式计算出来的。那么，如何由直接测量的物理量的不确定度来求得间接测量的物理量的不确定度呢？考虑一般情况，设 y 是 n 个直接测量的物理量 $x_1,x_2,\cdots,x_n$ 的函数，即

$$y=f(x_1,x_2,\cdots,x_n) \tag{15}$$

将函数在 $x_i(i=1,2,\cdots,n)$ 期望值 $\overline{x_i}$ 附近做泰勒级数展开，并略去二次以上的高阶项，可得

$$y=f(\overline{x_1},\overline{x_2},\cdots,\overline{x_n})+\sum_{i=1}^{n}\frac{\partial f}{\partial x_i}(x_i-\overline{x_i}) \tag{16}$$

式中，右边第一项是 y 的期望值 $\overline{y}$，偏微商 $\frac{\partial f}{\partial x_i}$ 是在 $x_i=\overline{x_i}$ 处取值，把上式移项后再平方，可得

$$(y-\overline{y})^2=\left[\sum_{i=1}^{n}\frac{\partial f}{\partial x_i}(x_i-\overline{x_i})\right]^2 \tag{17}$$

在 $x_1,x_2,\cdots,x_n$ 相互独立的情况下，不确定度传递公式为

$$u^2=\sum_{i=1}^{n}\left(\frac{\partial f}{\partial x_i}\right)^2 u_{x_i}^2 \tag{18}$$

根据不确定度传递公式，很容易导出下列简单函数关系的不确定度传递关系：

(1) $y=ax$(a 为常数)，则 $u_y=au_x$。

(2) 设 x_1,x_2,x_3 是互相独立的直接观测量，由它们组成四则运算函数式，那么：

① $y=x_1\pm x_2\pm x_3$，则 $u_y=\sqrt{u_{x_1}^2+u_{x_2}^2+u_{x_3}^2}$；

② $y=c\dfrac{x_1^l x_2^m}{x_3^n}$，则 $\dfrac{u_y}{y}=\sqrt{\left(l\dfrac{u_{x_1}}{\overline{x_1}}\right)^2+\left(m\dfrac{u_{x_2}}{\overline{x_2}}\right)^2+\left(n\dfrac{u_{x_3}}{\overline{x_3}}\right)^2}$，再计算出 u_y。

(3) $y = x^n$，则 $u_y = nx^{n-1}u_x$。

(4) $y = \sin x$，则 $u_y = \cos x \cdot u_x$。

(5) $y = \ln x$，则 $u_y = \dfrac{u_x}{x}$。

例 3　用流体静力学方法测固体密度的公式为 $\rho = \dfrac{m}{m - m_1}\rho_0$，测得数值依次为 $m = (27.06 \pm 0.02)\ \text{g}$，$m_1 = (17.03 \pm 0.02)\ \text{g}$，$\rho_0 = (0.9997 \pm 0.003)\ \text{g} \cdot \text{cm}^{-3}$，求相对不确定度 $\dfrac{u_\rho}{\bar{\rho}}$ 及密度 ρ 的测量结果。

解　对公式 $\rho = \dfrac{m}{m - m_1}\rho_0$ 两边取对数，得到 $\ln\rho = \ln m - \ln(m - m_1) + \ln\rho_0$，并求全微分，可得

$$\frac{\mathrm{d}\rho}{\rho} = \frac{\mathrm{d}m}{m} - \frac{\mathrm{d}m - \mathrm{d}m_1}{m - m_1} + \frac{\mathrm{d}\rho_0}{\rho_0} = -\frac{m_1\mathrm{d}m}{m(m - m_1)} + \frac{\mathrm{d}m_1}{m - m_1} + \frac{\mathrm{d}\rho_0}{\rho_0}$$

将 u_ρ 代替 $\mathrm{d}\rho$，u_m 代替 $\mathrm{d}m$，u_{ρ_0} 代替 $\mathrm{d}\rho_0$，则相对不确定度为

$$\begin{aligned} u_\mathrm{r} = \frac{u_\rho}{\bar{\rho}} &= \sqrt{\frac{m_1^2\ (u_m)^2}{m^2\ (m - m_1)^2} + \frac{u_{m_1}^2}{(m - m_1)^2} + \frac{u_{\rho_0}^2}{\rho_0^2}} \\ &= \sqrt{\frac{17.03^2 \times 0.02^2}{27.06^2 \times (27.06 - 17.03)^2} + \frac{0.02^2}{(27.06 - 17.03)^2} + \frac{0.0003^2}{0.9997^2}} \\ &= \sqrt{1.5 \times 10^{-6} + 4.0 \times 10^{-6} + 9.0 \times 10^{-8}} = 0.24\% \end{aligned}$$

$\bar{\rho} = \dfrac{m}{m - m_1}\rho_0 = \dfrac{27.06}{27.06 - 17.03} \times 0.9997\ \text{g} \cdot \text{cm}^{-3} = 2.6971\ \text{g} \cdot \text{cm}^{-3}$（暂且保留 5 位有效数字）

$$u_\rho = \bar{\rho}\,\frac{u_\rho}{\bar{\rho}} = 2.697\ \text{g} \cdot \text{cm}^{-3} \times 0.24\% = 0.00647\ \text{g} \cdot \text{cm}^{-3} \approx 0.007\ \text{g} \cdot \text{cm}^{-3}$$

计算结果为

$$\rho = (2.697 \pm 0.007)\ \text{g} \cdot \text{cm}^{-3}$$

注意：在计算过程中，不确定度可保留 2 位，但是最后只保留 1 位，不确定度的那一位与有效数字的末位对齐。

三、实验结果的表达

每完成一次实验，必须对测量结果的数据进行分析处理，归纳总结，得出实验结果，写出实验报告。实验结果可以用 3 种形式表示。

1. 代数表示

实验过程中测量的原始数据需要首先进行整理，常利用拉伊达准则，即 3 倍样本不确定度准则，去掉坏值。对已经去除坏值的测量数据求出实验的最佳估计值及其不确定度，通常把结果表示为

$$x = \bar{x} \pm u_{\bar{x}} \tag{19}$$

$$E = \frac{u_{\bar{x}}}{\bar{x}} \tag{20}$$

一般 $u_{\bar{x}}$ 只取 1 位有效数字（特别精确的结果除外），$\bar{x}$ 的末位与 $u_{\bar{x}}$ 的有效位同位，相对不

确定度 E 一般也只保留 1 位有效数字。

例 4 用游标尺测量长方体金属块的体积。

仪器量程为 12.000 cm，仪器的最小分度值 $\delta l = 0.002$ cm，具体数据如表 3 所示。

表 3 用游标尺测量长方体金属块体积的数据

测量项目	a/cm	b/cm	c /cm
仪器零点	0.000	0.000	0.000
测量值	4.970	2.010	1.010
	4.966	2.012	1.010
	4.968	2.014	1.010
平均值	4.968	2.012	1.010
A 类不确定度	0.002	0.002	0
B 类不确定度	0.002	0.002	0.002
测量结果	4.968±0.003	2.012±0.003	1.010±0.002
相对不确定度 E			

$\bar{V} = \bar{a}\bar{b}\bar{c} = 4.968 \times 2.012 \times 1.010\ \text{cm}^3 = 10.095\ 6\ \text{cm}^3 \approx 10.096\ \text{cm}^3$，先求出 u_a、u_b、u_c。

$$\frac{u_{\bar{V}}}{\bar{V}} = \sqrt{\left(\frac{u_{\bar{a}}}{\bar{a}}\right)^2 + \left(\frac{u_{\bar{b}}}{\bar{b}}\right)^2 + \left(\frac{u_{\bar{c}}}{\bar{c}}\right)^2} = 0.002\ 6$$

$$u_{\bar{V}} = \bar{V} \times \frac{u_{\bar{V}}}{\bar{V}} = 10.096\ \text{cm}^3 \times 0.0026 \approx 0.03\ \text{cm}^3$$

$u_{\bar{V}}$ 保留 1 位有效数字，那么测量结果表达为

$$V = \bar{V} \pm u_{\bar{V}} = (10.10 \pm 0.03)\ \text{cm}^3$$

例 5 测得某物体的密度为 $\rho = 7.654 \times 10^3\ \text{kg} \cdot \text{m}^{-3}$，该密度不确定度为 $u_\rho = 0.03 \times 10^3\ \text{kg} \cdot \text{m}^{-3}$，则

$$\rho = (7.65 \pm 0.03) \times 10^3\ \text{kg} \cdot \text{m}^{-3}$$

由于不确定度在小数点后的第 2 位出现了，则测量结果中的“5”就是欠准数，故小数点后第 3 位数“4”应该舍去。

例 6 若测得某物体的密度为 $\rho = 7.658 \times 10^3\ \text{kg} \cdot \text{m}^{-3}$，不确定度为 $u_\rho = 0.000\ 2 \times 10^3\ \text{kg} \cdot \text{m}^{-3}$，则

$$\rho = (7.658 \pm 0.001) \times 10^3\ \text{kg} \cdot \text{m}^{-3}$$

虽然不确定度计算后在小数点后第 4 位出现不确定度数字，但有效数字运算的结果在小数点后第 3 位就是欠准数，故不确定度向前进 1 位(注意：不确定度只进不舍)。

例 7 若测得某物体的密度为 $\rho = 7.658 \times 10^3\ \text{kg} \cdot \text{m}^{-3}$，不确定度为 $u_\rho = 0.006\ 2 \times 10^3\ \text{kg} \cdot \text{m}^{-3}$，则

$$\rho = (7.658 \pm 0.007) \times 10^3\ \text{kg} \cdot \text{m}^{-3}$$

在物理实验中，不确定度只取 1 位，不确定度的那一位与有效数字末位对齐，故不确定度为 $0.007 \times 10^3\ \text{kg} \cdot \text{m}^{-3}$。

2. *列表表示*

列表表示的优点是简单易行，数据易于参考比较，形式紧凑有序，可以同时表示几个变

量间的变化关系。列表时要注意：

(1) 表格的设计要利于数据结果记录和检查；

(2) 表格的每行(或每列)的第一格应标明物理量的符号、单位，表格中的数据单位要与标明的单位相一致；

(3) 表格中的测量值应该按照有效数字规则填写清楚，不可随意增减位数。

3.作图表示

作图法是在坐标纸上，根据实验数据描点，再依据这些点作出光滑曲线，用图形来形象地揭示被测量之间的函数关系的方法。

作图法是一种非常重要的数据处理方法，特别是在还没有完全掌握科学实验的规律和函数形式时，可以用来总结相关规律；可以利用外推法和内插法预测无法测量区的情况和变化趋势；还可以从图中得到许多有用的参数，如极值、斜率和截距等。作图的步骤如下：

(1) 选择图纸。一般用直角坐标纸。

(2) 确定坐标轴与坐标的分度。应根据测量值的范围来合理地选择坐标分度。横轴代表自变量，纵轴代表因变量，两者不可颠倒。坐标原点不一定是0值，重要的是要使图形的规律得到较好地反映。分度值的有效数字应与数据一致。

(3) 描点。在已经分度的坐标纸上，以对应于数据的点为中心，用"×""○"等符号作出标记。

(4) 连线。将各点连成曲线时，不一定要通过每个点，只要求各点能均匀分布在曲线两侧附近，并使一侧各点到曲线的距离之和，约等于另一侧各点到曲线的距离之和。曲线应光滑。外延线、辅助线均应用虚线描出。

(5) 标图名。必要时，还可做少量注解和说明。

4.直线拟合和最小二乘法

对一组测量数据，用最小二乘法进行直线拟合效果优于作图法。

设两物理量 x，y 满足确定的函数关系：

$$y = f(x)$$

通过相关实验，等精度地测得一组实验数据(x_i，y_i，$i = 1,2,3,\cdots,n$)，作误差平方和，即

$$\psi = \sum_{i=1}^{n} [y_i - f(x_i)]^2 \tag{21}$$

若使 $\psi = \sum_{i=1}^{n} [y_i - f(x_i)]^2$ 取极小值，则 $f(x)$ 为最佳函数关系。

对于最常见的线性关系：

$$y = a + bx \tag{22}$$

拟合就是根据测量数据，计算出最佳 a，b 值。因

$$\psi = \sum_{i=1}^{n} [y_i - (a + bx_i)]^2 \tag{23}$$

令 ψ 对 a，b 的偏导数为0，即 $\frac{\partial \psi}{\partial a} = 0$，$\frac{\partial \psi}{\partial b} = 0$，可以得到：

$$\begin{cases} a = \bar{y} - b\bar{x} \\ b = \dfrac{\bar{x}\,\bar{y} - \overline{xy}}{\bar{x}^2 - \overline{x^2}} \end{cases} \tag{24}$$

式中，$\overline{x^2}=\frac{1}{n}\sum_{i=1}^{n}x_i^2$，$\overline{xy}=\frac{1}{n}\sum_{i=1}^{n}x_iy_i$，必要时，还要给出相关系数 r，即

$$r=\frac{\overline{xy}-\bar{x}\cdot\bar{y}}{\sqrt{(\overline{x^2}-\bar{x}^2)(\overline{y^2}-\bar{y}^2)}} \tag{25}$$

其中，r 表示两变量之间的函数关系与线性的符合程度，$r\in[-1,1]$。$|r|\to 1$，x 与 y 线性关系好；$|r|\to 0$，x 与 y 无线性关系，拟合就毫无意义。物理实验中一般要求 r 的绝对值达到 0.99 以上。

用最小二乘法进行直线拟合的步骤：

(1) 推断函数形式(回归方程)，如 $y=a+bx$(线性关系)；

(2) 根据式(24)，由实验数据确定参数 a，b 的最佳值；

(3) 根据实验数据计算相关系数 r，检验函数关系是否正确合理。

一般而言，用最小二乘法计算是比较麻烦的，但现在可以使用计算机来完成任务。在大家熟悉的 Excel 中，用程序中的 Intercept、Slope、Correl 函数可直接求得 a、b、r；还可以根据实际情况自己编程求 a、b、r；当然，还可以使用专门的数据处理软件，这将是最为便捷的。

本章要点

(1) 相对误差是一个理想的概念，是测量值与真值之差，无法从测量数据中求出。不确定度是对误差的估计，可以从测量数据中求出，并且用来描述实验结果的可靠性。在测量结果中，结果的有效数字应与不确定度相符。一般来说，不确定度数字最多只保留 2 位。在普通物理实验中，只要求保留 1 位不确定度数字，有效数字的最后 1 位是测量的不确定度所在的数位，不确定度的那一位与有效数字的末位对齐。如果不确定度太大，则会减少有效数字的位数。因此，在实验前应当思考采用什么方法做实验，测量哪些物理量，用哪种实验仪器，做到先估算后使用。

(2) 要区分样本不确定度：

$$s=\sqrt{\frac{1}{n-1}\sum_{i=}^{n}(x_i-\bar{x})^2}$$

标准不确定度：

$$u_x=\frac{s}{\sqrt{n}}$$

合成标准不确定度：

$$u_c=\sqrt{u_{\bar{x}}^2+u_s^2}$$

值得提醒的是，当 $n=9$ 时，$3u_{\bar{x}}=s$，正好能从具有统计功能的计算器(机)上直接读出。

附 1　证明算术平均值为最佳估计值

测量次数 n 为有限次，测量值分别为 $x_1,x_2,\cdots,x_n$，算术平均值为 $\bar{x}=\frac{\sum_{i=1}^{n}x_i}{n}$。

令单次测量值 x_1 与最佳估计值 X 的差的平方和为 $s=\sum_{i=1}^{n}(x_i-X)^2$，只有当 s 对 X 的一阶导数为零、二阶导数大于零时，s 取极小值，即

$$\frac{\mathrm{d}s}{\mathrm{d}x}=-2\sum_{i=1}^{n}(x_i-x)=0$$

$$nX=\sum_{i=1}^{n}x_i,\quad X=\frac{1}{n}\sum_{i=1}^{n}x_i$$

而且 $\frac{\mathrm{d}^2 s}{\mathrm{d}^2 X}=2>0$，即 $X=\bar{x}$ 时，s 取得极小值，证毕。

附 2　样本不确定度 s 计算公式的推导

设某一物理量元，在等精度条件下，测量值为 $x_1,x_2,\cdots,x_n$，其最佳估计值为 $\bar{x}=\frac{1}{n}\sum_{i=1}^{n}x_i$，设真值为 a，测量值的误差为 $\Delta_i=x_i-a$，测量值与平均值的偏差 $\delta_i=x_i-\bar{x}$，则

$$\sum_{i=1}^{n}\Delta_i=\sum_{i=1}^{n}(x_i-a)=n\bar{x}-na,\quad \bar{x}=a+\frac{1}{n}\sum_{i=1}^{n}\Delta_i$$

偏差 $\delta_i=x_i-\bar{x}=x_i-(a+\frac{1}{n}\sum_{i=1}^{n}\Delta_i)=\Delta_i-\frac{1}{n}\sum_{i=1}^{n}\Delta_i$，方程两边平方后进行求和，得

$$\sum_{i=1}^{n}\delta_i^2=\sum_{i=1}^{n}\Delta_i^2-\frac{2}{n}\left(\sum_{i=1}^{n}\Delta_i\right)^2+\left(\frac{1}{n}\sum_{i=1}^{n}\Delta_i\right)^2$$

将 $\left(\sum_{i=1}^{n}\Delta_i\right)^2$ 展开成 $\left(\sum_{i=1}^{n}\Delta_i\right)^2=\sum_{i=1}^{n}\Delta_i-2\sum_{i<j}^{n}\Delta_i i\Delta_i$，由于误差 Δ_i，有正有负，当 $n\to\infty$ 时，$\sum_{i<j}^{n}\Delta_i i\to 0$，则

$$\sum_{i=1}^{n}\delta_i^2=\sum_{i=1}^{n}\Delta_i^2-\frac{1}{n}\sum_{i=1}^{n}\Delta_i^2=\frac{n-1}{n}\sum_{i=1}^{n}\Delta_i^2$$

$$\frac{1}{n}\sum_{i=1}^{n}\delta_i^2=\frac{1}{n}\sum_{i=1}^{n}\Delta_i^2=\sigma^2$$

故 $s=\sqrt{\frac{1}{n-1}\sum_{i=1}^{n}\delta_i^2}=\sqrt{\frac{1}{n-1}\sum_{i=1}^{n}(x_i-\bar{x})^2}$ 称为有限次测量标准差的估计值，叫作样本不确定度。

值得注意的是，在具有统计功能的计算器(机)上，有 σ 和 s 统计符号，就是表示统计值的标准差和样本不定度。

附 3　标准不确定度 $s_{\bar{x}}$ 计算公式的推导

设某一物理量元，在等精度条件下测量值为 $x_1,x_2,x_3,\cdots,x_n$，其最佳估计值为 $x=\frac{1}{n-1}\sum_{i=1}^{n}x_i$，设真值为 X，测量值的误差为 $\Delta_i=x_i-X$，测量值与平均值的偏差 $\delta_i=x_i-\bar{x}$，得 $\sigma^2=\frac{1}{n-1}\sum_{i=1}^{n}(x_i-X)^2$，将 $\bar{x}$ 代替 x_i，则

$$\sigma^2=\frac{\frac{1}{n-1}\sum_{i=1}^{n}(\bar{x}-X)^2}{n}=\frac{n(\bar{x}-X)^2}{n}=(\bar{x}-X)^2$$

$$= \left(\frac{\sum_{i=1}^{n} x_i}{n} - \frac{nX}{n} \right)^2 = \frac{1}{n^2}\left[\sum_{i=1}^{n}(x_i - X)\right]^2$$

由于 $x_i - X$ 各量间无相关性，则

$$\frac{1}{n^2}\left[\sum_{i=1}^{n}(x_i - X)\right]^2 = \frac{1}{n^2}\sum_{i=1}^{n}(x_i - X)^2 = \frac{1}{n}\frac{\sum_{i=1}^{n}(x_i - X)^2}{n} = \frac{1}{n}\frac{\sum_{i=1}^{n}(x_i - X)^2}{n-1}$$

因此，$\sigma x = \frac{s}{\sqrt{n}}$，为了书写的统一性，将平均值标准不确定度记为

$$s_{\bar{x}} = \frac{s}{\sqrt{n}} = \sqrt{\frac{1}{n(n-1)}\sum_{i=1}^{n}(x_i - \bar{x})^2} = u_{\bar{x}}$$

习 题

1. 试举 3 个直接测量和 3 个间接测量的例子，并指出测量所用的实验仪器。

2. 试指出下列情况产生的误差是系统误差还是随机误差：

(1) 因气温变化引起的米尺伸缩；

(2) 天平的零点漂移；

(3) 仪表的零点不准；

(4) 水银温度计的毛细管不均匀；

(5) 电表读数时的视差。

3. 为什么多次测量求平均值的方法可以减小测量不确定度，在实际测量中，为什么并非重复的次数越多就越好？

4. 为什么衡量不同大小待测量的可靠程度要用相对不确定度，而不用绝对不确定度？试比较下列各量的不确定度哪个最大？

$m_1 = (61.32 \pm 0.02)$ g，　$m_2 = (0.451 \pm 0.002)$ g，　$m_3 = (0.002\,4 \pm 0.000\,2)$ g。

5. 试述一个物理量 L 的 s_L 和 $u_{\bar{L}}$ 两个量所代表的意义和它们的区别，为什么可以粗略地把 s_L 看成 L 的不确定度限？

6. 试将下列各式的运算结果写成正确的形式（不确定度保留 1 位）。

(1) 28 cm＝280 mm；　　(2) 3.40 cm＝0.034 m；

(3) 34.740＋10.28－1.003 6 mm＝44.016 4 mm；　(4) 123 m×456 m＝56 088 m^2；

(5) (4.241±0.003) kg ＋(8.11±0.01) kg ＋(0.047±0.001) kg ＝(12.398±0.014) kg；

(6) 0.123÷0.023 4＝5.273 50。

7. 试将下列各式的运算结果写成正确的形式。

(1) $L = (10.800\,0 \pm 0.2)$ cm；　　(2) $g = (9.805 \pm 0.000\,2)\ \text{m} \cdot \text{s}^{-2}$；

(3) $m = (100.021 \pm 0.123)$ g；　　(4) $T = (60.658 \pm 0.006\,2)$ s。

8. 写出用下列仪器进行单次测量的不确定度。

(1) 最小分度为 1 mm 的米尺；
(2) 最小分度为 2 ℃的温度计；
(3) 最小分度为 0.05 g 的天平；
(4) 精度为 0.02 mm 的卡尺；
(5) 感量为 0.012 g 的天平；
(6) 0.5 级量程为 150 mA 的电流表；
(7) 2.5 级量程为 7.5 V 的电压表；
(8) 0.1 级使用阻值为 500 Ω 的电阻箱。

9. 一长方体的长、宽、高分别为 8.56 cm、4.32 cm、6.21 cm，用计算器算得其体积为 229.640 83 cm^3，请问应该取几位有效数字？

10. 设圆柱体的高 $h=(10.00\pm0.01)\times10^{-2}$ m，直径 $d=(5.00\pm0.01)\times10^{-2}$ m，求该圆柱体的体积。

11. 用线式电势差计测量某干电池的电动势，10 次的测量值如下：

$V_1=1.518\,6$ V，$V_2=1.519\,7$ V，$V_3=1.519\,2$ V，$V_4=1.519\,0$ V，$V_5=1.518\,0$ V，$V_6=1.518\,8$ V，$V_7=1.518\,9$ V，$V_8=1.520\,1$ V，$V_9=1.518\,9$ V，$V_{10}=1.519\,3$ V。

(1) 求电动势平均值及样本不确定度；
(2) 求标准不确定度及相对不确定度；
(3) 不计系统不确定度，试写出总不确定度及测量结果的表达式。

12. 根据公式 $R_x=\frac{R_1}{R_2}R_0$，已知 $R_1=(100.0\pm0.1)$ Ω，$R_2=(1\,000\pm1)$ Ω，$R_0=(185.0\pm0.2)$ Ω，求未知电阻 R_x 的测量结果。

13. 试用计算器计算下列测量值的平均值 $\overline{N}$、样本的不确定度 s_N 和标准不确定度 $u_{\overline{N}}$，并说明是否有可疑数据需要剔除。

$N=20.42$，20.43，22.40，20.43，20.42，20.42，20.39，20.30，20.40，20.43。

14. 用米尺测量单摆的摆长 l，用停表测量单摆的周期 T，如果 l 和 T 都只测量了一次(一般应进行多次测量)，试估计两个量的单次测量的不确定度。

15. 假如多次测量测得单摆的摆长 l 依次为

$l=33.78$，33.78，33.78，33.79，33.78，33.77，33.78，33.79，33.87，33.76 cm，试计算 $l=\bar{l}\pm3u_{\bar{l}}$ 的结果。

16. 试利用有效数字运算规则计算下列各式：

(1) $98.765+1.3$；
(2) $107.50-2.5$；
(3) 111×0.100；
(4) $237.5\div0.10$；
(5) $\frac{76.000}{40.00-2.0}$；
(6) $\frac{400\times1\,500}{12.60-11.6}$；
(7) $\frac{50.00\times(18.30-16.3)}{(100-3.0)\times(1.00+0.001)}$；
(8) $\frac{100.0\times(5.6+4.412)}{(78.00-77.00)\times10.000}+110.0$。

17. 试写出下列各函数的不确定度传递公式：

(1) $J_0=\frac{m_0gh}{2\pi^2\theta^2}T^2$；
(2) $V=\frac{1}{4}\pi(d_1^2-d_2^2)h$；
(3) $\rho=\frac{m_1}{m_1-m_2}\rho_0$；
(4) $\alpha=\frac{L_2-L_1}{L_1(t_2-t_1)}$；
(5) $E=\frac{8FLD}{\pi d^2b\Delta n}$；
(6) $n=\frac{\sin\frac{A+\delta_{\min}}{2}}{\sin\frac{A}{2}}$。

18. 试分析以下各组数据是否正确，为什么？

(1) 用精度为 1 mm 的钢卷尺测得长度为：16.3 cm，16.30 cm，16.300 cm。

(2) 用卷尺测得某物体的长度和不确定度分别为：(16.3±0.5) cm；(16.30±0.1) cm；(16.3 ± 0.05) cm；(16.34 ± 0.1) cm；(16.34 ± 0.01) cm；(16.34 ± 0.05) cm；(16.34±0.54)cm。

19. 用单摆测量重力加速度，已知摆长 $l=(98.46\pm0.08)$ cm，其摆动周期 $T=(1.992\pm0.0018)$ s，试计算当地的重力加速度。

20. 从实验得到热电偶温度计的温差电动势 e_t 与温度差 $(t-t_0)$ 的关系，如表 4 所示。

表 4 实验测得的热电偶温度计的数据

$(t-t_0)$/℃	0.0	11.3	26.0	40.5	50.3	58.8	68.0	76.2
e_t /mV	0.00	0.41	0.97	1.46	1.87	2.17	2.52	2.78

试用图解法画出 e_t-$(t-t_0)$ 关系图，并求出直线的斜率，即温差电系数。

第2章

力学和热学实验

一、基础性实验部分

实验 1　长度测量

一、实验目的

（1）学习使用测量仪器的基本规程和读数规则。

（2）学习检测读数误差的方法。

（3）复习和运用不确定度、有效数字等知识对数据进行处理。

二、实验仪器

本实验使用的实验仪器主要有米尺、游标尺、千分尺、移测显微镜、长方体金属块、铜丝（粗细不等）、圆柱体、钢球等。

三、实验仪器的性能和操作规则

物理实验中常用的长度测量仪器主要有米尺、游标尺、千分尺等。通过这些基本测量仪器的使用，一方面了解其构造特点、规格性能，另一方面学习使用仪器的基本规程。使用测量仪器需要注意以下几点：

（1）以前没有使用过的仪器，在动手使用之前，必须先看懂说明书，或听指导教师讲解后，按照该仪器的操作规程使用。

（2）了解仪器规格至少要注意两个数据：一个是仪器量程，它告诉我们仪器的使用范围；另一个是最小分度值，它告诉我们仪器能测量的最小的量或最小差值，最小分度值常常反映仪器的灵敏程度。这两个参数都是设计实验、粗选仪器时必须知道的。

（3）了解仪器的技术要求（对于长度量具常表现为制造公差）。这是根据实验结果精确度要求去选用仪器的主要依据。不知道仪器的精度，对实验结果的精度或误差就无法进行评价。

（4）使用任何仪器前都必须检查“零点”。有的仪器可以调整或校正零点，如天平、千分尺、电表等，不能调整零点的仪器要把零点值记下，在整理数据时，予以修正。

（5）实验前，要记下仪器的编号，以备对实验结果做进一步分析时能够找到这台仪器，必要时还要对仪器进行检修。

1. 米尺

米尺的分度值为 1 mm。因此，用米尺测量物体长度时，可以测准到毫米，毫米以下的那一位则需凭视力估计。例如，用米尺测量一物体长度 $l=PQ$，如图 1(a)所示，P 点位置的读数是 1.40 cm，Q 点位置的读数是 3.63 cm，则 $l=3.63\ \text{cm}-1.40\ \text{cm}=2.23\ \text{cm}$。在 P 点位置和 Q 点位置的读数中，毫米及毫米以上的读数“1.4”和“3.6”在米尺上是有刻线的，是准确的；最后 1 位即毫米以下的 1 位读数“0”和“3”是估计的，即读数误差所在的位数，这位读数与真实值可能有出入，但还是有意义的，不能扔掉。

对各种仪器仪表进行读数时，在可能情况下，都要对小于分度值的数进行估读。读数的最后1位应该是读数误差所在的位数。这是仪器仪表读数的一般规则，这个规则与有效数字的定义是相一致的。

米尺是有一定厚度的，所以用米尺测量时，要尽可能把待测物贴紧米尺的刻度，以减少误差。视差的来源是由于待测对象与标尺不紧贴，以致测量者从不同角度看去，导致读数的差异。如图1(a)所示那样放置是正确的，如图1(b)所示那样放置是不正确的。在以后的各种测量中，要注意尽量避免视差，或设法减小视差。

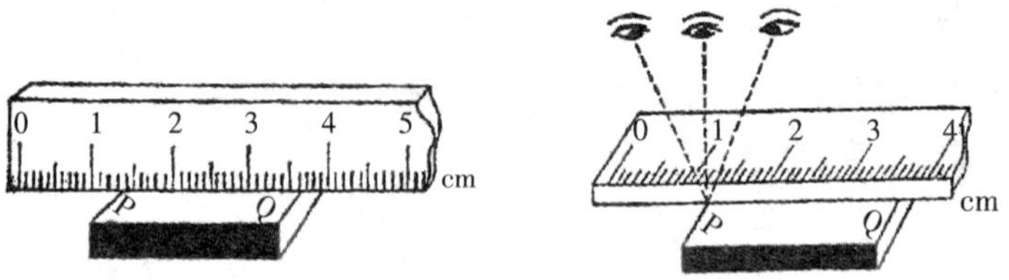

(a)正确的放置方法　　(b)错误的放置方法

图1　米尺的放置方法

米尺刻度是从端边开始的。测量物体长度时一般不用端边作为测量的起点，以免由于磨损带来误差。但是必须选择某一刻线作为起点，如以10.00 cm作为测量起点，以减小估读带来的误差。如果要考虑米尺刻度的不均匀性，可以由不同起点进行多次测量。

2. 游标尺(游标卡尺)

为了使米尺测量得更精准一些，在米尺上附加一个能够滑动的带有刻度的小尺(称为游标)，利用它可以把米尺估计的那位数值准确地读出来。游标尺主要由两个部分构成，如图2所示，与量爪A、A′相连的主尺D，主尺按照米尺刻度；与量爪B、B′及深度尺C相连的游标E，游标可紧贴着主尺滑动。量爪AB用来测量物体的厚度和外径，量爪A′B′用来测量孔内径，深度尺C用来测量槽的深度。它们的读数值都由游标的0线与主尺的0线之间的距离表示出来。F为固定螺钉。

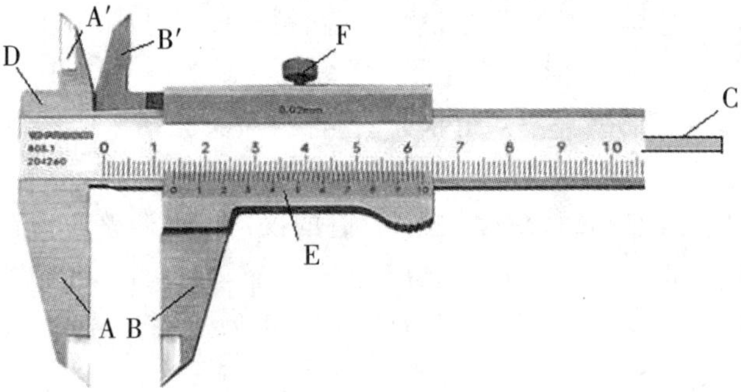

图2　游标尺的构造及外形

主尺上按照每格1 mm刻线，所以长度在主尺上就是1 mm每格。这个长度在游标上则被刻成m个格，因此，主尺上n个格和游标上1个格的差值是

$$\delta y = n - \left(\frac{nm-1}{m}\right) = \frac{1}{m}\ \mathrm{mm} \tag{1}$$

这就是游标尺的最小分度值，即游标尺的分度值是游标上格数m的倒数，单位是mm。常用的游标尺有$n=1$和$n=2$两种；按照分度值分类则有$m=10$、20和50三种，对应的分度值

分别是 0.1 mm、0.05 mm 和 0.02 mm。实验室用得较多的一种游标尺是在游标上把主尺上 49 mm 的长度等分成 50 格，即 $m=50$，$n=1$，称为 50 分游标。游标上每格的长度为 49/50 mm＝0.98 mm，所在分度值 $\delta y=1/50$ mm＝0.02 mm。另外，还有一种是主尺上 39 mm在游标上分为 20 格，$\delta y=1/20$ mm＝0.05 mm，即 $m=20$，$n=2$。

下面，举 3 种情况来介绍游标尺的读数方法。

(1) 如图 3 所示，游标的“0”刻线与主尺的“0”刻线重合，则游标的第 1 条刻线在主尺第 1 条刻线的左边 0.02 mm 处，游标第 2 条刻线在主尺第 2 条刻线左边 0.04 mm 处，…，游标的第 50 条刻线正好与主尺的第 49 条刻线重合。

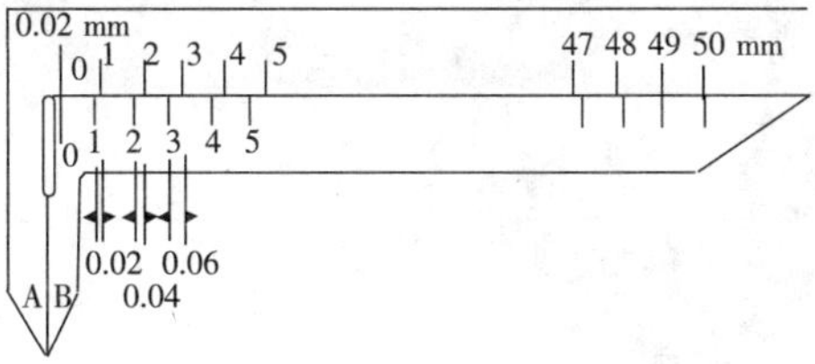

图 3　游标的“0”刻线与主尺的“0”刻线重合的情况

(2) 如图 4 所示，游标的“0”刻线在主尺的 2.00 mm 与 3.00 mm 刻线之间，而毫米以下的一位的精确读数可以由游标尺给出。图中游标的第 6 条刻线与主尺上一条线重合。这就表示游标的零线从主尺的 2.00 mm 线处向右移动了 6×0.02 mm＝0.12 mm。此时，两量爪 AB 之间的距离为：2.00 mm＋0.12 mm＝2.12 mm。

(3) 如图 5 所示，如果游标向右移动到它的第 4 条刻线和主尺的第 4 条刻线(主尺为 4 mm刻线)相重合，则游标的零点，从主尺的零点处向右移动的距离为 4×0.02 mm＝0.08 mm。图 5 中 AB 间距离为 0.08 mm。

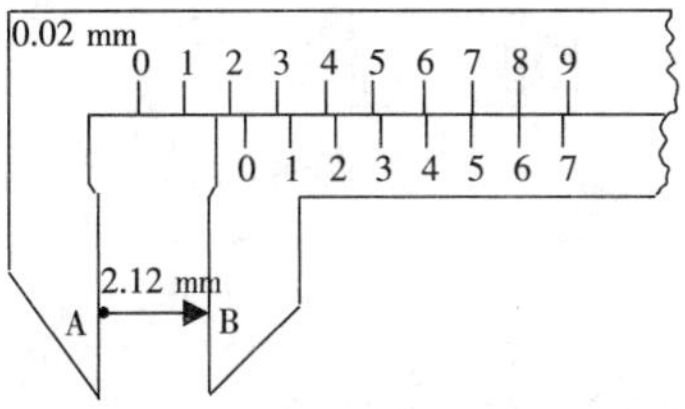

图 4　游标的“0”刻线在主尺的 2.00 mm 与 3.00 mm 刻线间的情况

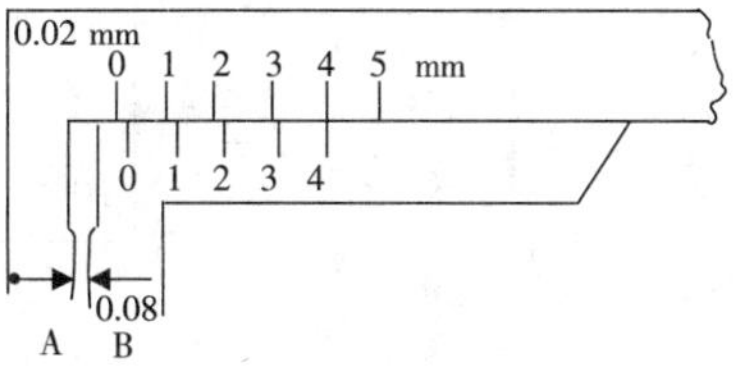

图 5　游标第 4 条刻线和主尺的第 4 条刻线重合的情况

为了便于讲解，在主尺和游标上分别标出第 0，1，2，3，…根刻线，这种游标尺可以读到 $\frac{1}{2}$×最小分度值(当游标上有两根刻线都和主尺刻线接近时)，因此，读数误差约为 $\frac{1}{4}$×最小分度值。

使用游标尺测量长度之前，应先把量爪 AB 合拢(不要用力过大)，检查游标尺的“0”线和主尺的“0”线是否重合，如不重合，应记下零点读数加以修正。在使用各种测量仪器时，一般都要注意重新校准零点。游标尺在使用时要注意保护量爪不被磨损。

3. 千分尺(螺旋测微器)

千分尺比游标尺更精密些，它的量程是按 25 mm 分挡，即由量程为 0～25，25～50，…

的各种千分尺组成，测量时按需要选择其中的任一种。它们的分度值是 0.01 mm，即 $\frac{1}{1\,000}$ cm。千分尺的基本结构如图 6 所示。它的主要部分是一个微动螺旋杆，它的螺距为 0.5 mm。因此，当螺旋杆旋转一周时，它沿轴线方向只前进 0.5 mm。微动螺旋杆是和螺旋柄连着的，在螺旋柄上刻有沿圆周的分度，1 周共刻 50 个分格。当沿螺旋杆轴线方向前进 $\frac{0.5}{50}$ mm(即 0.01 mm)时，螺旋柄圆周刻度走过 1 分格。

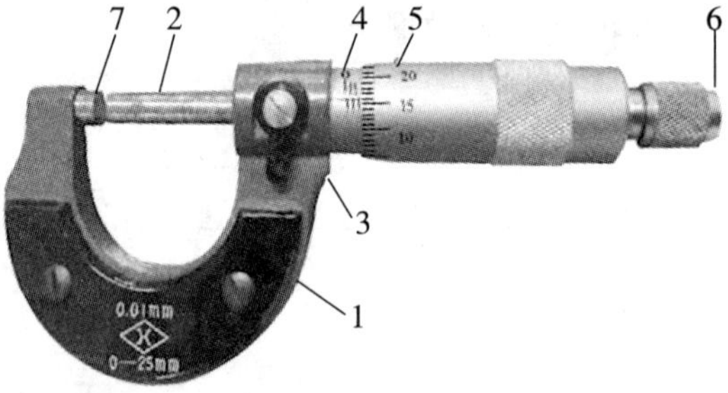

1. 尺架；2. 测微螺杆；3. 锁紧装置；4. 固定筒和螺母相连；5. 微分筒和螺杆“2”相连；6. 旋转手柄；7. 测砧

图 6　千分尺的基本结构和外形

使用千分尺测量物体长度时，应轻轻转动螺旋柄后端的小棘轮，推动螺杆“2”把待测物体刚好夹住。读数时，可以从固定标尺上读出整格数(每格 0.5 mm)。0.5 mm 以下的读数则由微分筒圆周上的刻度读数，估计到 0.001 mm。如图 7 所示，其读数 5.650 mm 和 6.150 mm。

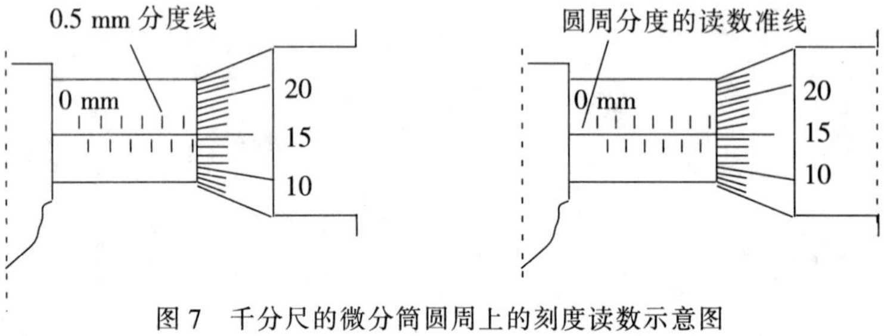

图 7　千分尺的微分筒圆周上的刻度读数示意图

使用千分尺时应注意的事项：

(1) 记录零点读数，并对测量数据进行修正；

(2) 将待测物体夹紧时，应轻轻转动手柄，当听到小棘轮发出“喀喀”的声音，就应该读数了，不要直接拧转微分筒，以免夹得太紧，影响测量精度及损坏仪器。

四、实验内容和步骤

1. 用千分尺测量铜丝直径

仪器量程=________ mm，仪器最小分度值 δl ________ mm，零点值 D_0 = ________ mm，仪器编号：________。将所测得的铜丝直径 D 的数据填入表 1 中；将所测得的数据进行处理，将处理结果填入表 2 中。

表 1　测得铜丝直径 D 的相关数据

型号	0.5 mm 读数	0.01 mm 读数	估读数/mm	D/mm
Ⅰ号				
Ⅱ号				
Ⅲ号				

表 2　处理后的相关结果数据

型号	平均值 $\overline{D}$/mm	$\overline{D}=(\overline{D}'-D_0)$/mm	$u_{\overline{D}}$/mm	$D=(\overline{D}\pm u_{\overline{D}})$/mm
Ⅰ号铜丝				
Ⅱ号铜丝				
Ⅲ号铜丝				

2. 用游标尺测量长方体金属块的体积

仪器量程=______cm，仪器最小分度值 $\delta l=$______cm，仪器误差 $\Delta N_l=$______cm，仪器编号：______。将测量所得的长、宽、高的数据及处理后的结果填入表 3 中。

表 3　测量长方体金属块体积的数据

测量项目	长(a)	宽(b)	高(c)
仪器零点	$a_0=$	$b_0=$	$c_0=$
测量值			
平均值	$\overline{a}'=\frac{1}{k}a_i=$	$\overline{b}'=\frac{1}{k}b_i=$	$\overline{c}'=\frac{1}{k}c_i=$
平均值(零点修正后)	$\overline{a}=\overline{a}'-a_0=$	$b=b'-b_0=$	$\overline{c}=\overline{c}'-c_0=$
A 类不确定度			
B 类不确定度			
总不确定度			
测量结果			

根据公式计算：$\bar{V} = \bar{a}\,\bar{b}\,\bar{c} =$ ________ cm^3，$\dfrac{u_{\bar{V}}}{\bar{V}} =$ ________，$u_{\bar{V}} =$ ________。

测量结果 $V = \bar{V} \pm u_{\bar{V}} =$ ______ 。

3. 用游标尺测量圆柱体的体积(表格参照上表自拟)

4. 用米尺测量长方体金属块的体积(表格自拟)

五、思考题

(1) 毫米刻度尺可以精确到________ mm，50 分游标尺可以精确到__________mm。

(2) 游标除了可以测量长度微小量外，还可以测量__________微小量。

(3) 读数练习。

① 游标尺读数练习。如图 8 所示，游标尺的示值为__________ 。

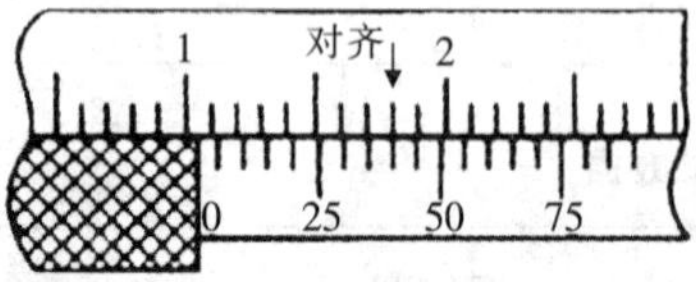

图 8 游标尺的示值

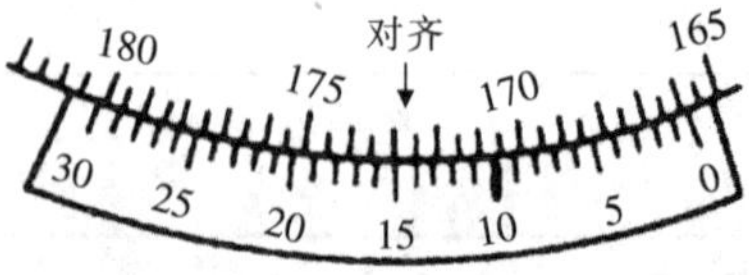

图 9 角游标尺的示值

② 了解游标读数练习。如图 9 所示，角游标 30 个分格对应于刻度盘的 29 个分格，角游标的每 1 格与刻度盘的每 1 格相差________ 分，此时所对应的角度为________度。

(4) 如图 10 所示，从左至右，千分尺的示值分别为______________、______________ 和__________。

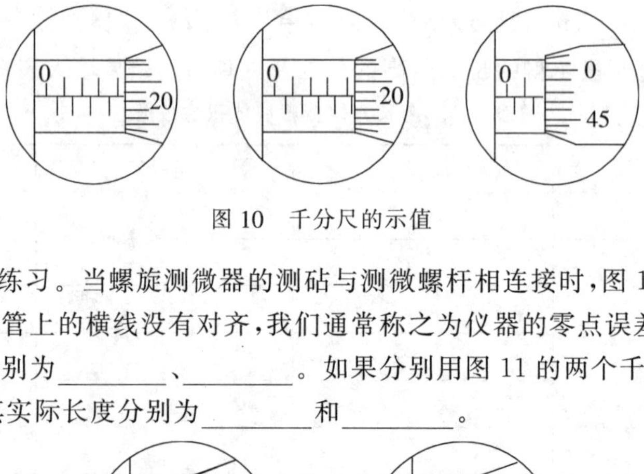

图 10 千分尺的示值

(5) 零点修正练习。当螺旋测微器的测砧与测微螺杆相连接时，图 11 为活动套筒上的零刻度线与固定套管上的横线没有对齐，我们通常称之为仪器的零点误差。在该图中，从左到右它们的零点分别为________、________。如果分别用图 11 的两个千分尺测得物体的长度为 2.123 mm，其实际长度分别为________和________。

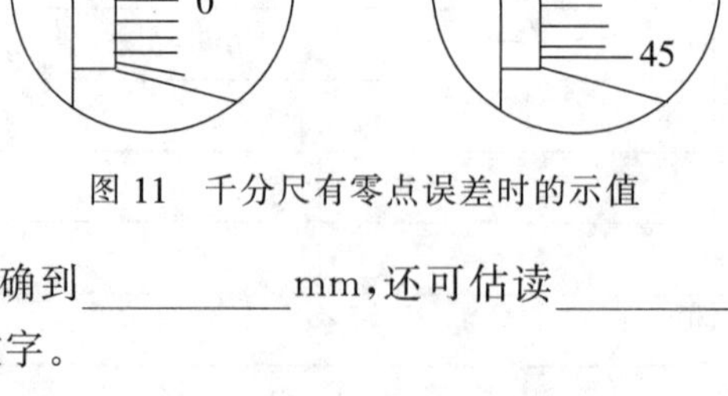

图 11 千分尺有零点误差时的示值

(6) 千分尺读数可精确到__________mm，还可估读__________位，因此，它的小数点后应该有__________有效数字。

实验 2　在气垫导轨上测定滑块的速度和重力加速度

一、实验目的

(1) 熟悉气垫导轨的构造,学习气垫导轨正确的调整方法。

(2) 熟悉用光电计时系统测量短时间的方法,从而学会测量物体运动的速度和加速度。

二、实验仪器

本实验使用的实验仪器主要有气垫导轨、计时计数测速仪、2 个光电门、滑块、U 型挡光片、T 形挡光片、气源等。

1. 气垫导轨的结构

气垫导轨的结构如图 1 所示。

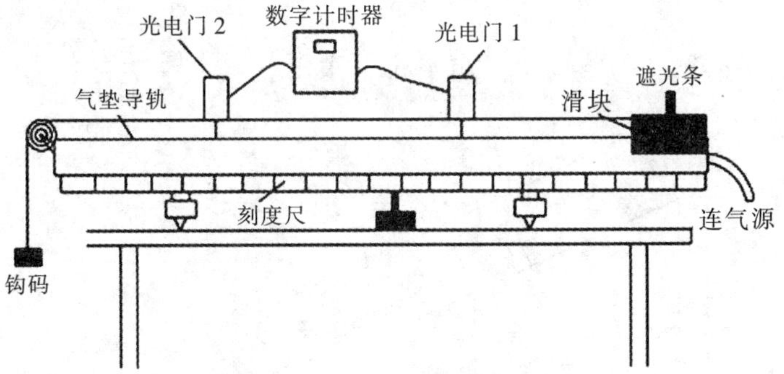

图 1　气垫导轨的结构示意图

(1) 导轨。由长 1.2～2 m 的三角形铝管制成,要求平直度较高,轨面经过精密加工,打磨平滑,两侧各有两排相互错开、等间隔、孔径为 0.4～0.8 mm 的小孔,导轨一端封死,另一端装有进气嘴,压缩空气由这里进入管腔后,从小孔喷出。导轨两端还装有缓冲弹簧,有的导轨一端还有气垫滑轮。整个导轨通过一系列直立的双头螺栓安装在工字钢梁制成的底座上,底座下面有 3 个底座螺钉可供调水平用。

(2) 滑块。由 10～30 cm 长的角铝制成,内表面经过细磨,与导轨两个侧面精确吻合。

(3) 计时装置。由数字毫秒计与光电门组成。

(4) 气源。一般小型气源使用吸尘器,要求气压稳定、流量适当、消音减振及空气滤清。滑块以托起 100～200 μm 为宜。

2. 气垫工作原理

滑块为什么能飘浮?是因为有"气垫效应"。滑块与轨面都经过精密加工,可以很好地吻合。当导轨中小孔喷出空气后,在滑块与导轨之间形成一个薄空气层——气垫,在滑块边缘,不断有空气逸出,同时,小孔又不断向气垫补充空气,使气垫得以维持存在。这是一个简单的耗散结构。我们可以近似地把气垫看成密闭气体,在其中应用帕斯卡定律,小孔中的压强等量地传递到气垫各处，由于滑块与气垫接触面积大，受到很大的压力（方向向上），所以被托起飘浮。因此，滑块并不是被气流吹起来的，而是被气垫托起的。

3.使用气垫导轨的注意事项

（1）要保持气垫导轨表面的平直度和光洁度，不允许使用任何东西敲碰轨面（应特别注意光电门、滑块等组件的碰击）。

（2）滑块在出厂前一般都是与导轨配套加工，因此，使用时不要随意调换。

（3）为避免滑块与气轨擦伤，必须做到：实验时，先接通气源后放滑块；实验完毕，先取滑块再关气源。

（4）实验前，用少许酒精擦洗轨面与滑块内表面。通气后，用小绸条检查是否有小孔堵塞。如有堵塞，用直径 0.3 mm 的钢丝细心插通，注意不要擦毛孔口。

（5）导轨应放在固定坚实的平台上，调整后不再移动。

三、实验原理

由牛顿第二定律可知，滑块在倾角为 α 的斜面上运行，滑块在斜面上所受的力如图 2 所示，即 $mg\sin\alpha = ma$，$\sin\alpha = h/l$，计算出本地重力加速度 $g = \frac{al}{h}$。考虑空气阻力 f 的影响，当滑块上滑时，应有 $mg\sin\alpha + f = ma_{斜}$，$f = ma_f$，求出 $g = \frac{(a_{斜} - a_f)l}{h}$。

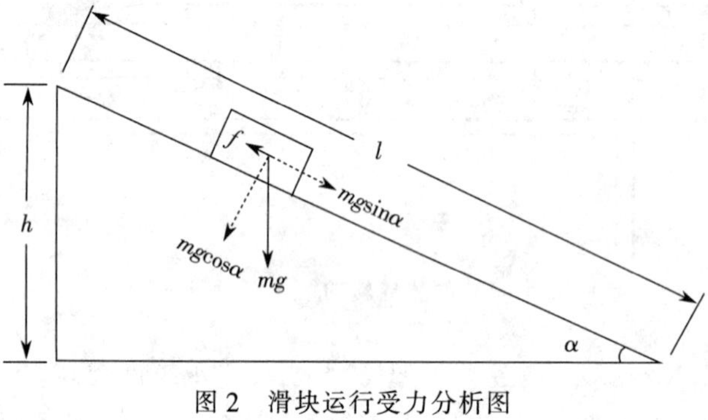

图 2 滑块运行受力分析图

四、实验内容和步骤

（1）调节光电测量系统正常工作。调整光敏二极管和聚光小灯泡，使小灯泡的光束正好汇聚在二极管的小孔上。使计时计数测速仪置于计时挡，检查计时器工作时是否正常。

（2）调节气垫导轨呈水平状态。首先，了解气垫导轨的使用方法，通气后将滑块放在导轨的 3～5 个等间距点位置上，如果滑块基本不动或只做任一方向的匀速运动，则导轨已粗略调平。然后，让滑块在轨面自由往返滑行，使用“计时”功能键，观察记录计时计数测速仪显示的时间或速度，判定气垫导轨是否达到水平状态。

（3）将计时计数测速仪置于“加速度”功能键（“速度”挡位上），测出滑块上安装 U 型挡光片时，通过两个光电门的瞬时速度 v_1、v_2 和加速度 a_f。将所测得的数据填入表 1 中。

表 1　测量数据

测量次数	v_1/(cm/s)	v_2/(cm/s)	a_f/(cm/s^2)
1			
2			
3			
4			
5			

(4) 将 k_1 端导轨垫高，滑块上安装 U 型挡光片，将计时计数测速仪置于“加速度”功能键(“速度”挡位上)，测出通过两个光电门的瞬时速度 v_1、v_2 和加速度 $a_{斜}$。将所测得数据填入表 2 中。

表 2　测量数据

测量次数	v_1/(cm/s)	v_2/(cm/s)	$a_{斜}$/(cm/s^2)
1			
2			
3			
4			
5			

(5) 用游标尺测出垫片高度 h(重复 5 次)，气垫导轨三足垂直间距 l(重复 5 次)。计算得到本地重力加速度 g。

(6) (选做)在滑块上安装 T 型挡光片，将计时计数测速仪置于“计时 2”功能键(“时间”挡位上)，测出滑块运行在两光电门之间的时间，然后计算出平均速度 $\bar{v}$。将测量数据及处理结果填入表 3 中。

表 3　测量数据及处理结果

测量次数	s/cm	t/s	$\bar{v}$/(cm/s)
1			
2			
3			
4			
5			

五、注意事项

测量时，滑块每次起始位置要尽量接近，两光电门到起始之间的位置要适当，根据所使用的导轨来确定，尽量避免使用或少用无法调平的导轨部件。两光电门的距离为 40～60 cm，滑块运行速度在 30～50 cm/s 之间最适合。

六、思考题

(1) 导轨应如何调整？如何保养？使用时应注意哪些问题？

(2) 调节气垫导轨时发现，使滑块朝某一方向通过两个光电门的速度一样，反向通过时却不一样，这是什么原因？需如何处理？

实验 3　用复摆测定重力加速度

一、实验目的

(1) 研究复摆的摆动周期与回转轴到重心距离的关系，绘制实验曲线，用内插法求待测量。

(2) 掌握复摆测量重力加速度的方法。

二、实验仪器

本实验使用的仪器主要有复摆、数字毫秒计、米尺、台秤等。

复摆由摆体和摆架两部分组成，如图 1 所示，摆体是一块质量分布均匀的长条钢板，长约为 60 cm。在长条钢板的中心向两端对称地等间隔分布一系列悬孔，这些悬孔的圆心都在同一条中心轴线上，且直径相等，摆架安装在墙壁上，在活动钢板 A 上装有刀刃，下端装有一调节螺钉 C，作调刀刃水平用。

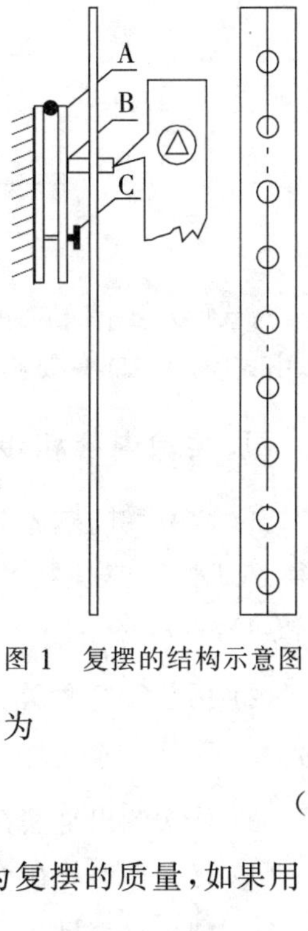

图 1　复摆的结构示意图

三、实验原理

将一钢体支撑在水平的定轴上，使它能在重力的作用(阻力不计)下绕定轴自由摆动，这就是复摆。当摆角很小时，复摆的运动可视为简谐运动，与单摆类似，求得复摆摆动周期 T 为

$$T = 2\pi\sqrt{\frac{I}{mgb}} \tag{1}$$

式中：I 为复摆对回转轴的转动惯量，b 为回转轴到重心的距离，m 为复摆的质量，如果用 I_G 表示复摆对通过重心 G 的水平轴的转动惯量，则 $I = I_G + mb^2$，而

$$T = 2\pi\sqrt{\frac{I_G + mb^2}{mgb}} \tag{2}$$

用台秤称出复摆的质量 m，用米尺量出各悬点到重心的距离 b_G，并测出复摆在各悬点时的摆动周期 T_G；根据式(2)，将所有测量数值经过一定的处理，可以得到 I_G 和 g。

例如，将上述所测得的(b_G，T_G) 数据组作出 T-b 图线(图 2)。纵坐标为周期 T，横坐标为转轴(即悬点) 到重心的距离 b，重心在坐标的原点上。因复摆质量均匀分布，重心两侧对称，纵坐标通过重心，所以应该得到纵轴两侧互相对称的两条 T-b 曲线。在 T-b 图线的纵轴 T 上任取一点 T，作一平行于横轴 b 的直线，必定交于两对称 T-b 曲线四点 A、B、C、D。这四点有共同的周期 T。

设 $OA = OD = b_1$；$OB = OC = b_2$，则有

$$T_1 = 2\pi\sqrt{\frac{I_G + mb_1^2}{mgb_1}}$$

$$T_2 = 2\pi\sqrt{\frac{I_G + mb_2^2}{mgb_2}}$$

解上式得 $I_G = mb_1b_2$，代入式(2)，得出

$$T = 2\pi\sqrt{\frac{b_1 + b_2}{g}} \tag{3}$$

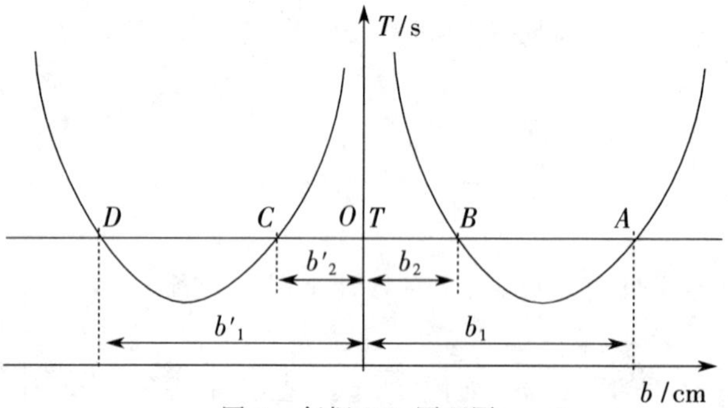

图 2　复摆 T-b 原理图

将式(3)与单摆周期公式比较，$b_1 + b_2$ 相当于单摆的摆长，所以 $b_1 + b_2$ 称为复摆的等值摆长。由式(3)可知，只要测得 T-b 曲线，通过作图求得等值摆长 $b_1 + b_2$，就能够求出 I_G 和 g。

四、实验内容和步骤

(1) 将复摆的摆体上端第一个悬孔装在墙壁上的摆架刀刃上，调节摆架的调平螺钉 C，使得刀刃水平，摆体竖直。复摆在运动过程中，应该只有左右摆动，无其他方向的振动(如前后晃动)。

(2) 用数字毫秒计测复摆的周期。测 10 个周期的总时间 t，即 $T = \frac{t}{10}$，测 3 次取平均值。

(3) 依次测出复摆在每一个悬点的周期 $T_2, T_3, \cdots, T_n$，测法同步骤(2)。

(4) 将复摆横放在刀口上，找出复摆重心位置。

(5) 确定各悬点与重心的坐标位置。将钢卷尺与复摆的中心轴对齐，一次性读数，记录各点坐标位置，算出 $b_1, b_2, \cdots, b_n$。

(6) 根据 T_i, b_i 测量数据，作 T-b 图线。并在 T-b 曲线上，分别找出 T 的两组等值摆长 b_1 和 b_2。求出 I_G 和 g。

(7) 用台秤称出复摆的质量 m，并测出各悬孔的孔径 r_i，用理论公式算出该复摆绕重心水平轴的转动惯量 I'_G，与测量值 I_G 比较，用当地重力加速度公认值(参考单摆实验)与测量值 g 比较，并分析误差原因。

五、注意事项

(1) 测量周期 T 的要领与测量单摆周期相同：在平衡位置按表，摆角小，无晃动等。

(2) 测量各悬点位置坐标应一次性读数(即在同一次测量中分别读出各悬点的刻度

值)。测量等值摆长时,应测出 OA、OD 的平均值和 OB、OC 的平均值。

(3) 本实验要从图线上求出有关数值,所以作图法应将测量的有效数字恰当地反映出来,这就需要用相当大的坐标纸,可以在实验室放置一些合适的坐标纸,并配手持放大镜,让学生分大组使用,但在实验报告上则缩成小图。

六、思考题

(1) 什么是回转轴?什么是等值摆长?改变悬点时,等值摆长会改变吗?摆动周期会改变吗?

(2) 本实验测 I_G 和 g 值应满足哪些条件?操作时如何保证满足这些条件?

(3) 下列情况对实验有何影响:① 悬孔不对称;② 厚薄不均匀,重心不在几何中心;③ 没有调竖直;④ 刀口和悬孔间的摩擦力过大;⑤ 摆角偏大;⑥ 左右摆动时略有晃动。

(4) 两曲线不对称,原因何在?

(5) 如何用作图法(曲线改直)和逐差法处理测得的实验数据?试与 T-b 图线比较,哪种方法好?为什么?

(6) 几何形状完全一样而材料不同的两个复摆,相应的周期是否相同?由此你可以得出什么结论?

(7) 试从理论上推导复摆绕重心水平轴的转动惯量的计算公式(注意:要减去所挖掉的悬孔的质量)。

实验 4　用三线悬盘测定物体的转动惯量

一、实验目的

(1) 掌握用三线悬盘测量物体的转动惯量的方法。

(2) 检验转动惯量的平行轴定理。

二、实验仪器

本实验使用的实验仪器主要有三线悬盘、计时工具、米尺、游标尺等。

三、实验原理

三线悬盘是用 3 条细线沿等边三角形的顶点 b_1、b_2、b_3 对称地联结一个均匀圆盘 B 的边缘而构成的,如图 1 所示。3 条细线由于圆盘重力而引起的负载相同,细线的上端系在一个较小的水平垫盘 A 上。当圆盘 B 水平,三悬线等长时,圆盘 B 可以绕垂直于盘面并通过其中心的轴线 OO' 做扭摆运动,转动的同时,圆盘 B 的质心 O 将沿着转动轴上下移动,运动的周期与圆盘 B 的转动惯量有关。如果将待测物体放在这个圆盘上(物体要适当放置,使其中心仍通过圆盘 B 的中心,原转动轴线不变),则系统的摆动周期就变为另一个值。由于三悬线张力相等,圆盘 B 的运动对于中心轴线是对称的,因此,我们只需要分析其一边的运动,如 a_1b_1 线的运动,用 l 表示悬线长度,用 R、r 分别表示系绳点到圆盘 B 中心和垫盘 A 中心的距离。当圆盘 B 相对于上部垫盘 A 转过一角度 α 时,系绳点 b_1 移到位置 b_1',同时圆盘 B 上升高度为 h,如图 2 所示。

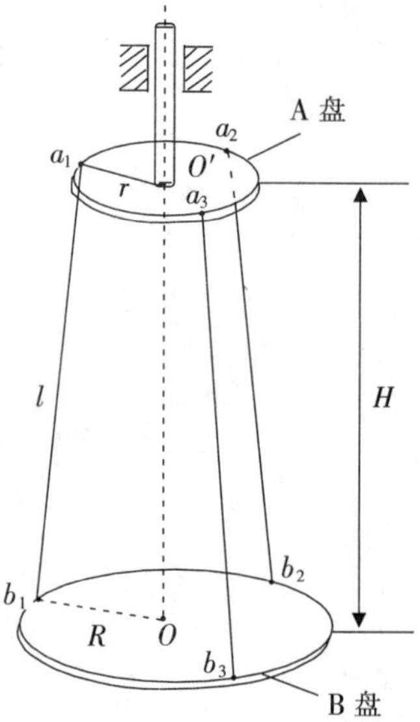

图 1　三线悬盘实验装置示意图

$$h = O_1O = a_1c_1 - a_1c_1' = \frac{a_1c_1^{\,2} - a_1c_1'^{\,2}}{a_1c_1 + a_1c_1'} \tag{1}$$

$$a_1c_1^{\,2} = a_1b_1^{\,2} - b_1c_1^{\,2} = l^2 - (R-r)^2 \tag{2}$$

$$a_1c_1'^{\,2} = a_1b_1'^{\,2} - b_1'c_1'^{\,2} = l^2 - b_1'c_1'^{\,2} \tag{3}$$

又由图 3$\triangle b_1'c_1'O_1$,可得

$$b_1'c_1'^{\,2} = R^2 + r^2 - 2Rr\cos\alpha \tag{4}$$

故

$$a_1c_1'^{\,2} = l^2 - (R^2 + r^2 - 2Rr\cos\alpha) \tag{5}$$

把 $a_1c_1^{\,2}$、$a_1c_1'^{\,2}$ 代入式(1) 中,有

$$h = \frac{l^2 - (R-r)^2 - [l^2 - (R^2 + r^2 - 2Rr\cos\alpha)]}{a_1c_1 + a_1c_1'} = \frac{2Rr(1-\cos\alpha)}{a_1c_1 + a_1c_1'} \tag{6}$$

故
$$h=\frac{2Rr\cdot 2\sin^2\dfrac{\alpha}{2}}{a_1c_1+a_1c_1'} \tag{7}$$

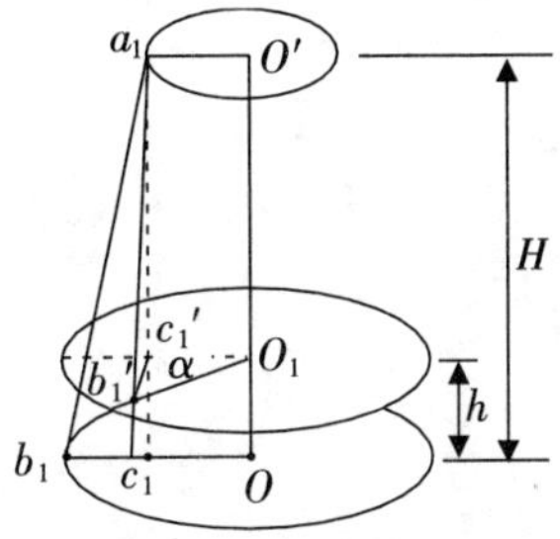

图 2　三线摆原理示意图

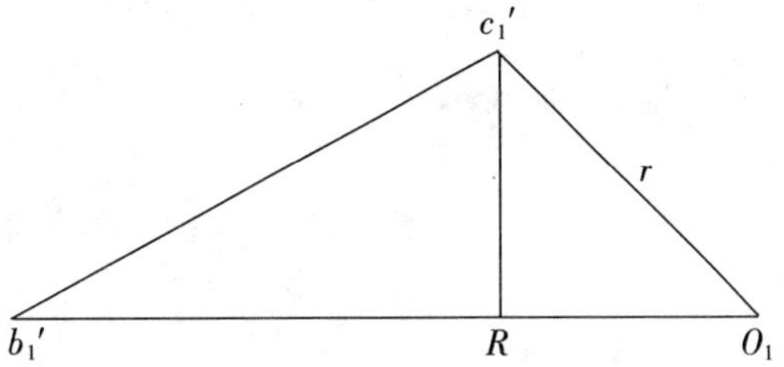

图 3　三角形$\triangle b_1'c_1'O_1$

当悬线 l 很长，圆盘 B 的偏转角 α 很小时，有
$$\sin^2\frac{\alpha}{2}\approx\left(\frac{\alpha}{2}\right)^2=\frac{\alpha^2}{4} \tag{8}$$
$$a_1c_1=a_1c_1'=H=\sqrt{l^2-(R-r)^2} \tag{9}$$
最后可得
$$h=\frac{Rr\alpha^2}{2H} \tag{10}$$
由于三线悬盘B运动时，既绕中心轴 OO' 转动，又有升降运动，因此，任何时刻三线悬盘B的动能都为绕其质心轴 OO' 的转动动能$\frac{1}{2}I\omega^2$ 与质心的平动动能$\frac{1}{2}mv^2$ 之和（其中，$\omega=\frac{\mathrm{d}\alpha}{\mathrm{d}t}, v=\frac{\mathrm{d}h}{\mathrm{d}t}$），若选 O 点为重力势能的零点，则圆盘 B 转动某一角度以后的重力势能为 mgh。故总的机械能为
$$\frac{1}{2}I\omega^2+\frac{1}{2}mv^2+mgh=\frac{1}{2}I\left(\frac{\mathrm{d}\alpha}{\mathrm{d}t}\right)^2+\frac{1}{2}m\left(\frac{\mathrm{d}h}{\mathrm{d}t}\right)^2+mgh \tag{11}$$
如果忽略摩擦力，则系统的机械能守恒，即
$$\frac{1}{2}I\left(\frac{\mathrm{d}\alpha}{\mathrm{d}t}\right)^2+\frac{1}{2}m\left(\frac{\mathrm{d}h}{\mathrm{d}t}\right)^2+mgh=\text{常数} \tag{12}$$
考虑到圆盘 B 的转动动能比平动动能大很多，即
$$\frac{1}{2}I\left(\frac{\mathrm{d}\alpha}{\mathrm{d}t}\right)^2\gg\frac{1}{2}m\left(\frac{\mathrm{d}h}{\mathrm{d}t}\right)^2 \tag{13}$$
则式(12) 可以简化为
$$\frac{1}{2}I\left(\frac{\mathrm{d}\alpha}{\mathrm{d}t}\right)^2+mgh=\text{常数} \tag{14}$$
将式(10) 对 t 微分，有
$$\frac{\mathrm{d}h}{\mathrm{d}t}=\frac{Rr}{H}\alpha\left(\frac{\mathrm{d}\alpha}{\mathrm{d}t}\right) \tag{15}$$
将式(14) 对 t 微分，有
$$\frac{1}{2}I\times 2\left(\frac{\mathrm{d}\alpha}{\mathrm{d}t}\right)\left(\frac{\mathrm{d}^2\alpha}{\mathrm{d}t^2}\right)+mg\left(\frac{\mathrm{d}h}{\mathrm{d}t}\right)=0 \tag{16}$$

把式(15) 代入式(16),有

$$\frac{1}{2}I\times 2\left(\frac{\mathrm{d}\alpha}{\mathrm{d}t}\right)\left(\frac{\mathrm{d}^2\alpha}{\mathrm{d}t^2}\right)+mg\,\frac{Rr}{H}\alpha\,\frac{\mathrm{d}\alpha}{\mathrm{d}t}=0 \tag{17}$$

即

$$\left(\frac{\mathrm{d}\alpha}{\mathrm{d}t}\right)\left(\frac{\mathrm{d}^2\alpha}{\mathrm{d}t^2}+\frac{mgRr}{IH}\alpha\right)=0 \tag{18}$$

若$\frac{\mathrm{d}\alpha}{\mathrm{d}t}\neq 0$,则必有

$$\left(\frac{\mathrm{d}^2\alpha}{\mathrm{d}t^2}+\frac{mgRr}{IH}\alpha\right)=0 \tag{19}$$

即

$$\frac{\mathrm{d}^2\alpha}{\mathrm{d}t^2}=-\frac{mgRr}{IH}\alpha=-\omega_0{}^2\alpha \tag{20}$$

其中,

$$\omega_0=\sqrt{\frac{mgRr}{IH}} \tag{21}$$

从式(20) 可以看出:转动的角加速度与角位移成正比,方向相反,因此,该运动为一简谐运动。简谐运动的周期为

$$T=\frac{2\pi}{\omega_0} \tag{22}$$

将 ω_0 代入式(22),可得

$$I=\frac{mgRr}{4\pi^2H}T^2 \tag{23}$$

值得注意的是,式(23)是在 α 很小、三悬线的长度 l 相等、线的张力相等、上下盘水平、绕过两盘中心的轴转动的条件下成立。式(23)右边各物理量都是可以直接测量的,因此,利用此式可以确定圆盘 B 本身和在它上面的物体的转动惯量。为此,必须首先测定无负载时圆盘 B 的转动惯量 I_0,然后,把一个要测定转动惯量的物体放在圆盘 B 上,且使其质心恰在仪器的转轴 OO'上,使圆盘转动,测出整个系统(包括圆盘 B 和待测物体)的转动周期 T_1,利用式(23)即可算出整个系统的转动惯量 I_1。

在此实验中,我们使用了两个质量相同的圆柱体,当两个圆柱体放在 B 盘中心时,如图 4(a)所示,整个系统的转动惯量为 I_1,两个圆柱体绕通过自身质心轴的转动惯量为 I_c,由式(23)可知,整个系统的质量应为两个待测圆柱体与圆盘 B 的质量之和,则待测圆柱体的转动惯量为

$$I_c=I_1-I_0 \tag{24}$$

而每个圆柱体绕此质心轴的转动惯量为$\frac{I_c}{2}$。当两个圆柱体如图 4(b)所示放置时,根据转动惯量的平行轴定理,整个系统对 OO'轴的转动惯量为

$$I_2=\left(\frac{I_c}{2}+md^2\right)+\left(\frac{I_c}{2}+md^2\right)+I_0 \tag{25}$$

其中,I_0 为圆盘 B 无负载时绕其质心轴的转动惯量。

由
$$I_2=I_1+2md^2$$

可知
$$2md^2=I_2-I_1 \tag{26}$$

其中,m 为一个圆柱体的质量,I_1 为两个圆柱体按照如图 4(a)所示放置时,整个系统(包括

圆盘 B 和两个圆柱体)的转动惯量，I_2 为两个圆柱体按如图 4(b)所示放置时，整个系统的转动惯量。

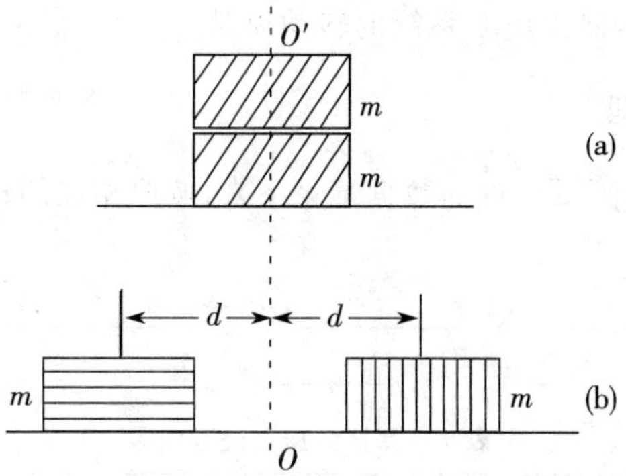

图 4　计算转动惯量时两个圆柱体的位置分布图

四、实验内容与步骤

(1) 首先直接读出圆盘 B 的质量 m_0，圆柱体的质量 m；用游标尺直接测出圆盘 B 的半径 R；可以通过测定 a 来测定 r，如图 5 所示，$\triangle a_1a_2a_3$ 为一正三角形，那么，

$$r=\frac{\sqrt{3}}{3}a$$

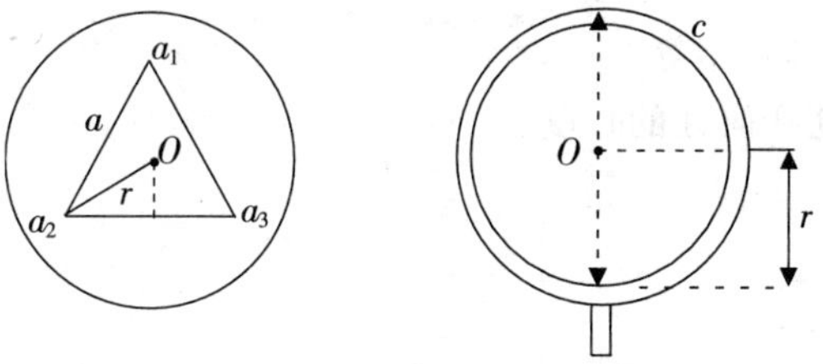

图 5　测定 r 的几何分析图

(2) 取 l 长约为 570 mm，严格使 3 条悬线等长，并把圆盘 B 悬挂于圆盘 A 上。

(3) 把水准泡放在圆盘 B 上，调节支架底脚螺丝，使 B 盘水平，由于 3 条悬线等长，A 盘也随之水平。

(4) 测定 B 盘无负载时的转动周期 T_0，为此，需使圆盘 B 做扭摆运动，为了避免圆盘 B 发生左右摆动，故不直接转动圆盘 B，而是使上面的水平垫盘 A 绕其自身轴偏转一角度，借助线的张力使圆盘 B 做扭摆运动，而又避免了左右摆动。因此，我们没有去考虑左右摆动的能量，而且左右摆动也使得测量发生困难。在测定系统转动周期时，偏转角 α 不要太大，测定周期的测量次数取多少，根据实际情况而定。具体的做法是这样的，根据不确定度公式：

$$\frac{u_I}{I}=\sqrt{\left(\frac{u_m}{m}\right)^2+\left(\frac{u_R}{R}\right)^2+\left(\frac{u_H}{H}\right)^2+\left(\frac{2u_T}{T}\right)^2} \tag{27}$$

使得 $\frac{2u_T}{T}$ 对总的相对不确定度的影响比其他量要小些。

(5) 把两个相同的圆柱体置于圆盘 B 中心，如图 4(a)所示，测出整个系统的转动周

期 T_1。

(6) 把两个相同的圆柱体相对于系统的转轴 OO' 对称地放在圆盘 B 上，测出圆柱体到圆盘中心的距离 d，然后再测出整个系统的转动周期 T_2。

五、数据记录及处理

将实验内容与步骤中测量所得的数据记录下来，按照相关的计算公式处理数据，并将结果填入表 1 中。

$R=$________，$r=$________，$l=$________，$m_0=$________，$m=$______，$d=$________，$nT_0=$________，$nT_1=$________，$nT_2=$________。

表 1 测量数据及处理结果

nT_0	I_0	nT_1	I_1	I_1-I_0	nT_2	I_2	$2md^2$	I_2-I_1

六、思考题

(1) 该实验为什么要求：

① 两个圆盘必须水平放置，有一个圆盘不水平放置行吗？

② 3 条悬线的长度 l 必须相等？

③ 3 条悬线的张力必须相等？

(2) l、R、r 是从何处到何处的长度？

实验 5　用超声波测定声速

一、实验目的

(1) 掌握用驻波法(干涉法)和行波法(相位法)测定声速的方法。

(2) 掌握用电声换能器进行电声转换和测量的方法。

(3) 从使用的角度初步熟悉示波器、音频信号发生器的功用和操作。

二、实验仪器

本实验使用的实验仪器主要有 YJ-SS-4 型超声声速测定仪(含专用信号源)、双踪示波器等。

YJ-SS-4 型超声声速测定仪结构如图 1 所示,它主要由支架、游标尺和两只超声压电换能器组成。两只超声压电换能器的位置分别与游标尺的主尺和游标相对应定位,所以两只超声压电换能器的相对距离的变化量可从游标尺上直接读出来。

两只超声压电换能器,一只用于发射声波,另一只用于接收声波,其结构完全相同(压电瓷为 F4 型收发两用材料,谐振频率为 30～42 kHz)。发射器的端面用以产生平面声波,接收器的端面则为声波的接收面和反射界面。当用驻波法测声速时,两个端面要严格保证平行后方能固定卡环上的紧固螺丝;当用行波法测声速时,接收器的端面要稍稍偏离锁定位置,以避免两端面间产生驻波。

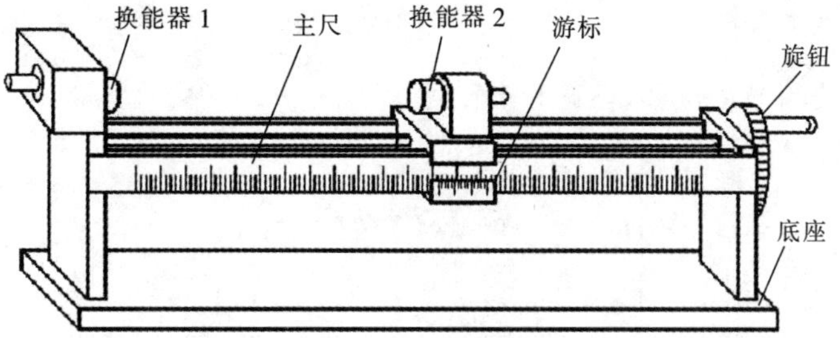

图 1　超声声速测定仪示意图

在进行实验时,应将超声声速测定仪和其他配用仪器按图 2 方法接好。连接时须使所有仪器均良好地接地,以避免外界杂散电场引起测量误差。

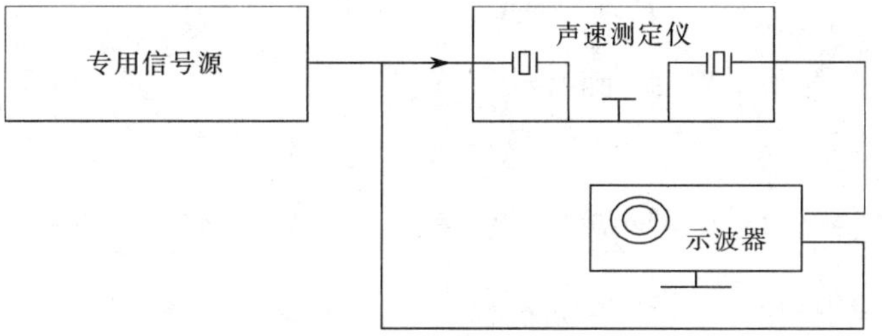

图 2　实验装置图

驻波法和行波法测声速，其工作过程分别如下：

1. 驻波法

由实验原理可知，当两只超声压电换能器平面端面间有声波传播，而其间的距离又恰好等于 $\lambda/2$ 的整数倍时，两平面端面间将形成驻波。声驻波中，波腹处声压最小，波节处声压最大。接收器的反射界面处为波节，声压为最大。所以，可以从接收器端面声压的变化，亦即接收器输出电压的变化（由示波器上观察其波形的变化）来判断声驻波是否形成。

拉动游标尺的游标，改变两只超声压电换能器端面间的距离，同时观察接收器输出波形幅度的变化，记录下相邻两次出现振幅最大的游标尺读数，则两读数之差的绝对值应等于 $\lambda/2$ 。声波的频率可由频率计精确测定。为提高测量精度应充分应用整个游标尺的行程，尽可能多地取得产生驻波的游标尺读数，然后将测得的数据进行处理。

2. 行波法

由实验原理可知，声波波源和接收点存在着相位差，而这相位差可以通过比较接收器输出信号与发射器输入的电信号的相位关系得到。当接收点和波源的距离变化等于一个波长时，则接收点和波源的相位差也正好变化一个周期（即 $\Delta\varphi = 2\pi$ ）。

准确观测相位变化一周期接收器移动的距离，即可得出对应的波长 λ ，再根据其频率即可求出声波在空气中的传播速度。

三、实验原理

1. 驻波的形成

设两个振幅和频率都相同的简谐波，一个沿 x 轴正向传播，一个沿 x 轴反向传播，相互叠加后就形成驻波。如果我们取正、反向波同相的点作原点 $x = 0$，并把频率和波速的比值记为

$$K = \frac{\omega}{c}\text{（称为波数）} \tag{1}$$

则正向波和反向波的振动位移、振速和声压可写成：

$$\begin{cases} Y_+ = A\cos(\omega t - kx) \\ u_+ = A\omega\cos\left(\omega t - kx + \dfrac{\pi}{2}\right) \\ P_+ = PCA\omega\cos\left(\omega t - kx + \dfrac{\pi}{2}\right) \\ Y_- = A\cos(\omega t + kx) \\ u_- = A\omega\cos\left(\omega t + kx + \dfrac{\pi}{2}\right) \\ P_- = PCA\omega\cos\left(\omega t + kx + \dfrac{\pi}{2}\right) \end{cases} \tag{2}$$

叠加以后，总的振动位移、振速和声压分别为：

$$\begin{cases} Y = Y_+ + Y_- = 2A\cos kx\cos\omega t \\ u = u_+ + u_- = 2A\omega\cos kx\cos\left(\omega t + \dfrac{\pi}{2}\right) = -2A\omega\cos kx\sin\omega t \\ P = P_+ + P_- = 2PCA\omega\cos\left(kx - \dfrac{\pi}{2}\right)\cos\omega t = 2PCA\omega\sin kx\cos\omega t \end{cases} \tag{3}$$

从振动相位来看，各点的 Y 都是同相的，其振幅 $2A\cos kx$ 则随各点而异。

在 $\cos kx=0$ 时，亦即在 $x=(2n+1)\frac{\lambda}{2}$（$n$ 为任意正整数）的各点上，振幅为 0，这些点称为位移波节；在 $|\cos kx|=1$ 时，亦即 $x=n\frac{\lambda}{2}$，振幅的绝对值最大为 $2A$，这些点称为位移波腹。相邻的两个波节（或波腹）相距 $\frac{\lambda}{2}$，整个驻波好像是分成许多段落振动的，在每一个介于相邻两波节间的段落中，各点都以同相振动，而与邻近段落的振动反相。

如果从声压来看，可以得到完全相仿的结论，但位移振幅中出现 $\cos kx$ 的因子，声压振幅中却出现 $\sin kx$ 的因子，所以，声压波腹处是位移波节，声压波节处是位移波腹。另外，因为振动位移和声压中与时间有关的因子都是 $\cos\omega t$，所以，两者是同相的，各点振动位移达到最大值的瞬刻就是各点声压达到最小值的瞬刻。

再从振速来进行讨论，因为振速和位移振幅中出现相同的因子 $\cos kx$，故振速的波节波腹与位移的波节波腹相重合。但因振速中与时间有关的因子是 $\sin\omega t$，故当声压或位移达到最大值的瞬刻，振速为零值。

2. 行波的形成

设在 $x=0$ 处的相位为 ωt，则质点在任一时刻 t 的位移可写成：

$$Y=A\cos\omega\left(t-\frac{x}{c}\right) \tag{4}$$

这就是简谐波的表达式。它充分地描述了简谐振波沿 x 轴方向的传播过程，说明了各质点振动时彼此间的相互关系。由式(4) 可知，振动的初相位为

$$-\frac{\omega x}{c}=-2\pi\frac{x}{\lambda} \tag{5}$$

因此，离 O 点不同距离的各点，具有不同的振动相位。设距 O 点有 x_1、x_2 两点，其相位差为

$$\Delta\varphi=\frac{2\pi}{\lambda}(x_2-x_1) \tag{6}$$

由该式可见，如果

$$x_2-x_1=k\lambda\quad(k=\pm1,\pm2,\pm3,\cdots) \tag{7}$$

则

$$\Delta\varphi=2k\pi \tag{8}$$

这时，在任一时刻 t，两点的位移 y 和速度 v 都是相同的。我们就说这两点的振动相位相同。上述结果说明，相距为波长整数倍的两点，振动时具有相同的相位。如

$$x_2-x_1=(2k+1)\frac{\lambda}{2}\quad(k=\pm1,\pm2,\pm3,\cdots) \tag{9}$$

则由式(6) 可知：

$$\Delta\varphi=(2k+1)\pi \tag{10}$$

这时，在任一时刻，两点的位移 y 和速度 v 都具有相同的数值，但符号都相反。我们说这两点的振动相位相反。由此可见，相距为半波长奇数倍的两点，振动时具有相反的相位，如图 3 所示。

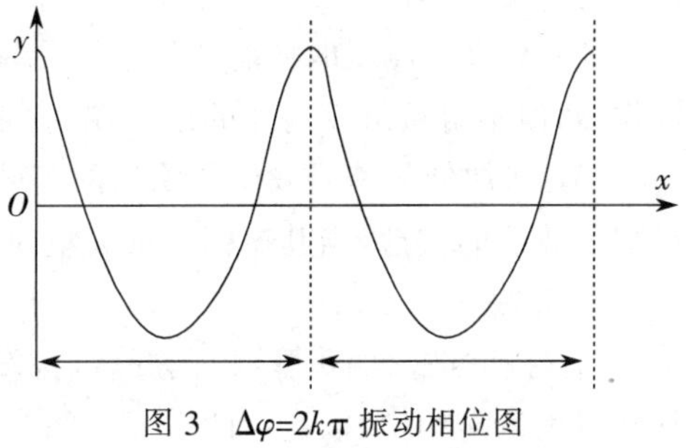

图 3　$\Delta\varphi=2k\pi$ 振动相位图

如果我们把发射点、接收点和电信号分别引入示波器的 x 轴和 y 轴，并把发射点固定，使接收点沿 x 轴方向移动，则示波器上就会出现

不同相位差的 x 轴和 y 轴输入构成的李萨如图形，如图 4 所示。为了准确地判断相位关系，将其相位差调整到 $\Delta\varphi=0$ 或 $\Delta\varphi=\pi$ 的位置，便可知相位相同的两点距离等于波长的整数倍，也即知道波长 λ，由 λ 再计算声音传播的速度。

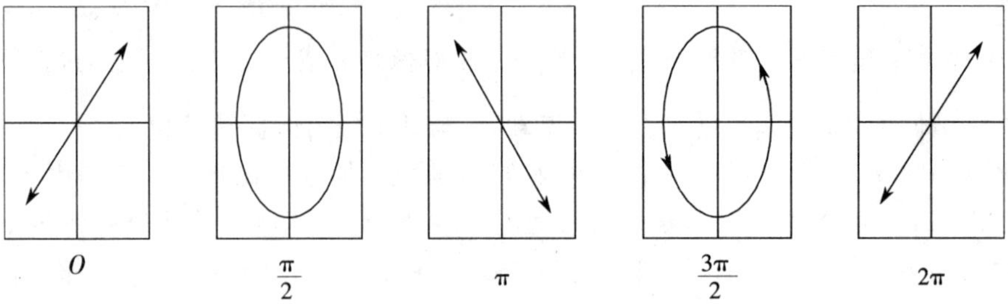

图 4　李萨茹图形

3. 声速的测定

根据波的相速公式：

$$v=\lambda\gamma \tag{11}$$

可以计算出声音在空气中传播的速度 v。

当两列同振幅、同频率的波相向叠加时，就会得到声波驻波。由驻波法可知两个波节间的距离：

$$l=|\Delta x|=\frac{\lambda}{2} \tag{12}$$

代入式(11)，得

$$v=2|\Delta x|\gamma \tag{13}$$

即可计算出声速来。

当一列波传播时，由行波法可知，相位变化一个周期所对应的距离：

$$l'=|\Delta x'|=\lambda \tag{14}$$

直接代入式(11)，得到声音在空气中传播的速度。因此，本实验的主要内容是测量频率 γ 和两个波节的距离 $|\Delta x|$。

四、实验内容和步骤

1. 驻波法

(1) 按图 2 接好线路，首先调节发射器固定卡环上的紧定螺丝，使发射器的平面端面与游标尺滑动方向垂直，锁好后再将接收器移近，同样通过调整其固定卡环上的紧定螺丝，使发射器与接收器的两个平面端面严格平行，将螺丝拧紧。

(2) 两只超声压电换能器的输入和输出接口均为红色接信号，黑色接地。平稳地移动接收器，但不可接触发射器的平面端面，否则会改变发射器的谐振频率。

(3) 增加低频信号发生器输出的正弦电压的幅度(衰减器置于“0 dB”处)，同时，调整并观察示波器的波形，当其振幅为最大量时，读数并记录。

2. 行波法

(1) 按驻波法的步骤(1)调好后，将发射器的信号引入示波器的 x 轴，并将接收端面调整到稍稍偏离锁定，以避免两端面之间产生驻波，不利于在示波器上观察合成像。

(2) 仔细调节 x 轴、y 轴衰减和增益旋钮(一般将 y 轴衰减置于 1～10,扫描范围置于"外接""微调/相位"位置合适),使示波器上的图形便于观察。

(3) 为便于准确判断相位关系,将接收端面位置调整到相位差为 $\Delta\varphi=0$ 或 $\Delta\varphi=\pi$ 的位置,读数并记录。

五、数据记录及处理

1. 用驻波法测声速

将实验内容和步骤中测得数据记录在表 1 中。

表 1　驻波法测声速数据记录表

输入频率 γ=________；环境温度 T=________

l_i	形成驻波时游标尺的读数/mm							
$i=1\sim8$								
$i=9\sim16$								
$\frac{\lambda}{2}=\frac{l_{i+8}-l_i}{8}$								

平均值 $\Delta l=\frac{\lambda}{2}=$ ________mm，实验结果 $v=\gamma\lambda=2\gamma|\Delta l|=$ ________。按声速值公式计算：$v=331.4+0.6T=$ ________，相对误差 $E_v=\frac{|v_{实}-v_{理}|}{v_{理}}\times100\%=$ ________。

2. 用行波法测声速

将实验内容和步骤中测得数据记录在表 2 中。

表 2　行波法测声速数据记录表

输入频率 γ=________；环境温度 T=________

l_i	相位相差 π 时游标尺的读数 /mm							
$i=1\sim8$								
$i=9\sim16$								
$\frac{\lambda}{2}=\frac{l_{i+8}-l_i}{8}$								

平均值 $\lambda=$ ________，$v=\gamma\lambda=$ ________，相对误差 $E_v=\frac{|v_{实}-v_{理}|}{v_{理}}\times100\%=$ ________。

实验 6 测定液体的比热容

一、实验目的

学习用电热法测定液体的比热容。

二、实验仪器

本实验使用的实验仪器主要有量热器、YJ-RZ-4C 数字智能化热学综合实验仪、电子天平等。

三、实验原理

比热容是单位质量的物质温度升高 1 ℃时需吸收的热量，它的测量是物理学的基本测量之一，属于量热学的范畴。量热学在许多领域都有广泛应用，特别是在新能源的开发和新材料的研制中。比热容的测量方法很多，有混合法、冷却法、比较法（用待测比热容与已知比热容比较得到待测比热容的方法）等。本实验用的是电热法测比热容，它是比较法的一种。各种测量方法各具特点，但就具体实验而言，由于散热因素很难控制，不管哪种实验测量方法其准确度都比较低。尽管如此，由于它比复杂的理论计算简单、方便，因此，实验还是具有相当的实用价值的。当然，在实验过程中进行误差分析，找出减小误差的方法是必要的。

每种物质处于不同温度时具有不同的比热容，一般来讲，某种物质的比热容多指在一定温度范围内的平均值。

1. 基本原理

孤立的热学系统在温度从 T_1 升到 T_2 时，吸收的热量 Q 与系统内各物质的质量 m_1，m_2，… 和比热容 c_1，c_2，… 以及温度变化（$T_2 - T_1$）有如下关系：

$$Q = (m_1c_1 + m_2c_2 + \cdots)(T_2 - T_1) \tag{1}$$

式中，m_1c_1，m_2c_2，… 是各物质的热容量。

在进行物质比热容的测量中，除了被测物质和可能用到的水外，还会有其他诸如量热器、搅拌器、温度传感器等物质参加热交换。为了方便，通常把这些物质的热容量用水的热容量来表示。如果用 m_x 和 c_x 分别表示某物质的质量和比热容，c 表示水的比热容，于是有

$$m_xc_x = c\omega \tag{2}$$

式中，ω 是用水的热容量表示该物质的热容量后“相当”的质量，我们把它称为“水当量”。水在 20 ℃ 时的比热容 $c = 4.182 \times 10^3\ \mathrm{J \cdot kg^{-1} \cdot K^{-1}}$，故水当量 ω 为

$$\omega = \frac{c_xm_x}{c} = \frac{c_xm_x}{4.182 \times 10^3\ \mathrm{J \cdot kg^{-1} \cdot K^{-1}}} \tag{3}$$

2. 实验计算公式

如图 1 所示，在量热器中装入质量为 m_1，比热容为 c_1 的待测液体，当通过电流 I 时，根据焦耳 - 楞次定律，量热器中电阻产生的热量为

$$Q = I^2Rt \tag{4}$$

式中，I 为电流强度，t 为通电时间。

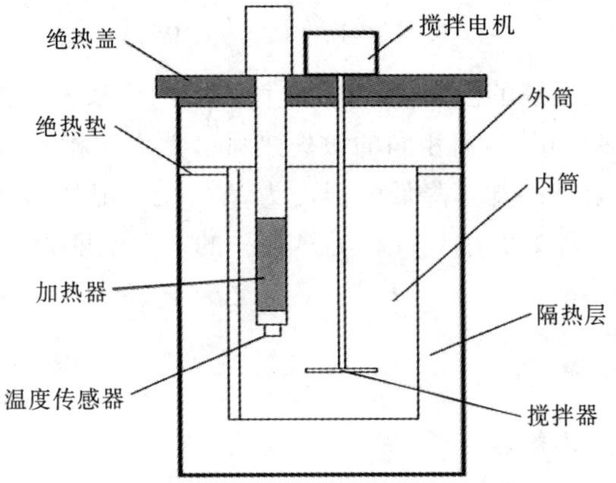

图 1　量热器结构示意图

如果量热器中液体（包括量热器及其附件）的初始温度为 T_1，在吸收了电阻 R 释放出来的热量 Q 后，其温度变为 T_2，量热器、搅拌器和温度传感器的水当量为 ω，水的比热容为 c，则有

$$I^2Rt = (c_1m_1 + c\omega)(T_2 - T_1) \tag{5}$$

所以

$$c_1 = [I^2Rt/(T_2 - T_1) - c\omega]/m_1 \tag{6}$$

3. 水当量

式(6) 中的 ω 应当包括量热器内筒、搅拌器、温度传感器等的水当量。设量热器内筒、温度传感器的总质量为 m_0，已知铝的比热容 $c_0 = 0.9 \times 10^3\ \mathrm{J \cdot kg^{-1} \cdot K^{-1}}$，设搅拌器的总质量为 m'_0，其比热容为 c'_0，则有

$$\omega = 0.2152m_0 + (c'_0m'_0)/c \tag{7}$$

本实验测得该量热器的水当量 $\omega = 32.55 \times 10^{-3}$ kg。

4. 散热修正实验

散热修正的方法是接通电源后每隔 1 min 记一次升温过程的温度，测量 10～15 min 后切断电源，然后再每隔 1 min 记录一次降温过程中的温度，测量 5～8 min，并注意在实验的整个过程中要缓慢地用搅拌器搅拌。用坐标纸作温度-时间曲线，纵坐标是温度，其坐标原点不取 0 ℃，可取室温；横坐标是时间，以 min 为单位。曲线 ab 是升温段，bc 是降温段（几乎是直线），如图 2 所示。c 点通过以下方法确定：取 bc 段下面阴影部分的面积 A_2 与升温曲线 ab 下面阴影部分的面积 A_1 相等，则 $dc = \Delta b$，即为由于散热而降低的温度，其大小即为所求终点 b 的温度修正值。

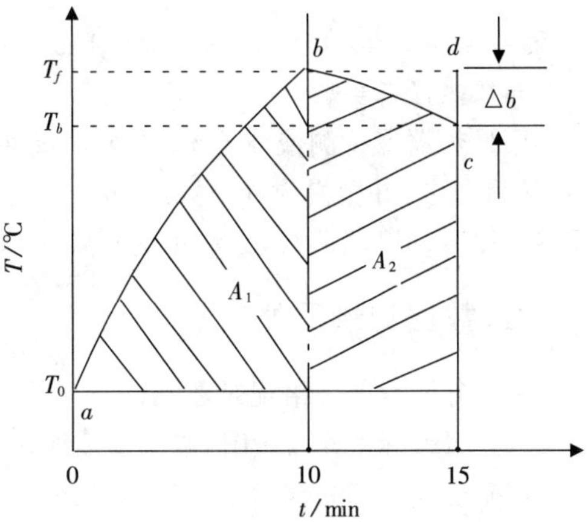

图 2　散热修正关系曲线

牛顿冷却定律告诉我们，当一个系统温

度与环境温度相差不大时，系统所散失的热量与温度差和时间 t 成正比。换言之，系统散失的热量 ΔQ 与升温曲线 ab 所包围的面积成正比，即

$$\Delta Q = K\int_{t_a}^{t_b}(T - T_0)\mathrm{d}T \tag{8}$$

式中：K 为散热系数，T 为系统的温度，T_0 为环境温度（约为系统的初温）。由于我们取 $A_1 = A_2$，这就意味着散失的热量相同，而相同的散失热量必然引起相等的温度下降。这样，延长 c 至 d，由于 bc 段是降温（自然冷却），降低的温度为 $dc = \Delta b$，显然 dc 段就反映了 bc 段散失的热量所引起的系统温度下降的大小，所以，无热损失的终点温度为

$$T_f = T_b + \Delta b \tag{9}$$

四、实验内容和步骤

1. 用电热法测量水的比热容

(1) 用天平称出量热器中水的质量 m_1。

(2) 图 3 为 YJ-RZ-4C 数字智能化热学综合实验仪面板，搅拌电机的电缆插头与电缆插座Ⅰ相连，量热器的电缆插头与电缆插座Ⅱ相连。打开电源开关，记下初温 T_1，然后打开加热开关、搅拌开关，通电 5 min，在通电过程中要不断搅拌，记录电流、电压值。最后断开加热开关，断电后仍要继续搅拌，待温度不再升高时记下它们的末温 T'_1。

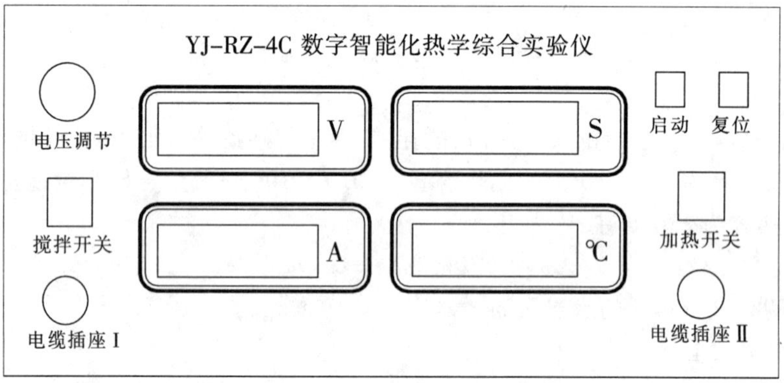

图 3 YJ-RZ-4C 数字智能化热学综合实验仪面板

注意：必须连接好所有的连接线以后才能开、关电源。

2. 散热修正实验

用量热器盛待测液体若干，安装好仪器，调节电压，使电流为 1 A，记录待测液体的初温 T_2，然后通电，并缓慢搅拌，每隔 1 min 记录一次温度，约 10 min 后，切断电源，继续搅拌，然后测自然冷却降温曲线，方法仍为每隔 1 min 记录一次待测液体温度，测5 min。

五、数据记录及处理

(1) 自拟数据表格记录数据。

(2) 用坐标纸作 T-t 图，按如图 2 所示的方法求出温度修正值。

(3) 按式(4)和式(6)求出待测液体的比热容，并与公认值相比较求出误差。计算时取 $c_{铜} = 0.393\times10^3\ \mathrm{J\cdot kg^{-1}\cdot K^{-1}}$，$c_{水} = 4.182\times10^3\ \mathrm{J\cdot kg^{-1}\cdot K^{-1}}$。量热器的水当量 ω 由实验室提供（本量热器的水当量 $\omega = 32.55\times10^{-3}$ kg）。

六、思考题

(1) 如果实验过程中加热电流发生了微小波动,是否会影响测量的结果?为什么?

(2) 实验过程中量热器不断向外界传导和辐射热量,这两种形式的热量损失是否会引起系统误差?为什么?

(3) 实验过程中不考虑温度计的体积,对实验结果有何影响?

七、注意事项

(1) 供电的电源插座必须良好接地。

(2) 在整个电路连接好之后才能打开电源开关。

(3) 严禁带电插、拔电缆插头。

(4) 仪器加热温度不应超过 50.0 ℃。

实验 7 金属线膨胀系数的测定

测量固体的线膨胀系数,实验上归结为测量在某一温度范围内固体的相对伸长量。此相对伸长量的测量与杨氏弹性模量的测定一样,有光杠杆、测微螺旋和千分表等方法。而加热固体的办法,也有通入蒸汽法和电热法。一般认为,用电热丝通电加热,用千分表测量相对伸长量,是比较经济又准确可靠的方法。

一、实验目的

(1) 学会用千分表法测量金属杆长度的微小变化。

(2) 测量金属杆的线膨胀系数。

二、实验仪器

1. 加热箱的结构和使用要求

(1) 加热箱结构如图 1 所示。

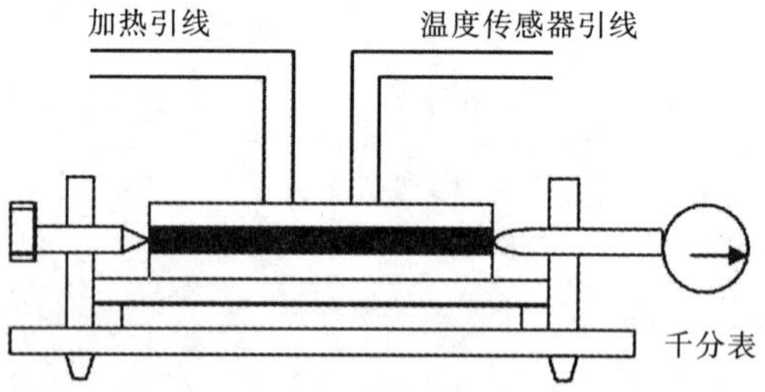

图 1 加热箱结构

(2) 使用要求

① 被测物体尺寸控制在 $\varphi 8\ \text{mm}\times 400\ \text{mm}$。

② 整体要求平稳,因伸长量极小,故仪器不应有振动。

③ 千分表安装须适当固定(以表头无转动为准)且与被测物体有良好的接触(读数在 0.2～0.3 mm 处较为适宜,然后再转动表壳校零)。

④ 被测物体与千分表探头须保持在同一直线。

2. 恒温控制仪使用说明

恒温控制仪面板操作简图如图 2 所示。

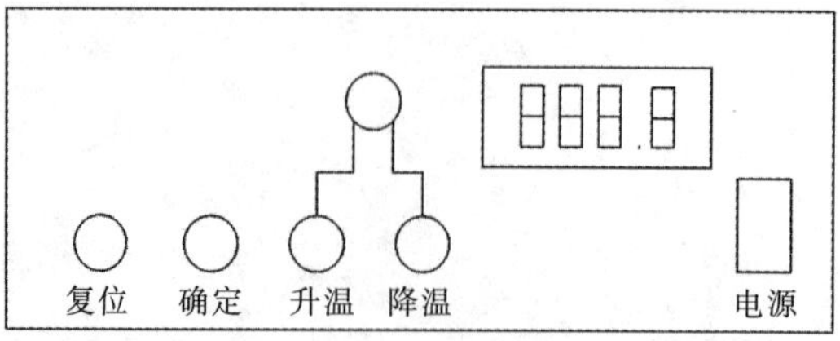

图 2 恒温控制仪面板操作简图

(1) 当电源接通时，面板上数字显示为 FdHc，表示仪器的公司符号，即刻自动转向 $A^{XX.X}$表示当时传感器温度，即 t_1。再自动转为 $b=\quad=\quad.$（=表示等待设定温度）。

(2) 按升温键，数字即由零逐渐增大至实验者所选的设定值，最高可选 80 ℃。

(3) 如果数字显示值高于实验者所设定的温度值，可按降温键，直至达到设定值。

(4) 当数字达到设定值时，即可按确定键，开始对样品加热，同时指示灯会闪亮，发光频闪与加热速率成正比。

(5) 确定键的另一用途是可做选择键，可选择观察当时的温度值和先前设定值。

(6) 实验者如果需要改变设定值可按复位键，重新设置。

三、实验原理

一般固体的体积或长度，随温度的升高而膨胀，这就是固体的热膨胀。设物体的温度改变 Δt 时，其长度改变量为 ΔL，如果 Δt 足够小，则 Δt 与 ΔL 成正比，并且也与物体原长 L 成正比，因此有

$$\Delta L = \alpha L \Delta t \tag{1}$$

$$\alpha = \frac{\Delta L}{L \Delta t} \tag{2}$$

由式(2) 可求得金属固体的线膨胀系数 α 值。

四、实验内容和步骤

(1) 接通电加热器与恒温控制仪输入输出接口和温度传感器的航空插头。

(2) 测出金属杆的长度 L_1（本实验使用的金属杆的长度为 400 mm），使其一端与隔热顶尖紧密接触。用扳手转动固定架上的螺母，并将千分表测量头与被测金属保持在同一直线，再将千分表固定。

(3) 稍用力压紧千分表使其读数为 20～30 小格时，用扳手扭紧螺母。转动千分表圆盘使其读数为零。

(4) 将加热箱与恒温控制仪连通，开启恒温控制仪电源开关，从恒温控制仪上读出金属棒的初始温度 t。

(5) 按升温键，设定需要加热的温度值，按确定键开始加热，在达到设定温度且温度不再变化时(30 s 左右)，迅速读出千分表上的读数，填入表 1 中。

五、数据记录及处理

1. 记录实验测量数据

将实验测量数据记入表 1。

表 1　测量数据记录

$t=$　　℃				$L=400$ mm				
$t_{设}$/℃								
$t_{实}$/℃								
千分表读数 L_i/mm								

2. 逐差法处理数据

3. 分析产生误差的原因

(1) 读取数据时的读数误差。

(2) 仪器本身存在的误差。

六、注意事项

在测量过程中，整个系统应保持稳定，不能碰撞。读取 t ，L 数据时，特别是读取 L 时，一定要迅速。

实验 8　空气比热容比的测定

一、实验目的

(1) 观察绝热膨胀、等容升温等过程中的状态变化，进一步理解其中的物理规律。

(2) 用绝热膨胀测定空气比热容比。

二、实验仪器

直流电源(6 V)、变阻箱或定值电阻(5 kΩ)、FD-TX-ND 空气比热容比测定仪、硅压力传感器、电流型集成温度传感器、导线若干。

三、实验原理

理想气体的定压摩尔热容为 C_P，定容摩尔热容为 C_V，气体的比热容比 γ 为：$\gamma = \dfrac{C_P}{C_V}$，$\gamma$ 又称摩尔热容比。

瓶内贮入气体后，将瓶内的气体看成由两部分组成，一部分是放气后进入大气的气体；另一部分是放气前在瓶内具有体积 V_1，放气后充满贮气瓶的这部分气体，体积为 V_2。以放气后留在瓶内的这部分气体为系统，实验中系统经 3 个状态，

$$\text{I}(P_1, V_1, T_0) \xrightarrow{\text{绝热膨胀}} \text{II}(P_0, V_2, T_x) \xrightarrow{\text{定容升温}} \text{III}(P_2, V_2, T_0)$$

由于气体处于状态 Ⅰ 和状态 Ⅲ 时，气体的量不变，温度相同时应有 $P_1V_1 = P_2V_2$，另外状态 Ⅰ 至状态 Ⅲ 是绝热过程，应有 $P_1V_1^\gamma = P_0V_2^\gamma$，此二式联立解得 $\gamma = \dfrac{\lg P_0 - \lg P_1}{\lg P_2 - \lg P_1}$。

所以，只要测出环境大气压强 P_0 和瓶内气体初末态的压强 P_1、P_2，即可通过上式求出气体的比热容比。图 1 为实验装置。

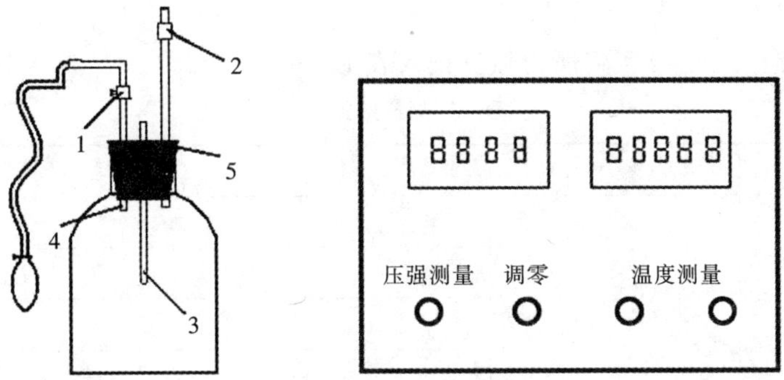

1. 进气活塞 C_1；2. 放气活塞 C_2；3. AD590；4. 气体压力传感器；5. 703 胶粘剂(由用户自行密封)

图 1　实验装置

实验装置中 1 为进气活塞 C_1，2 为放气活塞 C_2。3 为电流型集成温度传感器 AD590，它是新型半导体温度传感器，温度测量灵敏度高，线性好，测温范围为 −50～150 ℃。AD590 接 6 V 直流电源后组成一个稳流源，见图 2。它的测温灵敏度为 1 μA/℃，若串接 5 kΩ电阻后，可产生 5 mV/℃的信号电压，按 0～2 V 量程四位半数字电压表，可检测到最小 0.02 ℃的温度变化。4 为气体压力传感器探头，由同轴电缆线输出信号，与仪器内的放大器及三位半数字电压表相接。当待测气体压强为环境大气压 P_0 时，数字电压表显示为 0；当待测气体压强为 $P_0+10.00$ kPa 时，数字电压表显示为 200 mV；仪器测量气体压强灵敏度为 20 mV/kPa，测量精度为 5 Pa。

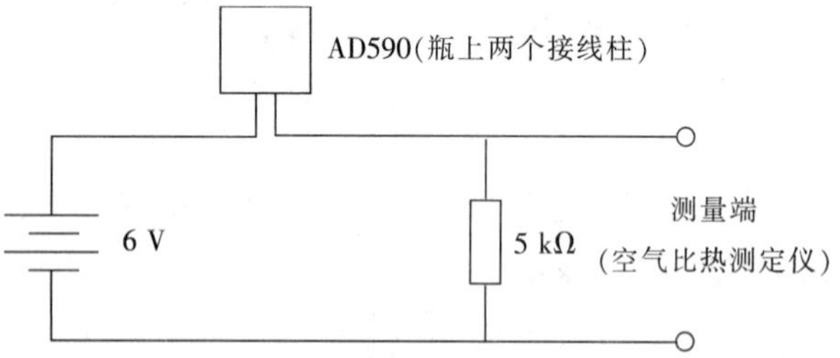

图 2　稳流源

四、实验内容和步骤

观察绝热膨胀、等容升温等过程中的状态变化，测定空气比热容比。

(1) 按图 2 接线，注意 AD590 的正负极。用 Forton 式气压计测定大气压强 P_0，用水银温度计测环境温度 T_0。开启电源，将电子仪器部分预热 20 min，然后用调零电位钮调节零点。

(2) 把与大气相连的活塞 C_2 关闭，与打气球相连的活塞 C_1 打开，用打气球把空气稳定地徐徐输入贮气瓶内，关闭活塞 C_1，稳定后测量并记录此时温度，该温度即为瓶内气体的温度，也为室温 T_0，此温度在电压表上显示为 T'_0，再测量并记录瓶内压强 P'_1（电压表示数）。

(3) 突然打开活塞 C_2，当贮气瓶的空气压强降低至环境大气压强 P_0 时（这时放气声消失），迅速关闭 C_2。当贮气瓶内空气稳定，温度上升至室温 T_0 时记下贮气瓶内气体的压强 P'_2。

(4) 重复以上步骤 6 次，将所得数据记入表 1 中。

表 1　测量数据记录

T_0/℃	P_0/($\times10^5$ Pa)	P'_1/mV	T'_0/mV	P'_2/mV

五、数据处理

用以下公式进行计算，求得空气比热容比：

$$P_1 = P_0 + \frac{P'_1}{2\,000},\quad P_2 = P_0 + \frac{P'_2}{2\,000},\quad \gamma = \frac{\lg P_0 - \lg P_1}{\lg P_2 - \lg P_1}$$

将数据处理结果记入表 2。

表 2　数据处理结果

$P_1/(\times 10^5\ \mathrm{Pa})$	$P_2/(\times 10^5\ \mathrm{Pa})$	γ	$\bar{\gamma}$

结果表示为：$\gamma = \bar{\gamma} \pm \mu_\gamma$。

$\gamma_{理} = 1.402$，求相对误差 $\Delta = \frac{|\gamma_{理} - \gamma|}{\gamma_{理}}$。

六、思考题

(1) 实验中的 P-U 图是何种形式？试画出。

(2) $\gamma = \frac{\lg P_0 - \lg P_1}{\lg P_2 - \lg P_1}$ 的表达式中不含温度，实验中温度变化对结果有影响吗？

二、综合性实验部分

实验 9　测定金属的杨氏模量

第一部分　用伸长法测定钢丝的杨氏模量

一、实验目的

(1) 掌握光杠杆的测量原理以及用来测量微小长度变化的方法。

(2) 学会用伸长法测定钢丝的杨氏模量。

(3) 学会用逐差法和图解法来处理数据。

(4) 学会望远镜尺组的使用。

二、实验仪器

本实验使用的实验仪器主要有杨氏模量测定仪(附光杠杆、望远镜尺组)、螺旋测微计、游标卡尺、钢卷尺、水准仪等。

三、实验原理

一根粗细均匀的金属丝,其长为 L,横截面积为 A,将其上端固定,下端悬挂一个质量为 m 的砝码,则金属丝的内应力为

$$\theta = \frac{F}{A} \tag{1}$$

式(1) 中,F 表示砝码的重力 mg。在应力作用下,其相对伸长(即应变) 为

$$\varepsilon = \frac{\Delta L}{L} \tag{2}$$

胡克定律指出,在弹性限度以内,应力与应变成正比,即

$$\frac{F}{A} = E \cdot \frac{\Delta L}{L} \tag{3}$$

因此,

$$E = \frac{F}{A} \cdot \frac{L}{\Delta L} \tag{4}$$

其中,E 称为该材料的杨氏弹性模量,它完全由材料的性质决定。根据式(4) 可知,如果我们测出等式右边各量,杨氏模量便可求得。上述各量中,F 为砝码的重力,金属丝的原长 L 和截面积 A 都可用一般方法确定,唯有伸长量 ΔL 难以确定,由于其甚小,为了测量准确,需要用特别的方法进行测量。在实验中,我们采用光杠杆法来测量伸长量 ΔL。图 1 为实验装置的全貌,待测钢丝的上端由螺丝 B 夹住,下端穿过中部平台中的活络套,旋紧活络套的内卡口,钢丝即被夹住,活络套下悬挂砝码,当钢丝伸长或缩短时,活络套也随之移动。

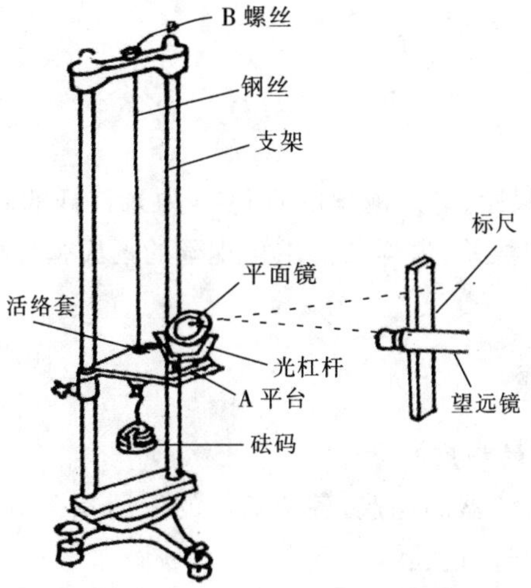

图 1　光杠杆法测量伸长量的实验装置

光杠杆由一个平面镜与前后支脚构成，其后足放在活络套上，前两足(两足的连线作为转动轴线)放在固定平台 A 的横槽内，当钢丝伸长时，活络套下移，光杠杆的镜面将随之上仰一微小角度 θ，平面镜转过微小角度 θ，可借助望远镜与直尺来测定。

设钢丝未伸长时，从望远镜中观察钢丝由镜面 M 反射在直尺上的刻度为 S，当钢丝伸长 ΔL 后，光杠杆后足向下移动，M 转到 M' 的位置，即平面镜转过 θ 角，这时在望远镜中看到的就是直尺上的另一刻度 S'，刻度变化量为 $\Delta S = S' - S$。我们知道，当平面镜的法线 N' 转过 θ 角，则入射光线与反射光线之间的夹角应改变 2θ，由图 2 可得出：

$$\tan\theta = \frac{\Delta L}{b};\quad \tan 2\theta = \frac{\Delta S}{D} \tag{5}$$

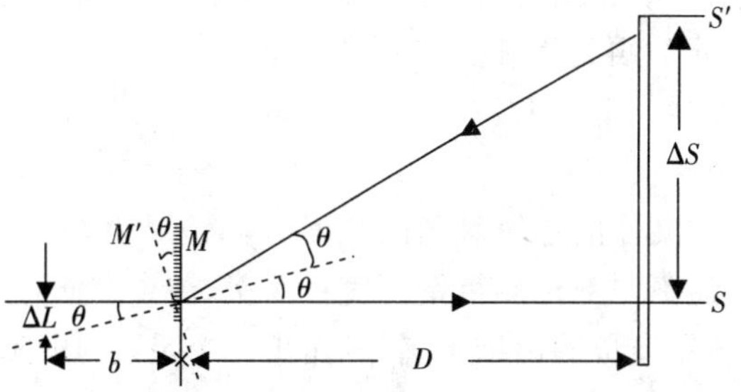

图 2　入射光线与反射光线的几何关系

在这里，b 为光杠杆后足至前足连线的垂直距离；D 为标尺至光杠杆平面镜的距离(镜尺距)。因 θ 角很小，故有 $\tan\theta \approx \theta$，$\tan 2\theta \approx 2\theta$，所以

$$\Delta L \approx \frac{b}{2D} \cdot \Delta S \tag{6}$$

如果将式(6)改写成 $\dfrac{\Delta S}{\Delta L} = \dfrac{2D}{b}$，则因为 $D \geqslant b$，所以光杠杆测量能把微小长度变化量放大 $\dfrac{2D}{b}$ 倍。将式(6)代入式(4)，就可以得到用伸长法测定金属丝杨氏弹性模量 E 的实验公式：

$$E = \frac{2LD}{Ab} \cdot \frac{F}{\Delta S} \tag{7}$$

又因为 $A=\pi\left(\frac{d}{2}\right)^2=\frac{\pi d^2}{4}$，所以

$$E=\frac{8LD}{\pi d^2 b}\cdot\frac{F}{\Delta S} \tag{8}$$

式中：L 为悬丝长；D 为镜尺距；d 为钢丝的直径；b 为光杠杆的臂长；F 为悬挂砝码的重量；ΔS 为望远镜中观测到的读数差。这样便能求出钢丝的杨氏弹性模量 E，E 通常以 $N\cdot m^{-2}$ 为单位。

四、实验内容和步骤

1. 用伸长法测定钢丝的杨氏模量

在操作前，首先要了解仪器的构造，各个部件的作用及调节方法，以便在实验时能够比较熟练地掌握仪器，顺利地进行实验。

(1) 调节仪器

① 按照使用说明书安装好仪器，调节支架底脚螺丝，使仪器平正。

② 将光杠杆放在平台上，要尽量保证镜面垂直，注意置于活络套上的光杠杆后足不要碰着悬丝。

③ 在离平面镜 1.5～2 m 处放置望远镜尺组，并使望远镜水平地对着光杠杆，使能顺着望远镜镜筒方向从镜内看到尺像。

④ 调节望远镜的目镜，使望远镜中的十字叉丝清晰，调节望远镜的物镜，使标尺刻度成像清晰，并与叉丝像位于同一平面内(即无视差)。

(2) 观察长度变化

① 使十字叉丝横线和一整数刻度线对齐，竖线与尺子边缘对齐，记下起始读数 S_0。

② 记下起始读数后，整个操作过程中都不许再移动望远镜尺组和光杠杆，然后平稳地依次增减砝码，待读数稳定后再记下相应的读数 S_i。

③ 重复上述步骤，观测 3 组数据。

(3) 其他物理量的测定

① 用钢卷尺测量出被夹住的这段悬丝的长度 L 和镜尺距 D。

② 用千分尺在悬丝的不同部位测量钢丝直径 5 次，注意在测量时不要扭弯钢丝。

③ 取下光杠杆，在预先准备的白纸上，轻轻压出 3 个足迹，用细笔尖作后足到前两足连线的垂直距离 b，然后用游标尺测量这个距离。

2. 用逐差法和图解法计算测量结果，求出杨氏模量 E，并确定其误差

五、数据记录及处理

(1) 将实验过程中的测量数据记入表 1 和表 2 中。

表 1　钢丝的直径

次数	1	2	3	4	5	平均值
d/cm						
Δd						

表 2　望远镜尺像的读数

<table>
<tr><td colspan="8">尺像读数/cm</td><td colspan="2">每 6 kg 的 ΔS</td></tr>
<tr><td rowspan="2">S_i</td><td colspan="3">递增砝码</td><td colspan="3">递减砝码</td><td rowspan="2">平均值</td><td rowspan="2">$\Delta S=$
$(S_{i+1}-S_i)$</td><td rowspan="2">$\Delta(\Delta S)$</td></tr>
<tr><td>1</td><td>2</td><td>3</td><td>1</td><td>2</td><td>3</td></tr>
<tr><td>S_0</td><td></td><td></td><td></td><td></td><td></td><td></td><td></td><td rowspan="2"></td><td rowspan="2"></td></tr>
<tr><td>S_1</td><td></td><td></td><td></td><td></td><td></td><td></td><td></td></tr>
<tr><td>S_2</td><td></td><td></td><td></td><td></td><td></td><td></td><td></td><td rowspan="2"></td><td rowspan="2"></td></tr>
<tr><td>S_3</td><td></td><td></td><td></td><td></td><td></td><td></td><td></td></tr>
<tr><td>S_4</td><td></td><td></td><td></td><td></td><td></td><td></td><td></td><td rowspan="2"></td><td rowspan="2"></td></tr>
<tr><td>S_5</td><td></td><td></td><td></td><td></td><td></td><td></td><td></td></tr>
</table>

(2) 用逐差法处理实验所得数据，结果如下：

被测钢丝的长度：$L=$________$\pm$________cm；镜尺距：$D=$________$\pm$________cm；光杠杆的臂长：$b=$________$\pm$________cm。

将以上测量结果代入公式 $E=\dfrac{8LD}{\pi d^2 b}\cdot\dfrac{F}{\Delta S}$，计算钢丝的杨氏模量。

钢丝的杨氏模量 E 的相对不确定度为

$$\frac{u_E}{E}=\sqrt{\left(\frac{u_L}{L}\right)^2+\left(\frac{u_D}{D}\right)^2+\left(\frac{u_F}{F}\right)^2+\left(\frac{u_d}{d}\right)^2+\left(\frac{u_b}{b}\right)^2+\left(\frac{u_{(\Delta S)}}{\Delta S}\right)^2}$$

其中，$\dfrac{u_L}{L}$、$\dfrac{u_D}{D}$、$\dfrac{u_F}{F}$、$\dfrac{u_b}{b}$ 几项可略去，故近似地有

$$\frac{u_E}{E}=\sqrt{\left(\frac{u_d}{d}\right)^2+\left(\frac{u_{(\Delta S)}}{\Delta S}\right)^2}$$

杨氏模量 E 的不确定度为

$$u_E=\frac{u_E}{E}\cdot\bar{E}$$

测量结果为

$$E=\bar{E}\pm u_E$$

(3) 用图解法处理实验数据。

我们把实验公式(8) 改写成：

$$F=\frac{\pi d^2 bE}{8LD}\cdot\Delta S \tag{9}$$

根据表 2 测得的实验数据，我们可以作 ΔS 随外力 F 变化的关系曲线，以 ΔS 为横坐标，F 为纵坐标，作出 F-ΔS 关系曲线。根据曲线可以分析说明式(9) 是否验证了胡克定律，并利用曲线求出斜率 k，显然有

$$k=\frac{\pi d^2 bE}{8LD};\quad E=\frac{8LD}{\pi d^2 b}\cdot k \tag{10}$$

将式(10) 和式(8) 的计算结果进行比较，并进行分析讨论。

六、思考题

(1) 什么叫逐差法？逐差法处理数据有什么优点？

(2) 在计算 E 的相对误差时,为什么可以略去$\frac{u_L}{L}$、$\frac{u_D}{D}$、$\frac{u_F}{F}$、$\frac{\Delta_b}{b}$ 这 4 项?

(3) 测量 S_0 时,为什么不取下砝码的挂钩?

(4) 光杠杆是通过什么原理对微小伸长量进行放大?它能用来测量微小的长度吗?为什么?

(5) 望远镜视野中一片白色,或视野中竖直尺的像模糊不清,或竖直尺的像太小,或望远镜的叉丝恰好对准了标尺的顶端,分别是什么原因?应该怎么办?

第二部分　动态法测金属棒的杨氏模量

一、实验目的

掌握用振动法测量均匀金属棒的杨氏模量。

二、实验仪器

本实验使用的实验仪器主要有动态杨氏模量实验仪。

三、实验原理

共振法测量样品材料的杨氏模量,是基于试样的机械固有频率由样品材料的杨氏模量、密度和几何尺寸所确定,所以测出材料的固有频率、密度和几何尺寸,样品材料的杨氏模量即可求出。因此,本实验的主要任务是测量样品材料的共振频率。测量样品材料共振频率的基本方法是:将一根截面均匀的试样(棒)悬挂在两只传感器(一只激振,一只拾振)下面,在两端自由的条件下,使之做自由振动,则可以测出试样棒的固有频率。

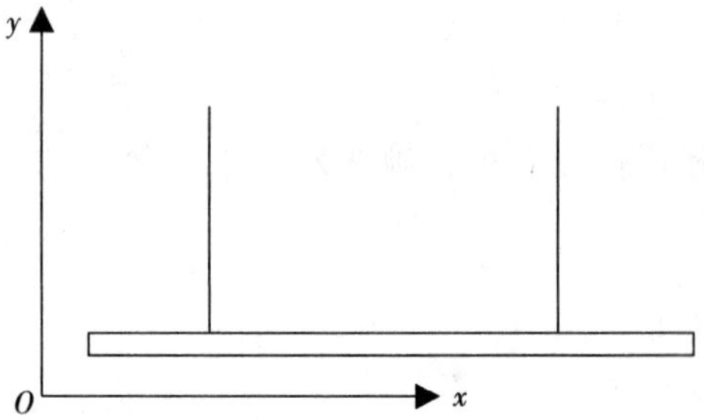

图 3　两端自由的悬线杆

一根长为 L 的杆,中间用悬线吊起来,如图 3 所示。在考虑外力的情况下,x 处沿垂直方向(即 y 方向)的位移满足如下横振动方程:

$$\frac{\partial^4 y}{\partial x^4}+\frac{\rho S\partial^2 y}{YJ\,\partial t^2}=0 \tag{11}$$

式中:ρ 为杆的密度,S 为杆的横截面积,J 为杆对中心轴的惯量距,Y 是沿轴向的杨氏模量。采用分离变量法,可以求出式(11) 的通解,即

$$y(x,t)=A(K,x)\cos(\omega_0 t+\varphi) \tag{12}$$

这是一个振动方程,其中

$$\omega_0=\sqrt{\frac{K^4 YJ}{\rho S}} \tag{13}$$

式中:ω_0 是杆的固有角频率,K 是常数。如果知道 K 和 ω_0 的值,很容易计算出杆的杨氏模量 Y。由边界条件:

$$\cos KL \cdot KL = 1 \tag{14}$$

用数值法可以解出：

$$KL = 0, 4.730, 7.853, 10.996, 14.137, \cdots$$

$KL = 0$ 是基态，对应于杆静止的情况；$KL = 4.730$ 对应于频率最低的固有频率（即基频率）；$KL = 4.730$ 和 $KL = 7.853$ 分别是对称型基频振动和反对称振动的条件，它们的波形如图 4 所示。

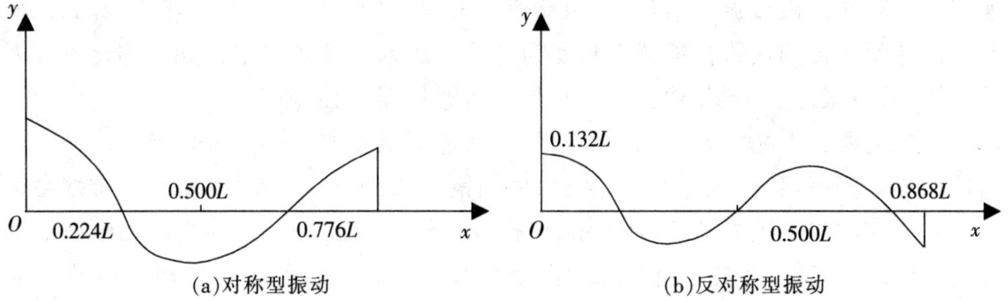

图 4　试样振动模式波形图

当杆做对称型基频振动时，其存在两个节点，它们分别位于距右端面为 $0.224L$ 和 $0.776L$ 处。此时杆的固有频率为

$$\omega_0 = \sqrt{\frac{(4.730)^4 YJ}{\rho L^4 S}} \tag{15}$$

由此，可得杆的杨氏模量 Y 为

$$Y = 1.6067 \frac{L^3 m}{d^4} f_0^2 \tag{16}$$

式中：$f_0 = \frac{\omega_0}{2\pi}$，$m$ 为杆的质量。实际上，Y 还与试样的直径 d 与长度 L 之比的大小有关，考虑到这一点，应在式(16) 右端乘一修正因子 R，从而式(16) 变为

$$Y = 1.6067 R \frac{L^3 m}{d^4} f_0^2 \tag{17}$$

杆试样 R 的数据如表 3 所示。

表 3　杆试样直径长度之比与修正因子 R 的数据

d/L	0.01	0.02	0.03	0.04	0.05	0.06
R	1.001	1.002	1.005	1.008	1.014	1.019

表 3 适用于泊松比在 0.25～0.35 范围内的材料。

用两根悬线拴在节点附近将杆吊起来，让其中的一条悬线接振动源，杆就产生受迫振动。只要悬挂点距节点较近，边界条件与自由振动时基本相同，式(17)仍然有效。当外力频率达到共振频率 $\omega_{共}$ 时，另一悬线处会接收到最大振幅，而固有频率与共振频率的关系为

$$f_{共} = \frac{\omega_{共}}{2\pi} = \frac{1}{2\pi}\sqrt{\omega_0^2 - 2\beta^2} \tag{18}$$

式中，β 为阻尼因数。对于一般金属材料，利用悬线法测量杨氏模量时，β 的最大值只有 ω_0 的 1% 左右，所以可以用 $f_{共}$ 代替 f_0，代入式(17) 进行计算。

确定测量方案时要注意，根据实验原理，要使试样做自由振动，就应把悬线吊扎在试样

的节点处，即一点在 $0.224L$ 处，另一点在 $0.776L$ 处。但这样做就不能激发和拾取试样的振动，因此，实际的吊扎位置都要偏离节点。

四、实验内容和步骤

实验装置示意图如图 5 所示。

(1) 图 5 中 1 是函数信号发生器，本身带 5 位数字显示频率计。它发出的音频信号经接收换能器 2 转换为机械振动信号，该振动通过悬丝 3 传入试棒引起试棒 4 振动，试棒的振动情况通过悬丝 3 传到接收换能器 5 转变为电信号进入示波器显示。如需测定不同温度下的杨氏模量，需将试样置于变温装置 8 内，炉温由温控器 9 控制调节。

(2) 悬挂式测定装置如图 5(a)所示。两个换能器能在直径 200 mm、高 140 mm 的柱状空间内任意位置停留，悬吊试样所用悬线采用细铜线或 Ni-Gr 丝，因为粗硬的悬线会引入较大误差。支撑式测定装置如图 5(b)所示，试样放上即可测定，准确、方便且无虚假信号。支架横杆 AB 平行于底板，横杆上有 2 和 5 两个接收换能器，二者间距可调节，试棒 4 通过特殊材料搭放在两个接收换能器上，调节函数信号发生器的输出频率使在示波器上显示的信号幅度出现最大，此即为试样的共振频率。

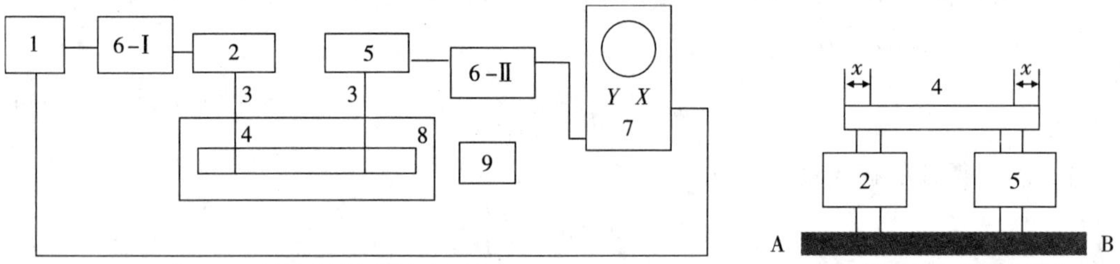

(a)悬挂式测定装置示意图　　(b)支撑式测定装置示意图

图 5　动态法测杨氏模量装置示意图

(3) 改变试样两端到节点的距离 x 的大小，并测出对应的共振频率。

(4) 作出 $f_{共}$-x 函数图像，从图上找出节点位置($x=0.224L$)时对应的共振频率 $f_{共}$，我们认为此时的 $f_{共}=f_0$。

(5) 将待测金属用细铜线或 Ni-Gr 丝系住放入加热炉中，可以测出随温度变化的 f_0。

(6) 用游标尺测出金属的长度 L 和直径 d，用电子天平称出质量 m。

五、数据记录及处理

(1) 自拟表格记录实验数据。

(2) 求出金属的杨氏模量及不确定度。

(3) 根据误差要求及试样的几何参数、质量等，确定选用的测试仪器及其规格，以及测量次数。

六、思考题

(1) 动态法测杨氏模量中除了动态杨氏模量实验仪(含标准试样、测试架、信号放大器)之外，还需要________________、________________和________________等测量仪器。

(2) 如何较为准确地确定节点的共振频率？如何判断示波器上的共振动信号？

实验 10　测定液体的表面张力系数

第一部分　用液体表面张力系数测定仪测量

一、实验目的

(1) 用砝码对力敏传感器进行定标，计算传感器的灵敏度，学习传感器的定标方法。

(2) 观察拉脱法测液体表面张力的物理过程和物理现象，并用物理学的基本概念和定律进行分析和研究，加深对物理规律的认识。

(3) 测量纯水(或其他液体)的表面张力系数。

二、实验仪器

本实验使用的实验仪器主要有 FD-NST-I 型液体表面张力系数测定仪、砝码、铝合金吊环、吊盘、玻璃器皿、镊子等。FD-NST-I 型液体表面张力系数测定仪的示意图如图 1 所示。

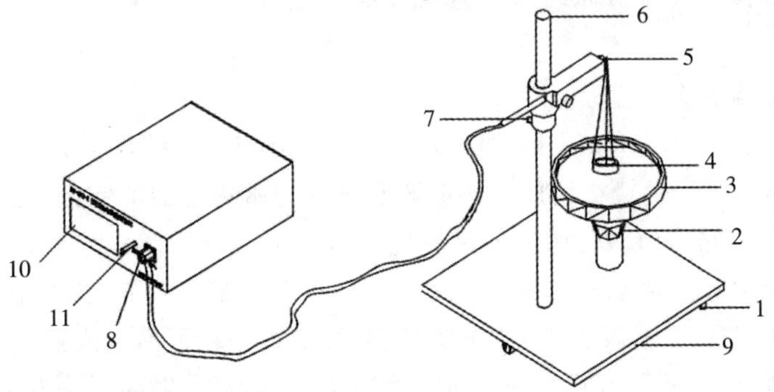

1. 调节螺丝；2. 升降螺丝；3. 玻璃器皿；4. 铝合金吊环；5. 力敏传感器；6. 支架；
7. 固定螺丝；8. 航空插头；9. 底座；10. 数字电压表；11. 调零旋钮

图 1　FD-NST-I 型液体表面张力系数测定仪

三、实验原理

一个外径和内径分别为 D_1、D_2 的金属圆环固定在传感器上，将该圆环浸没于液体中，并渐渐拉起圆环，金属圆环就会拉起一个与液体相连的水柱。由于水柱有两个液面，且两液面的直径与金属圆环的内、外径相同，当金属圆环从液面拉脱瞬间受到的拉力即水柱拉引金属圆环的表面张力 f 为

$$f = \pi(D_1 + D_2)\alpha \tag{1}$$

式中，α 为液体表面张力系数，所以液体表面张力系数为

$$\alpha = \frac{f}{\pi(D_1 + D_2)} \tag{2}$$

本实验用 FD-NST-I 型液体表面张力系数测定仪进行测量。FD-NST-I 型液体表面张力

系数测定仪用硅压阻力敏传感器作为测力计，以数字式电压表输出显示。若力敏传感器拉力为 F 时，数字式电压表的示数改变量为 ΔU，则有

$$F=\frac{\Delta U}{B} \tag{3}$$

式中：B 为力敏传感器的灵敏度，单位为 V/N（或 mV/N）。力敏传感器的灵敏度 $B=\frac{\Delta U}{\Delta mg}$，加减砝码予以定标测量。

金属圆环从液面拉脱前一瞬间圆环受到的最大拉力为 $F_1=f+G$（G 为金属圆环受到的重力，f 为金属圆环受到的最大张力），数字式电压表的最大读数值为 U_1；拉脱瞬间圆环受到的拉力为 $F_2=G$，数字式电压表的读数值为 U_2，则有

$$f=F_1-F_2=\frac{U_1-U_2}{B} \tag{4}$$

由式(2)得液体表面张力系数为

$$\alpha=\frac{f}{\pi(D_1+D_2)}=\frac{U_1-U_2}{\pi(D_1+D_2)B} \tag{5}$$

四、实验内容和步骤

(1) 打开 FD-NST-I 型液体表面张力系数测定仪进行预热；用游标尺测量金属圆环的内、外直径。

(2) 清洗器皿和吊环等实验器件。

(3) 若整机已预热 15 min 以上，即可对力敏传感器进行定标，在加砝码前应首先对仪器调零，安放砝码时应尽量轻拿轻放。将砝码盘挂在力敏传感器的钩上，记录此时输出电压 U；依次添加砝码，以测出力敏传感器的灵敏度 B。

(4) 以顺时针转动升降台调节螺丝，先将升降台置于最高位置，然后挂上吊环，在器皿内放入被测液体并安放在升降台上，调节支架螺丝，使得吊环下沿浸入液体中。

(5) 在测定液体表面张力系数过程中，可观察到液体产生的浮力与张力的情况与现象，以顺时针转动升降台调节螺丝时，液体液面上升，当吊环下沿浸入液体中时，改为逆时针转动该螺丝，这时液面往下降（或者说相对吊环往上提），观察环浸入液体中及从液体中拉起时的物理过程和现象。应特别注意吊环即将拉断液柱前一瞬间数字电压表最大读数值 U_1，拉断后数字电压表读数 U_2，记录下这两个数值。

五、数据记录及处理

1. *力敏传感器的定标*

力敏传感器上分别加各种质量的砝码，测出相应的电压输出值，实验结果填入表 1 中。

表 1 力敏传感器定标的实验数据

物体质量 m/g	0	0.500	1.000	1.500	2.000	2.500	
输出电压 U/mV							

经最小二乘法拟合可得仪器的灵敏度 B=____mV/N，拟合的线性相关系数 r=____。

2. 水的表面张力系数的测量

用游标尺测量金属圆环的外径 D_1＝______cm 和内径 D_2＝______cm，调节升降台，记录金属圆环在即将拉断水柱前数字电压表最大读数 U_1，拉断后数字电压表的读数 U_2，具体实验数据和处理结果填入表 2 中。

表 2　水的表面张力系数测量数据(水的温度：________℃)

测量次数	U_1/mV	U_2/mV	ΔU/mV	$f/(\times 10^{-3}$ N)	$\alpha/(\times 10^{-3}$ N/m)
1					
2					
3					
4					
5					
6					

在此温度下，水的表面张力系数为______N/m。经查相关数据表，在 T＝______℃时，水的表面张力系数为________N/m，百分误差为________%。

六、注意事项

(1) 吊环必须严格处理干净，可用 NaOH 溶液洗净油污或杂质后，再用清水冲洗干净，并用热吹风烘干。

(2) 吊环在水平方向上必须调节好。

(3) 仪器开机需预热 15 min 左右。

(4) 在旋转升降台时，尽量使液体的波动较小。

(5) 实验室不宜风力太大，以免吊环摆动致使零点波动，使所测系数不正确。

(6) 若液体为纯净水，在使用过程中要防止灰尘和油污及其他杂质污染，注意手指不要接触被测液体。

(7) 力敏传感器使用时作用力不宜大于 0.098 N，过大的外力容易损坏传感器。

(8) 实验结束后须将吊环用清洁纸擦干净，并用清洁纸包好待用。

第二部分　用焦利秤测量液体表面张力系数

一、实验目的

(1) 学会使用焦利秤测量液体表面张力系数的方法。

(2) 了解焦利秤的结构及其测量原理。

二、实验仪器

本实验使用的实验仪器主要有焦利秤、矩形金属片、砝码、游标尺、酒精灯、镊子、烧杯、蒸馏水等。

三、实验原理

焦利秤是一种很精细的弹簧秤，常用于测量微小的力，如图 2 所示。在有水平调节螺旋 M 的三角底座上，固定着金属立柱 A，其内装有带毫米刻度的金属管 B，在立柱 A 上附有游标 C，升降调节旋钮 D 可使刻度管 B 上下移动。在刻度管 B 顶端的横梁上挂有弹簧 S，其下端挂着一个带有指示镜（中央有一标线）的金属杆 Q，刻有标线的玻璃管 G 套在指示镜外。金属杆 Q 下端可挂砝码盘 E 或矩形金属片。H 为载物平台，它的升降可以通过调节平台固定夹 P 来实现，平台下面的微调螺旋 N 用来调节载物平台的微小移动。

使用焦利秤时，先调节水平调节螺旋 M，使金属杆 Q 及指示镜竖直从玻璃管 G 正中间通过，然后旋转升降旋钮 D 使指示镜上的标线和玻璃管 G 上的标线及其在指示镜中的像三者重合（简称三线重合），从标尺 C 读出示数 x_i。当弹簧下端施以拉力 F 时，弹簧将伸长，此时三线不再重合，再次旋转升降旋钮 D 使三线重合，从标尺 C 读出示数 x_2，则弹簧的伸长量为

$$\Delta x = x_2 - x_1 \tag{6}$$

根据胡克定律，在弹簧的弹性限度内，弹簧的伸长量与所受拉力的关系为

$$F = k \cdot \Delta x \tag{7}$$

式中，k 是弹簧的劲度系数，对于一个特定的弹簧，k 值是一定的。若 k 值为已知，则只要测出弹簧的伸长量，就可计算出作用于弹簧的外力 F。

液体表面都存在着张力的作用，这是一种沿着液体表面的收缩液面的力，称为表面张力。在表面张力的作用下，液体具有尽量缩小其表面积的趋势。表面张力 f 的方向与液面相切，且垂直于周界线，其大小与周界线长度 L 成正比，即

$$f = \alpha L \tag{8}$$

式中，α 为表面张力系数，它表示周界线单位长度上所受的表面张力，单位为$\mathrm{N \cdot m^{-1}}$。

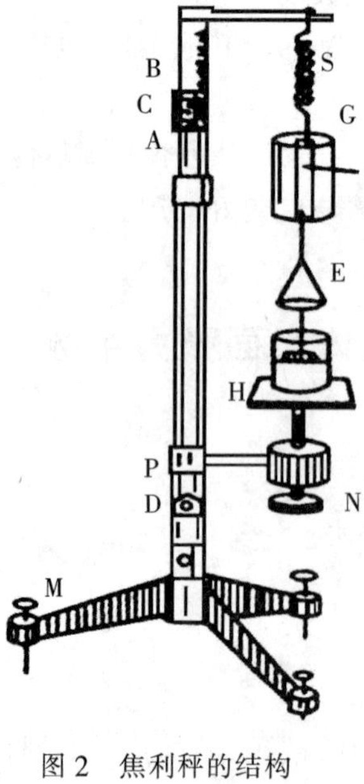

图 2　焦利秤的结构

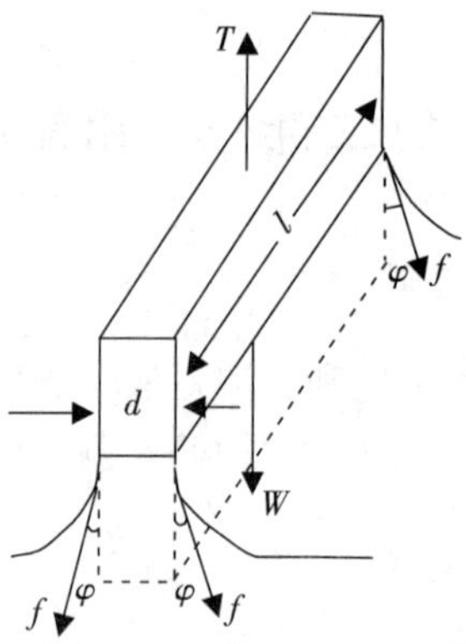

图 3　矩形金属片受力示意图

将一块矩形金属片浸入液体中，则其附近的液面将呈现如图 3 所示的状态。图中 f 为金属片四周液体表面层对金属片作用的表面张力，φ 为接触角。缓缓提起金属片，接触角 φ 将逐渐减小而趋近于零，f 的方向趋于垂直向下，在金属片拉脱液面前 φ 已足够小，诸力的平衡条件可写为

$$F = T - G \tag{9}$$

式中：T 为拉出金属片时所施的外力；G 为金属片和其所黏附的液体的总重量，F 为金属片四周液体表面层对金属片作用的表面张力之和。如图 3 所示，矩形金属片与液体接触面的周界线长度 $L = 2(l + d)$，当 φ 趋于零时，由式(8) 可得

$$F = 2\alpha(l + d) \tag{10}$$

将式(10) 代入式(9) 可得

$$\alpha = \frac{T - G}{2(l + d)} \tag{11}$$

用焦利秤分别测量液膜即将被拉断时的游标尺的读数 x_2 和只挂矩形金属片没有液膜时的游标尺的读数 x_1，两者之差就是克服表面张力时弹簧的伸长量，即

$$T - W = k\Delta x \tag{12}$$

式中，W 为矩形金属片所受重力，一般情况下 $W = G$。由式(11) 与式(12) 可得

$$\alpha = \frac{k\Delta x}{2(l + d)} \tag{13}$$

因此，在实验中，分别测出 k、Δx、l 和 d，便可由式(13) 求出 α 值。

四、实验内容和步骤

1. 测量焦利秤的 k 值

(1) 将秤盘 E 挂在金属杆 Q 下端的钩上，调节水平调节螺旋 M，使金属杆 Q 和指示镜竖直通过玻璃管 G 的中心，而不与玻璃管壁相摩擦。

(2) 转动升降旋钮 D，使三线重合，记录标尺 C 的示数 x_{10}。

(3) 将质量 m 为 0.5 g 的砝码置于秤盘中，调节升降旋钮 D，使三线重合，记录标尺 C 的示数 x_1，然后将砝码拿出。

(4) 按照步骤(2)和(3)依次将 1.0 g、1.5 g 等砝码置于秤盘 E 中，分别记录三线重合时标尺 C 的示数 x_{20}，x_2，x_{30}，x_3，…，并填入表 3 中。

(5) 计算出各次测量时弹簧的伸长量 $\Delta x_i = x_i - x_{i0}\,(i = 1, 2, 3, \cdots)$，根据 $k = \dfrac{F}{\Delta x}\,(F = mg$，取 $g = 9.80\ \mathrm{m \cdot s^{-2}})$，求出各次测量的 k_i 值，然后求出 k_i 的平均值 k。

2. 测量蒸馏水的表面张力系数 α

(1) 将烧杯先后用苛性钠溶液和蒸馏水洗涤，然后注入蒸馏水，置于载物平台 H 上。

(2) 用游标尺测量矩形金属片的底边 l 和厚度 d 各 3 次，将测量数据填入表 4 中，计算其平均值。

(3) 用镊子夹住矩形金属片，在酒精灯的火焰上烧红去污。待冷却后挂在秤盘的底钩上，注意要使矩形金属片的底边与杯中液体的液面平行。

(4) 调整载物平台 H，使矩形金属片的底边慢慢浸入水中少许，同时，转动升降旋钮 D 使三线重合。

(5) 缓慢转动微调螺旋 N,使平台 H 下降,同时缓慢调节升降旋钮 D,始终保持三线重合,直至矩形金属片所带出的液膜断裂为止。使 D 固定不动,记录此时标尺 C 的示数 x_i,将数据填入表 4 中。

(6) 在没有液体液膜的情况下,重新调节升降旋钮 D 使三线重合,然后记录标尺 C 的示数 x_{i0},并将数据填入表 4 中。

(7) 重复步骤(4)(5)(6)各三次。

(8) 根据式(1),算出弹簧的各次伸长量 Δx_l 及其平均值。

(9) 将平均值 $\bar{k}$,$\overline{\Delta x}$,$\bar{l}$,$\bar{d}$ 代入公式(13),求出 α 值及其测量误差。

五、数据记录及处理

将实验数据记录在表 3 和表 4 中。

表 3 求焦利秤 k 值的实验数据

次数	$m/(\times10^{-3}\ \mathrm{kg})$	$x_i/(\times10^{-3}\ \mathrm{m})$	$x_{i0}/(\times10^{-3}\ \mathrm{m})$	$\Delta x_i/(\times10^{-3}\ \mathrm{m})$	$k_i/(\mathrm{N\cdot m^{-1}})$
1					
2					
3					

根据表 3 中的测量数据,求出平均值 $\bar{k}=$__________ $\mathrm{N\cdot m^{-1}}$。

表 4 求表面张力系数 α 值的实验数据

次数	$l/(\times10^{-3}\ \mathrm{m})$	$d/(\times10^{-3}\ \mathrm{m})$	$x_i/(\times10^{-3}\ \mathrm{m})$	$x_{i0}/(\times10^{-3}\ \mathrm{m})$	$\Delta x_i/(\times10^{-3}\ \mathrm{m})$
1					
2					
3					
平均值					

六、注意事项

(1) 实验过程中,必须保持液体和矩形金属片的清洁,不要用手触摸,否则将影响实验结果。

(2) 弹簧若受力过大,其形变将不能恢复。实验过程中,不能随意拉动弹簧,也不能将碱性溶液、水等液体溅到弹簧上。

(3) 实验时,动作要轻而慢,特别是水膜将破裂时。

七、思考题

(1) 实验中为何安排测 T-W,而不是分别测 T 和 W?若分别测量,应如何进行?

(2) 分析产生误差的原因。

实验 11　热传导综合实验

第一部分　非良导体热导率的测量

一、实验目的

(1) 了解热传导现象的物理过程。

(2) 学习用稳态平板法测量非良导体的导热系数，并用作图法求冷却速率。

二、实验仪器

本实验使用的实验仪器主要有热导率测量实验装置、YJ-RZ-4A 热传导综合实验仪等。热导率测量的实验装置如图 1 所示。YJ-RZ-4A 热传导综合实验仪的面板示意图如图 2 所示。

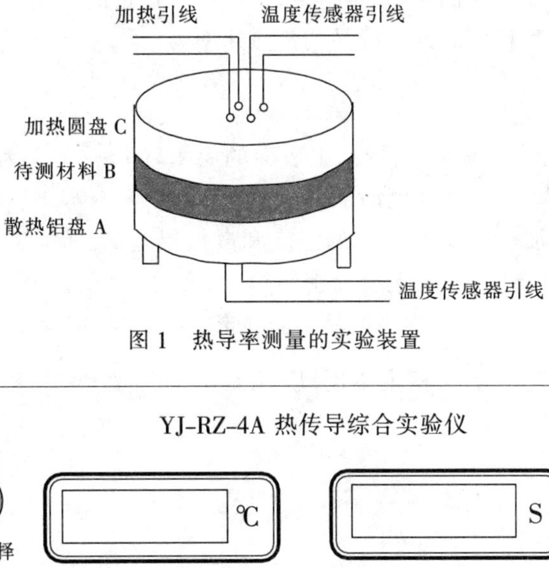

图 1　热导率测量的实验装置

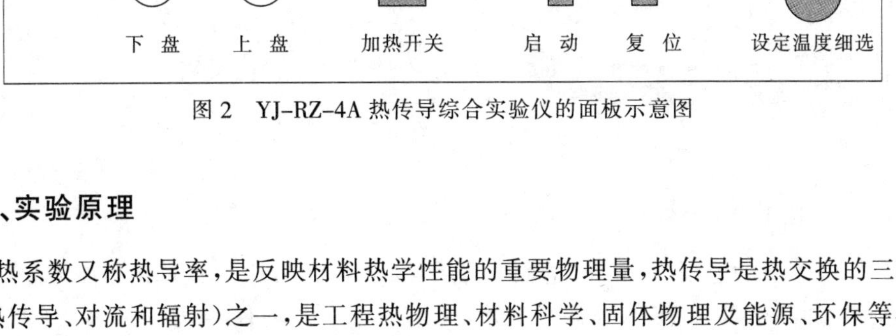

图 2　YJ-RZ-4A 热传导综合实验仪的面板示意图

三、实验原理

导热系数又称热导率，是反映材料热学性能的重要物理量，热传导是热交换的三种基本形式(热传导、对流和辐射)之一，是工程热物理、材料科学、固体物理及能源、环保等各个研究领域的重要课题。材料的导热机理在很大程度上取决于它的微观结构，热量的传递依靠原子、分子围绕相应平衡位置的振动以及自由电子的迁移，在金属中电子流起支配作用，在绝缘体和大部分半导体中则以晶格振动起主导作用。在科学实验和工程设计中，所用材料的导热系数都需要用实验的方法精确测定。

1882 年，法国科学家傅立叶(J. Fourier)建立了热传导理论，目前，各种测量导热系数的方法都是建立在傅立叶热传导定律的基础之上。测量导热系数的方法可以分为两大类：稳态法和瞬态法。本实验采用的是稳态平板法测量非良导体的导热系数。当物体内部有温度梯度存在时，就有热量从高温处传递到低温处，这种现象称为热传导。傅立叶指出，在 $\mathrm{d}t$ 时间内，通过 $\mathrm{d}S$ 面积的热量 $\mathrm{d}Q$ 正比于物体内的温度梯度，其比例系数是导热系数，即

$$\frac{\mathrm{d}Q}{\mathrm{d}t}=-\lambda\frac{\mathrm{d}T}{\mathrm{d}x}\mathrm{d}S \tag{1}$$

式中：$\frac{\mathrm{d}Q}{\mathrm{d}t}$ 为传热速率；$\frac{\mathrm{d}T}{\mathrm{d}x}$ 是与面积 $\mathrm{d}S$ 相垂直的方向上的温度梯度；“—”号表示热量由高温区域传向低温区域；λ 是导热系数，表示物体导热能力的大小，在国际单位制中 λ 的单位是 $\mathrm{W\cdot m^{-1}\cdot K^{-1}}$。对于各向异性材料，各个方向的导热系数是不同的，常用张量来表示。

如图 3 所示，设样品为一圆平板，维持上、下平面有稳定的温度 T_1 和 T_2，假设圆平板侧面近似绝热，则系统处于稳态时通过样品的传热速率为

$$\frac{\mathrm{d}Q}{\mathrm{d}t}=\lambda\frac{T_1-T_2}{h_\mathrm{B}}S_\mathrm{B} \tag{2}$$

式中：h_B 为样品厚度，$S_\mathrm{B}=\pi R_\mathrm{B}^2$ 为样品上表面的面积，(T_1-T_2) 为上、下平面的温度差，λ 为导热系数。在实验中，要降低侧面散热的影响，就要减小 h_B。待测圆平板上、下平面的温度 T_1 和 T_2 分别用加热圆盘 C 底部的温度和散热铝盘 A 的温度来代表，所以必须保证样品与圆盘C的底部和铝盘 A 的上表面密切接触。实验时，在稳定导热的条件下(即 T_1 和 T_2 值恒定不变)，可以认为通过待测样品 B 盘的传热速率与铝盘 A 向周围环境散热的速率相等。因此，可以通过 A 盘在稳定温度 T_2 附近的冷却速率 $\frac{\mathrm{d}T}{\mathrm{d}t}$ 来求出样品的传热速率 $\frac{\mathrm{d}Q_{加}}{\mathrm{d}t}$。

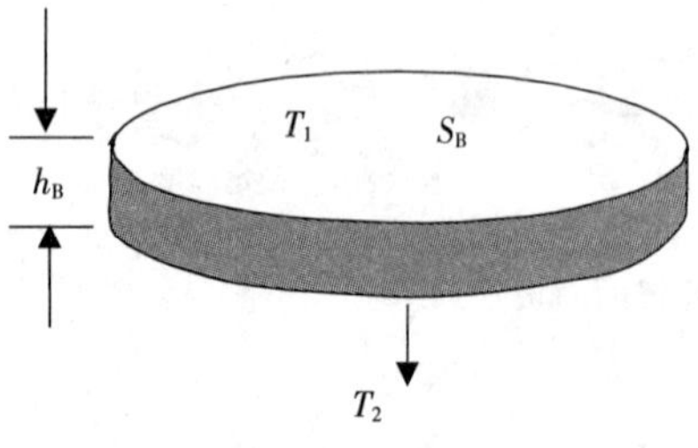

图 3 待测样品盘

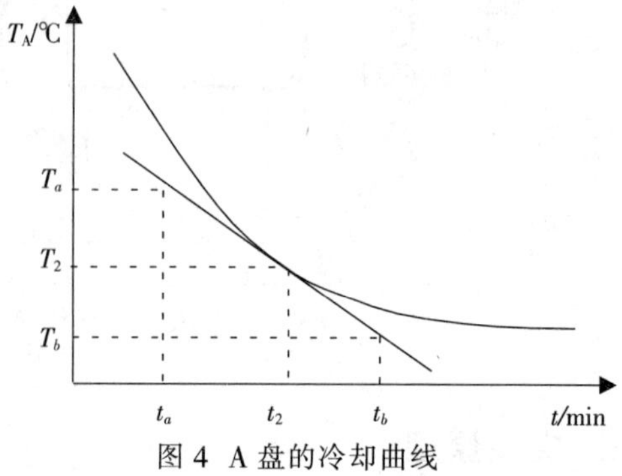

图 4 A 盘的冷却曲线

在读取稳态时的温度 T_1 和 T_2 的数值之后，取走样品 B，让 A 盘直接与加热盘 C 底部的下表面接触，加热铝盘 A，使 A 盘温度上升到比 T_2 高 6 ℃ 左右，再移去加热盘 C，让铝盘 A

通过外表面直接向环境散热(即自然冷却)，当 T_A 降至比 T_2 高 5 ℃时，开始计时并读数 T_A，每隔 1 min 测一次温度 T_A，直到 T_A 低于 T_2 约 5 ℃时为止，然后以时间为横坐标，以 T_A 为纵坐标，作 A 盘的冷却曲线，如图 4 所示。过曲线上的点(t_2，T_2) 作切线，则此切线的斜率就是 A 盘在 T_2 时的自然冷却速率 $\frac{\mathrm{d}T}{\mathrm{d}t}=\frac{T_a-T_b}{t_a-t_b}$。

对于铝盘 A，在稳态传热时，其散热的外表面面积为 $\pi R_A^2+2\pi R_A h_A$，移去加热盘 C 后，A 盘的散热外表面积为 $2\pi R_A^2+2\pi R_A h_A=2\pi R_A(R_A+h_A)$，考虑到物体的散热速率与它的散热面积成比例，所以有

$$\frac{\mathrm{d}Q}{\mathrm{d}t}=\frac{\pi R_A(R_A+2h_A)}{2\pi R_A(R_A+h_A)}\cdot\frac{\mathrm{d}Q_{加}}{\mathrm{d}t}=\frac{R_A+2h_A}{2R_A+2h_A}\cdot\frac{\mathrm{d}Q_{加}}{\mathrm{d}t} \tag{3}$$

式中：R_A 和 h_A 分别为 A 盘的半径和厚度。根据热容的定义，对温度均匀的物体，有

$$\frac{\mathrm{d}Q_{加}}{\mathrm{d}t}=mc\frac{\mathrm{d}T}{\mathrm{d}t} \tag{4}$$

对应于铝盘 A，就有 $\frac{\mathrm{d}Q_{加}}{\mathrm{d}t}=m_{铝}c_{铝}\frac{\mathrm{d}T}{\mathrm{d}t}$，$m_{铝}$ 和 $c_{铝}$ 分别为 A 盘的质量和比热容。将式(4)代入式(3) 中，有

$$\frac{\mathrm{d}Q}{\mathrm{d}t}=m_{铝}c_{铝}\frac{R_A+2h_A}{2(R_A+h_A)}\cdot\frac{\mathrm{d}T}{\mathrm{d}t} \tag{5}$$

比较式(5) 和式(2)，便可得出导热系数公式：

$$\lambda=\frac{m_{铝}c_{铝}h_B(R_A+2h_A)}{2\pi R_B^2(T_1-T_2)(R_A+h_A)}\cdot\frac{\mathrm{d}T}{\mathrm{d}t} \tag{6}$$

式中：$m_{铝}$、h_B、R_B、h_A、T_1 和 T_2 等参数都可以由实验测量出准确值，$c_{铝}$ 为已知常数，$c_{铝}=0.904\ \mathrm{J/(g\cdot ℃)}$，因此，只要求出 $\frac{\mathrm{d}T}{\mathrm{d}t}$，就可求出导热系数 λ。

四、实验内容和步骤

1. 建立稳恒态

(1) 安装好实验装置，连接好实验电路，打开电源开关，将“测量选择”开关旋至“设定温度”挡，调节“设定温度粗选”旋钮和“设定温度细选”旋钮，选择设定 C 盘加热为所需的温度值(如80.0 ℃)。

(2) 将“测量选择”开关拨向“上盘温度” 挡，打开加热开关，观察 C 盘温度的变化，直至 C 盘温度恒定在所设定的温度(如 80.0 ℃)。

(3) 将“测量选择”开关拨向“下盘温度” 挡，观察 A 盘的温度变化，若每分钟的变化 $\Delta T_A\leqslant 0.1$ ℃，则可认为其达到稳恒态，记下此时 A 盘和 C 盘的温度 T_2 和 T_1。

2. 测量 A 盘在 T_2 时的自然冷却速度

(1) 练习时间测量。按动“启动”按钮，即开始计时；再按动“启动”按钮，即暂停计时；按动“复位”按钮，即归零。

(2) 在读取稳态时的温度 T_1 和 T_2 的数值之后，将“测量选择”开关拨向“下盘温度”挡，拿走样品 B，让 A 盘直接与加热盘 C 底部的下表面接触，加热铝盘 A，使 A 盘温度上升到比 T_2 高6 ℃左右。

(3) 移去加热盘 C，关闭加热开关，让铝盘 A 通过外表面直接向环境散热（即自然冷却），当 T_A 降至比 T_2 高 5 ℃时开始计时并读数，每隔 1 min 测一次温度 T_A，直到 T_A 低于 T_2 约 5 ℃时为止。

(4) 用游标尺测出待测板 B 的直径 $2R_B$ 和厚度 h_B，以及铝盘 A 的直径 $2R_A$ 和厚度 h_A，记下 A 盘的质量 $m_{铝}$。

五、数据记录及处理

(1) 自拟表格记录实验数据。

(2) 以时间为横坐标，以 T_A 为纵坐标，作 A 盘的冷却曲线。如图 4 所示，过曲线上的点(t_2, T_2)作切线，则此切线的斜率就是 A 盘在 T_2 时的自然冷却速率$\frac{dT}{dt} = \frac{T_a - T_b}{t_a - t_b}$。

(3) 根据式(6)求出待测材料 B 样品的导热系数 λ。

六、思考题

(1) 热力学系统中的稳恒态的标志是什么？

(2) 导热系数的具体物理意义是什么？

(3) 导热系数测量结果的误差来自哪些方面？

第二部分　热电偶的定标

一、实验目的

(1) 加深对温差电现象的理解。

(2) 了解热电偶测温的基本原理和基本方法。

(3) 了解热电偶定标基本方法。

二、实验仪器

本实验使用的实验仪器主要有铜-康铜热电偶、YJ-RZ-4A 热传导综合实验仪、保温杯等。

三、实验原理

1. 温差电效应

在物理测量中，经常将非电学物理量如温度、时间、长度等转换为电学物理量进行测量，这种测量方法叫作非电量的电测法。其优点是不仅使测量方便、迅速，而且还可提高测量精度。温差电偶是利用温差电效应制作而成的测温元件，在温度测量与控制中有着极为广泛的应用。本实验是研究温差电动势与温度的关系。

如果用 A(铜)、B(康铜)两种不同的金属构成一个闭合电路，并使两接点处于不同温度，如图 5 所示，则电路中将产生温差电动势，并且有温差电流流过，这种现象称为温差电效应。

2. 热电偶

两种不同的金属串接在一起，其两端可以和仪器相连进行测温的元件称为温差电偶，也叫热电偶，如图 6 所示。温差电偶的温差电动势与两接头温度之间的关系比较复杂，但是在较小温差范围内可以近似地认为温差电动势 E_t 与温度差 $(t-t_0)$ 成正比，即

$$E_x = c(t-t_0) \tag{7}$$

式中：t 为热端的温度，t_0 为冷端的温度，c 称为温差系数（或称为温差电偶常量），单位为 $\mu V \cdot C^{-1}$，它表示两接点的温度相差 1 ℃ 时所产生的电动势，其大小取决于组成温差电偶材料的性质，即

$$c = \frac{k}{e}\ln\left(\frac{n_{0A}}{n_{0B}}\right) \tag{8}$$

式中：k 为玻耳兹曼常量，e 为电子电量，n_{0A} 和 n_{0B} 分别为两种金属单位体积内的自由电子数目。

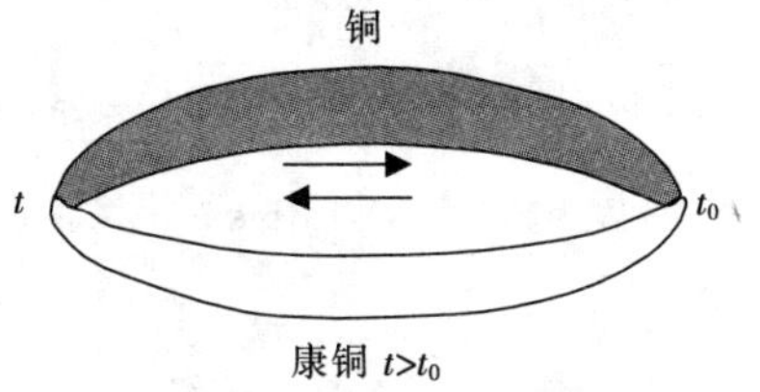

图 5　铜和康铜构成的一闭合电路

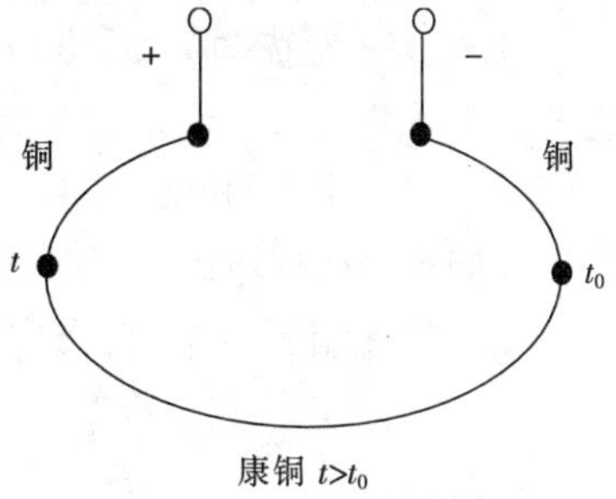

图 6　温差电偶的结构

如图 7 所示，温差电偶与测量仪器有两种连接方式：(a) 金属 B 的两端分别和金属 A 焊接，测量仪器 M 插入 A 金属线中间；(b) A 金属和 B 金属的一端焊接，另一端和测量仪器连接。

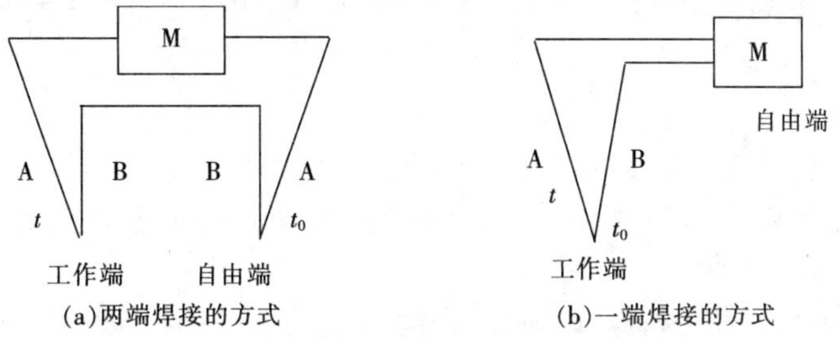

图 7　温差电偶与测量仪器的两种连接方式

在使用温差电偶时，总要将温差电偶接入电势差计或数字电压表，这样除了构成温差电偶的两种金属外，必将有第三种金属接入温差电偶电路中。理论上可以证明，在 A、B 两种金属之间插入任何一种金属 C，只要维持它和 A、B 的连接点在同一个温度，这个闭合电路中的温差电动势总是和只由 A、B 两种金属组成的温差电偶中的温差电动势一样。温差电偶的测温范围可以从 −268.95 ℃的深低温直至 2 800 ℃的高温。值得注意的是，不同的温差电偶所能测量的温度范围各不相同。

3. 热电偶的定标

热电偶定标的方法有两种。

(1) 比较法：用被校热电偶与一标准组分的热电偶去测同一温度，测得一组数据，其中被校热电偶测得的热电势由标准热电偶测得的热电势所校准，在被校热电偶的使用范围内改变不同的温度，进行逐点校准，就可得到被校热电偶的一条校准曲线。

(2) 固定点法：将几种合适的纯物质在一定气压（一般是标准大气压）下的沸点和熔点温度作为已知温度，测出热电偶在这些温度下的对应的电动势，从而得到热电势-温度关系曲线，这就是所求的校准曲线。

本实验采用固定点法对热电偶进行定标。定标时把冷端浸入冰水共存的保温杯中，热端插入恒温的加热器中，恒温加热器可恒温在 40～120 ℃之间。用数字多用表测定出对应点的温差电动势。以电动势 ε 为纵轴，以热端温度 t（如 50 ℃、60 ℃、70 ℃、80 ℃、90 ℃、100 ℃）为横轴。标出以上各点，连成直线。如图 8 所示，即为热电偶的定标曲线。有了定标曲线，就可以利用该热电偶测温度了。这时，仍将冷端保持在原来的温度（t_0=0 ℃），将热端插入待测物中，测出此时的温差电动势，再由 ε-t 图线查出待测温度。

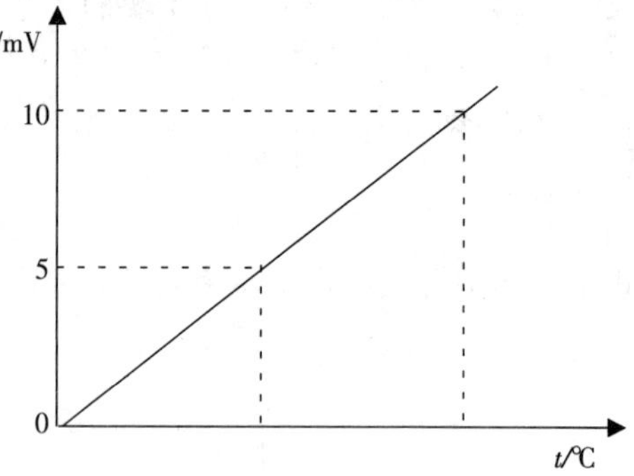

图 8　固定点法对热电偶进行定标的曲线

四、实验内容和步骤

1. 测量温差电动势

将“温度选择”开关置于“设定温度”挡，调节“设定温度粗选”和“设定温度细选”旋钮，选择恒温加热器中所需的温度（如 50.0 ℃），按下“加热开关”，开始加热，将热电偶热端置于恒温加热器中，将热电偶冷端置于保温杯的冰水混合物中，用数字多用表测量出所设定温度时的温差电动势。

2. 热电偶定标

如步骤 1 所述，设定恒温加热器的温度依次为 60.0 ℃、70.0 ℃、80.0 ℃、90.0 ℃、100.0 ℃，热电偶冷端不变，测量不同温度下的温差电动势，作出热电偶的 ε-t 定标曲线。

3. 利用热电偶测量温度

仍将冷端置于保温杯中，将热端插入待测物中，测出此时的温差电动势，再由 ε-t 图线查出待测物的温度。

五、数据记录及处理

(1) 自拟表格记录实验数据。

(2) 作热电偶的 ε-t 定标曲线。

(3) 根据热电偶的 ε-t 定标曲线，查出待测物的温度。

第三部分　冷却法测定金属的比热容

一、实验目的

学习测定金属比热容的方法。

二、实验仪器

本实验使用的实验仪器主要是 YJ-RZ-4A 热传导综合实验仪。

三、实验原理

物体的表面温度为 T_1，周围环境温度为 θ_1。当 $T_1-\theta_1$ 值固定时，由牛顿冷却定律可知，该物体的热损失率为

$$\frac{\mathrm{d}Q}{\mathrm{d}t}=A_1S_1\,(T_1-\theta_1)^n \tag{9}$$

式中：S_1 为物体的表面积；A_1 为与物体表面状况有关的系数；n 为由实验确定的参数，它与 T_1、θ_1 的大小取值范围有关。由物质的热容及比热容的定义可知，当物体温度升高 $\mathrm{d}T_1$ 时，它所吸收的热量为

$$\mathrm{d}Q=c_{s1}\mathrm{d}T_1=c_1m_1\mathrm{d}T_1 \tag{10}$$

式中：c_{s1}、c_1、m_1 分别为物体的热容、比热容及质量。当物体很薄时，可近似地认为物体各处的温度均匀。由式(9) 和式(10) 可得

$$c_1m_1\frac{\mathrm{d}T_1}{\mathrm{d}t}=A_1S_1\,(T_1-\theta_1)^n \tag{11}$$

取另一种金属样品，也有相同的公式，即

$$c_2m_2\frac{\mathrm{d}T_2}{\mathrm{d}t}=A_2S_2\,(T_2-\theta_2)^n \tag{12}$$

若实验过程中保持环境温度恒定，即 $\theta_1=\theta_2$；两种样品有相同的温度，即 $T_1=T_2$；假设两种样品的形状、大小以及表面状况都相同，即 $S_1=S_2$、$A_1=A_2$，则有

$$c_1m_1\frac{\mathrm{d}T_1}{\mathrm{d}t}=c_2m_2\frac{\mathrm{d}T_2}{\mathrm{d}t} \tag{13}$$

若已知样品 1 的比热容 c_1，则样品 2 的比热容为

$$c_2=\frac{c_1m_1\dfrac{\mathrm{d}T_1}{\mathrm{d}t}}{m_2\dfrac{\mathrm{d}T_2}{\mathrm{d}t}} \tag{14}$$

可用天平称得样品的质量分别为 m_1，m_2，实验测量并用作图法求得它们的冷却速率 $\frac{\mathrm{d}T}{\mathrm{d}t}$。利用式(14) 可求得 c_2。由于此式应用了一定的近似条件，故所得数值存在系统误差。用式(14) 测定固体比热容的关键是求 $\frac{\mathrm{d}T_1}{\mathrm{d}t}/\frac{\mathrm{d}T_2}{\mathrm{d}t}$ 的值，为此，要测量一段时间内温度的变化过程，然后由 T-t 曲线求出标准样品和待测样品的温度变化率。

四、实验内容和步骤

(1) 用物理天平称量标准样品和待测样品的质量。

(2) 测量并描绘出标准样品的冷却曲线。按图 9 安装实验装置，并将设定温度调至 100.0 ℃，用加热盘对标准样品加热，同时监视加热温度，当温度达到 100.0 ℃后停止加热。将加热盘移开，使标准样品自然冷却，同时开始记录温度 T_1 及对应时间 t_1。初始时由于标

准样品温度与室温差别较大，降温较快，所以记录点要略密集些。随着样品降温，温差变小，温度变化转为缓慢，记录时间间隔可加大。当温度约为 80 ℃时，停止测量。

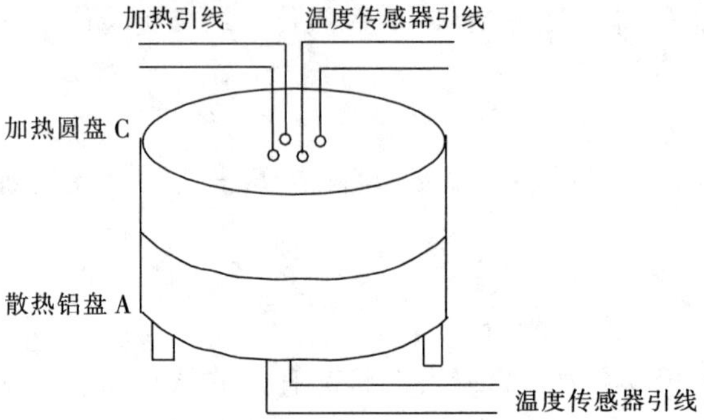

图 9　冷却法测定金属比热容的试验装置

(3) 测量并绘制待测样品的冷却曲线。实验步骤同上，注意实验条件要与前者相同。本实验只要求测量一组数据。计算待测样品的比热容 c 值，若误差太大，要分析原因并重新测量。

五、数据记录及处理

(1) 自拟表格记录实验数据。

(2) 分别作出标准样品和待测样品的冷却曲线。

(3) 计算待测样品的比热容 c，并分析产生误差的原因。

六、注意事项

样品自然冷却时，应悬置于无风、无热源、气温稳定的环境中；开始记录数据时动作要敏捷、记录 T、t 要准确；小心加热盘温度过高，避免烫伤。

第四部分　金属电阻温度系数的测定

一、实验目的

(1) 了解和测量金属电阻与温度的关系。

(2) 了解金属电阻温度系数的测定原理。

(3) 了解测量金属电阻温度系数的方法。

二、实验仪器

本实验使用的实验仪器主要有 YJ-RZ-4A 热传导综合实验仪、Pt100 等。

三、实验原理

1. 电阻温度系数

各种导体的电阻随着温度的升高而增大，在通常温度下，电阻与温度之间存在着线性关系，可用下式表示：

$$R = R_0(1+\alpha t) \tag{15}$$

式中：R 是温度为 t 时导体的电阻；R_0 为 0 ℃ 时导体的电阻；α 称为电阻温度系数。严格来说，α 和温度有关，但在 0 ～ 100 ℃ 范围内，α 的变化很小，可以认为是不变的。

2. 铂电阻

导体的电阻值随温度的变化而变化，通过测量其电阻值推算出被测环境的温度，利用此原理制成的传感器就是热电阻温度传感器。能够用于制作热电阻的金属材料必须具备以下特性：

① 材料的电阻温度系数要尽可能大而稳定，电阻值与温度之间应具有良好的线性关系；

② 材料的电阻率大，热容量小，反应速度快；

③ 材料的复现性和工艺性良好，价格低；

④ 在测量范围内，材料的物理性质和化学性质稳定。

目前，工业应用最广的材料是铂铜。

铂电阻与温度之间的关系，在 0～630.74 ℃范围内用下式表示：

$$R_T = R_0(1+AT+BT^2) \tag{16}$$

在 －200 ～ 0 ℃ 的温度范围内，可表示为

$$R_T = R_0[1+AT+BT^2+C(T-100)T^3] \tag{17}$$

式中：R_0 和 R_T 分别为铂电阻在 0 ℃ 和温度 T 时的电阻值，A、B、C 为温度系数，由实验确定，$A = 3.908\ 02\times10^{-3}$ ℃$^{-1}$，$B = -5.801\ 95\times10^{-7}$ ℃$^{-2}$，$C = -4.273\ 50\times10^{-12}$ ℃$^{-4}$。由式(16)和式(17) 可知，要确定电阻 R_T 与温度 T 的关系，首先要确定 R_0 的数值，R_0 的值不同时，R_T 与 T 的关系不同。目前，国内统一设计的一般工业用标准铂电阻 R_0 的值有 100 Ω 和 500 Ω 两种，并将电阻值 R_T 与温度 T 的相应关系统一列成表格，称其为铂电阻的分度表，分度号分别用 Pt100 和 Pt500 表示。

四、实验内容和步骤

(1) 将“温度选择”开关置于“设定温度”挡，调节“设定温度粗选”和“设定温度细选”旋钮，选择设定所需温度点。

(2) 打开“加热开关”，将“温度选择”开关置于“上盘温度”挡，待温度稳定在所需温度(如 50.0 ℃)时，将 Pt100 插入恒温加热器中，将信号接入数字多用表，测出此温度下 Pt100 的电阻值。

(3) 重复以上步骤，设定温度为 60.0 ℃、70.0 ℃、80.0 ℃、90.0 ℃、100.0 ℃时，测出 Pt100 在上述温度点时的电阻值。

五、数据记录及处理

(1) 自拟表格记录实验数据。

(2) 根据上述实验数据，绘出 R-t 变化关系曲线。

(3) 求 Pt100 的电阻温度系数。

根据 R-t 变化关系曲线，从该曲线上任意取相距较远的两点(R_1，t_1)及(R_2，t_2)，根据式

(15),有

$$R_1=R_0+R_0\alpha t_1$$
$$R_2=R_0+R_0\alpha t_2$$

联立求解,可得

$$\alpha=\frac{R_2-R_1}{R_0t_2-R_0t_1}$$

第五部分 热敏电阻温度特性的研究

一、实验目的

了解和测量热敏电阻阻值与温度的变化关系。

二、实验仪器

本实验使用的实验仪器主要有 YJ-RZ-4A 热传导综合实验仪、热敏电阻等。

三、实验原理

热敏电阻是指电阻值随温度显著变化的一种热敏元件。热敏电阻按其电阻值随温度变化的典型特性可分为三类,即负温度系数(NTC)热敏电阻,正温度系数(PTC)热敏电阻和临界温度电阻器(CTR)。PTC 型和 CTR 型热敏电阻在某些温度范围内,其电阻值会产生急剧变化,适用于某些狭窄温度范围的一些特殊应用,而 NTC 型热敏电阻可适用于较宽温度范围的测量。热敏电阻的电阻-温度特性曲线如图 10 所示。

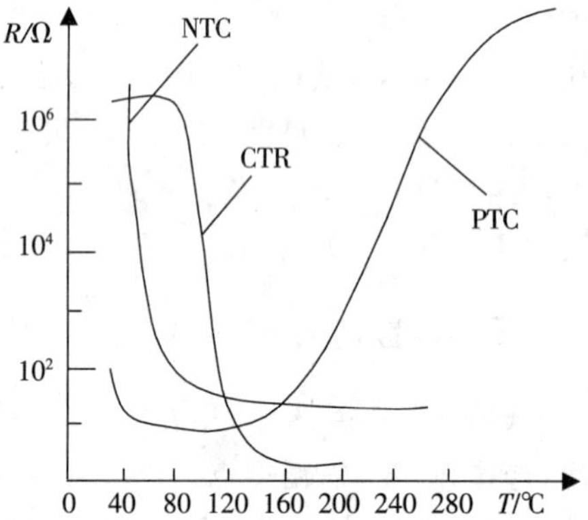

图 10 热敏电阻的电阻-温度特性曲线

NTC 半导体热敏电阻是由一些金属氧化物,如钴、锰、镍、铜等过渡金属的氧化物,采用不同比例的配方经高温烧结而成,然后采用不同的封装形式制成珠状、片状、杆状、垫圈状等各种形状。与金属热电阻比较,半导体热敏电阻具有以下特点:

(1) 有很大的负电阻温度系数,因此其温度测量的灵敏度比较高。

(2) 体积小,目前最小的珠状热敏电阻的尺寸可达 $\Phi0.2$ mm,故热容量很小,可测量点温或表面温度以及快速变化温度。

(3) 具有很大的电阻值($10^2\sim10^5\ \Omega$),因此,可以忽略线路导线电阻和接触电阻等的影响,特别适用于远距离的温度测量和控制。

(4) 制造工艺比较简单,价格相对较为便宜。

半导体热敏电阻的缺点是温度测量范围较窄。

半导体热敏电阻具有负电阻温度系数,其电阻值随温度升高而减小,电阻与温度的关系可以用下面的经验公式表示：

$$R_T = A\exp(B/T) \tag{18}$$

式中：R_T 为在温度为 T 时热敏电阻的电阻值，T 为绝对温度（以 K 为单位），A 和 B 分别为具有电阻量纲和温度量纲，并且与热敏电阻的材料和结构有关的常数。由式(18)可得到当温度为 T_0 时热敏电阻的电阻值 R_0，即

$$R_0 = A\exp(B/T_0) \tag{19}$$

比较式(18)和式(19)，可得

$$R_T = R_0 A\exp[B(1/T - 1/T_0)] \tag{20}$$

从式(20)可以看出，只要知道常数 B 和在温度为 T_0 时热敏电阻的电阻值 R_0，就可以利用式(20)计算在任意温度 T 时的 R_T 值。常数 B 可以通过实验来确定。将式(20)两边取对数，则有

$$\ln R_T = \ln R_0 + B(1/T - 1/T_0) \tag{21}$$

从式(21)可以看出，$\ln R_T$ 与 $1/T$ 呈线性关系，直线的斜率就是常数 B。热敏电阻的材料常数 B 一般在 2 000 ～ 6 000 K 范围内。热敏电阻的温度系数 α_T 定义公式表示如下：

$$\alpha_T = (1/R_T) \times (\mathrm{d}R_T/\mathrm{d}T) = -B/T^2 \tag{22}$$

由式(22)可以看出，α_T 是随温度降低而迅速增大的。α_T 决定了热敏电阻在全部工作范围内的温度灵敏度。热敏电阻的测温灵敏度比金属热电阻的测温灵敏度高很多。例如，B 值为4 000 K，当 $T = 293.15$ K(20 ℃)时，热敏电阻的测温灵敏度 $\alpha_T = 4.7\%/℃$，约为铂电阻的 12 倍。

四、实验内容和步骤

(1) 将“温度选择”开关置于“设定温度”挡，调节“设定温度粗选”和“设定温度细选”旋钮，选择设定所需温度点。

(2) 打开“加热开关”，将“温度选择”开关置于“上盘温度”挡，待温度稳定在所需温度(如 50 ℃)时将热敏电阻插入恒温加热器中，将信号接入数字多用表，测出此温度时的热敏电阻的电阻值。

(3) 重复以上步骤，设定温度为 60 ℃、70 ℃、80 ℃、90 ℃、100 ℃时，测出热敏电阻在上述温度点时的电阻值。

五、数据记录及处理

(1) 自拟表格记录测量实验数据。

(2) 根据上述实验数据，绘出 R-t 曲线。

第六部分　PN 结正向压降与温度关系的研究和应用

常用的温度传感器有热电偶、测温电阻器和热敏电阻等，这些温度传感器均有各自的优点，但也有不足之处。例如：热电偶适用温度范围宽，但灵敏度低，且需要参考温度；热敏电阻灵敏度高、热响应快、体积小，缺点是非线性，且一致性较差，这对于仪表的校准和调节很不方便；测温电阻(如铂电阻)有精度高、线性好的优点，但灵敏度低且价格较贵。而 PN 结

温度传感器则有灵敏度高、线性较好、热响应快和体小轻巧易集成化等优点，所以其应用势必日益广泛。但是这类温度传感器的工作温度一般为－50～150 ℃，与其他温度传感器相比，测温范围的局限性较大，有待于进一步改进和开发。

一、实验目的

(1) 了解 PN 结正向压降随温度变化的基本关系式。

(2) 在恒定正向电流条件下，测绘 PN 结正向压降随温度变化曲线，并由此确定其灵敏度和被测 PN 结材料的禁带宽度。

(3) 学习利用 PN 结测温的方法。

二、实验仪器

本实验使用的实验仪器主要有 YJ-WH-IV 材料与器件温度特性综合实验仪、PN 结温度传感器、PN 结数字温度计设计实验模板、万用表等。

三、实验原理

理想的 PN 结的正向电流 I_F 和正向压降 V_F 存在如下关系式：

$$I_F = I_S \exp\left(\frac{qV_F}{kT}\right) \tag{23}$$

式中：q 为电子电荷；k 为玻尔兹曼常数；T 为绝对温度；I_S 为反向饱和电流，它是一个和 PN 结材料的禁带宽度以及温度有关的系数。可以证明

$$I_F = CT^r \exp\left(-\frac{qV_{g(0)}}{kT}\right) \tag{24}$$

式中：C 是与 PN 结面积和掺质浓度等有关的常数，r 也是常数；$V_{g(0)}$ 为绝对零度时 PN 结材料的带底和价带顶的电势差。

将式(24) 代入式(23)，两边取对数，可得

$$V_F = V_{g(0)} - \left(\frac{k}{q}\ln\frac{C}{I_F}\right)T - \frac{kT}{q}\ln T^r = V_1 + V_{n1} \tag{25}$$

式中：$V_1 = V_{g(0)} - \left(\frac{k}{q}\ln\frac{C}{I_F}\right)T$，$V_{n1} = -\frac{kT}{q}\ln T^r$。

方程式(25) 就是 PN 结正向压降作为电流和温度函数的表达式，它是 PN 结温度传感器的基本方程。令 $I_F=$ 常数，则正向压降只随温度而变化，但是在方程式(25) 中还包含非线性项 V_{n1}。下面来分析一下 V_{n1} 项所引起的线性误差。

设温度由 T_1 变为 T 时，正向电压由 V_{F1} 变为 V_F，由式(25) 可得

$$V_F = V_{g(0)} - (V_{g(0)} - V_{F1})\frac{T}{T_1} - \frac{kT}{q}\ln\left(\frac{T}{T_1}\right)^r \tag{26}$$

按理想的线性温度响应，V_F 应取如下形式：

$$V_{理想} = V_{F1} + \frac{\partial V_{F1}}{\partial T}(T - T_1) \tag{27}$$

其中，$\frac{\partial V_F}{\partial T}$ 为曲线的斜率，且 T_1 温度时的 $\frac{\partial V_{F1}}{\partial T}$ 等于 T 温度时的 $\frac{\partial V_F}{\partial T}$ 值。

由式(25) 可得

$$\frac{\partial V_{F1}}{\partial T}=-\frac{V_{g(0)}-V_{F1}}{T_1}-\frac{k}{q}r \tag{28}$$

所以

$$\begin{aligned}V_{理想}&=V_{F1}+\left(-\frac{V_{g(0)}-V_{F1}}{T_1}-\frac{k}{q}r\right)(T-T_1)\\&=V_{g(0)}-(V_{g(0)}-V_{F1})\frac{T}{T_1}-\frac{k}{q}(T-T_1)r\end{aligned} \tag{29}$$

由理想线性温度响应式(29) 和实际响应式(26) 相比较，可得实际响应对线性的理论偏差为

$$\Delta=V_{理想}-V_F=-\frac{k}{q}(T-T_1)r+\frac{kT}{q}\ln\left(\frac{T}{T_1}\right)^r \tag{30}$$

设 $T_1=300$ K，$T=310$ K，取 $r=3.4$，由式(30)可得 $\Delta=0.048$ mV，而相应的 V_F 的改变量约为 20 mV，相比之下误差甚小。不过当温度变化范围增大时，V_F 温度响应的非线性误差将有所增大，这主要是由于 r 因子所致。

综上所述，在恒流供电条件下，PN 结的 V_F 对 T 的依赖关系取决于线性项 V_1，即正向压降几乎随温度升高而线性下降，这就是 PN 结测温的理论依据。必须指出，上述结论仅适用于杂质全部电离，本征激发可以忽略的温度区间(对于通常的硅二极管来说，温度范围为 $-50\sim150$ ℃)。如果温度低于或高于上述范围，由于杂质电离因子减小或本征载流子迅速增加，V_F-T 关系将产生新的非线性。这一现象说明 V_F-T 的特性还随 PN 结的材料而异，对于宽带材料(如 GaAs，E_g 为 1.43 eV)的 PN 结，其高温端的线性区宽；而材料杂质电离能小(如 Insb)的 PN 结，则低温端的线性范围宽。对于给定的 PN 结，即使在杂质导电和非本征激发温度范围内，其线性度亦随温度的高低而有所不同，这是非线性项 V_{n1} 引起的，由 V_{n1} 对 T 的二阶导数 $\frac{d^2V}{dT^2}=\frac{1}{T}$ 可知，$\frac{dV_{n1}}{dT}$ 的变化与 T 成反比，所以 V_F-T 的线性度在高温端优于低温端，这是 PN 结温度传感器的普遍规律。此外，由式(26) 可知，减小 I_F，可以改善线性度，但并不能从根本上解决问题，目前行之有效的方法大致有两种：

(1) 利用对管的两个 be 结(将三极管的基极、集电极短路，发射极组成一个 PN 结)，分别在不同电流 I_{F1}、I_{F2} 下工作，由此获得两者之差(即 $I_{F1}-I_{F2}$) 与温度成线性函数关系，即

$$V_{F1}-V_{F2}=\frac{KT}{q}\ln\frac{I_{F1}}{I_{F2}}$$

由于晶体管的参数有一定的离散性，实际值与理论值仍存在差距，但对于单个 PN 结，其线性度与精度均有所提高，这种电路结构与恒流、放大等电路集成一体，便构成电路温度传感器。

(2) 采用电流函数发生器来消除非线性误差。由式(25)可知，非线性误差来自 T^r 项，利用函数发生器，I_F 正比于绝对温度的 r 次方，则 V_F-T 的线性理论误差为 $\Delta=0$。实验结果与理论值基本一致，其精度可达 0.01 ℃。

四、实验内容和步骤

(1) 安装好实验装置，连接好实验电路，打开电源开关，将 PN 结温度传感器置于恒温加热器中，将实验装置导线与实验仪器的主机相连。

(2) 将 PN 结温度传感器接入 PN 结数字温度计设计实验模板 PN 接口，并用导线与数字电压表相连，电压测量选择 2 V 挡，用导线将实验仪恒流输出与 PN 结相连，恒流调节到 100 μA。

(3) 设定恒温温度，如果恒温温度低于室温，恒温选择为制冷，顺时针调节“制冷温度粗选”和“制冷温度细选”旋钮到所需温度（如 0.00 ℃），打开加热制冷开关，恒温指示灯发亮（制冷状态），同时观察恒温加热器温度的变化。当恒温加热盘温度达到恒温状态时，恒温指示开关指示灯闪烁或变暗，待恒温加热器温度不再变化后，比较恒定温度与设定温度的差别 Δt。根据 Δt 的大小仔细微调“制冷温度细选”旋钮，使恒定温度稳定在所需温度（如 0.00 ℃），记下对应的 PN 结正向压降 V_1；再将 PN 结恒流调节到 50 μA，保持温度不变，记下对应的 PN 结正向压降 V'_1。需要注意的是，如果恒温温度高于室温，恒温选择为加热，操作方法参考制冷。

(4) 重复以上步骤，设定恒温加热器的温度为 10.00 ℃，20.00 ℃，30.00 ℃，…，90.00 ℃，100.00 ℃时，测量出其对应的 PN 结正向压降 V_2、V_3、V_4、V_5、V_6、V_7、V_8、V_9、V_{10}、V_{11} 值和 V'_2、V'_3、V'_4、V'_5、V'_6、V'_7、V'_8、V'_9、V'_{10}、V'_{11}。

(5) 描绘出 ΔV-T 曲线，求出 PN 结正向压降随温度变化的灵敏度 S，即曲线斜率。

(6) 估算被测 PN 结的禁带宽度，根据式(28)，略去非线性项，可得 $V_{g(0)} = V_{F1} - S \cdot T_1$，禁带宽度 $E_{g(0)} = qV_{g(0)}$。

五、数据记录及处理

将实验数据与处理结果填入表 1 中，并比较两组的测量结果。

表 1 实验数据与处理结果

$I_F/\mu A$		1	2	3	…	11
100	T_R/℃	0	10	20		100
	V_F/mV					
	ΔV/mV	0				
	S/(mV/℃)					
50	T'_R/℃	0	10	20	…	100
	V'_F/mV					
	$\Delta V'$/mV	0				
	S'/(mV/℃)					

六、思考题

(1) 测量 $V_{F(0)}$ 或 $V_{F(T_R)}$ 的目的何在？为什么实验要求测量 ΔV-T 曲线而不是 V_F-T 曲线？

(2) 测量 ΔV-T 曲线为何按 ΔV 的变化读取 T，而不是按自变量 T 读取 ΔV。

(3) 在测量 PN 结正向压降和温度的变化关系时，温度高时，ΔV-T 线性好，还是温度低时好？

（4）测量时，为什么温度必须在 $-50\sim150$ ℃范围内？

七、注意事项

（1）供电电源插座必须良好接地。

（2）在整个电路连接好之后才能打开电源开关。

（3）严禁带电插、拔电插头。

实验 12　刚体转动综合实验

第一部分　质点的转动惯量

一、实验目的

(1) 学会利用计算机测量质点转动惯量的方法。

(2) 比较实验值与计算出的相应理论值的差别。

二、实验仪器

本实验使用的实验仪器主要有灵敏滑轮、砝码、挂钩、转动平台、质点(金属块)、A 型底座、电子天平、灵敏滑轮光门、计算机等。

三、实验原理

理论上,质点的转动惯量为

$$I = MR^2 \tag{1}$$

式(1) 中,M 是质点的质量,R 是质点到转轴的距离。为了从实验上确定质点的转动惯量,施加一个已知的力作用于物体上,测量产生的角加速度。因为

$$\tau = I\beta \quad 或 \quad I = \frac{\tau}{\beta} \tag{2}$$

这里 β 是角加速度,它等于 a/r,τ 是绳子上悬挂着的物体产生的力矩,是整个装置转动的基础。力矩 τ 的表达式为

$$\tau = rT \tag{3}$$

这里 r 是绳子所绕滑轮的半径,T 是装置转动时绳子的张力。对悬挂物体 m 应用牛顿第二定律,有

$$\sum F = mg - T = ma \tag{4}$$

由式(4) 可得绳子张力为

$$T = m(g - a) \tag{5}$$

因此,如果知道悬挂着的物质的质量 m、线加速度 a 和转动的角加速度 β,就可得到转动惯量为

$$m(g - a)r = I\beta \tag{6}$$

考虑到摩擦阻力矩 τ_f 的影响,其公式应修正为

$$m(g - a)r - \tau_f = I\beta \tag{7}$$

在转动系统不变的情况下,可以采用两次下落时悬挂不同质量 m 的物体,测出对应的线加速度 a 和转动的角加速度 β,联立求解,可抵消摩擦阻力矩 τ_f 的影响。方程式如下:

$$\begin{cases} m_1(g - a_1)r - \tau_f = I_0\beta_1 \\ m_2(g - a_2)r - \tau_f = I_0\beta_2 \end{cases} \tag{8}$$

或

$$\begin{cases} m_3(g-a_3)r-\tau'_f=(I_0+I)\beta_3 \\ m_4(g-a_4)r-\tau'_f=(I_0+I)\beta_4 \end{cases} \tag{9}$$

式中：I_0 是空载时质点的转动惯量，τ_f 是空载时摩擦阻力矩；I 是加载时质点的转动惯量，τ'_f 是加载时质点总摩擦阻力矩。

四、实验内容和步骤

(1) 如图 1 所示，待测质点放在转动平台导轨的任意半径处。为了不让它在平台转动时由于受离心力而向外滑动，我们用螺钉将它固定。

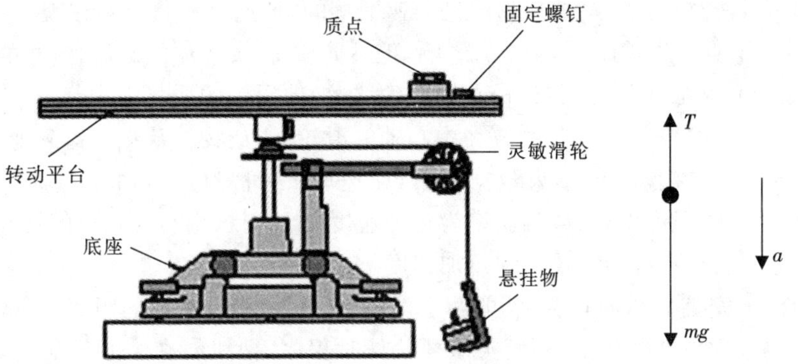

图 1　实验装置图

(2) 把灵敏滑轮及支架装在 A 型底座上，并连到计算机上。绳子通过灵敏滑轮一头绕在主转轴的塔轮上，另一头系住悬挂物。

(3) 运行灵敏滑轮计时程序。

① 安装科学工作站。

② 把转动传感器的数字插头插到计算机接口的数字通道“1”或者数字通道“2”。运行 Date Studio 软件，使程序处于准备工作状态。

③ 点击“创建实验”，界面上就会出现“点击任何一个通道来添加传感器”按钮，当选择“转动传感器”且按“确定”按钮后，就会出现“测量”“转动传感器”窗口。

④ 分别点击并设置所需要测量的物理量，注意修改单位，点击“转动传感器”设置相关参数。

⑤ 设置所需要测量的物理量，利用“图表”采集数据，松开转动物体，按“启动”按钮采集数据，直至悬挂物落地之前按“停止”按钮。

⑥ 利用图表分析功能找出所需的物理量。

五、数据记录及处理

1. 测量质点的质量和转轴到质心的距离并计算转动惯量理论值

(1) 用电子天平称出待测质点的质量 M，并记录在表 1 中。

(2) 测量转轴到质心的距离并记录在表 1 中。

表 1　质点转动惯量数据记录表

质点的质量 M/kg	
质点到转动轴心的距离/m	

2. 实验法测量质点的转动惯量

(1) 考虑摩擦,补偿摩擦力

方法1:理论上计算转动惯量时不需要考虑摩擦力,但在实验中往往需要考虑摩擦力,那就需要找出绳子末端应加放质量为多少的物块来克服动摩擦,并使物块匀速下落。这个"摩擦质量"将被从用于加速装置的总质量中减去。为了找到克服动摩擦所需的物块质量,把不同质量的砝码(这样的砝码质量较小)吊在灵敏滑轮的线上(砝码钩的质量为5 g),把线放在灵敏滑轮上,运行灵敏滑轮计时程序,把线绕在中心轴的滑轮上,让物体从桌上落到地上,在物体下落时开始采集数据,在落地前结束数据采集,在速度-时间的图像中,曲线的斜率为线加速度 a,若它为常数,显然物体是匀速下落的,把这个质量记录在表2中。

方法2:为了克服摩擦阻力矩 τ_f 的影响,把不同质量 m_1、m_2 的砝码(这样的砝码质量较小,且包括砝码片和砝码钩的质量)吊在滑轮的线上(砝码钩的质量为5 g),把线放在灵敏滑轮上,运行灵敏滑轮计时程序,把线绕在中心轴的滑轮上,让物体从桌上落到地上,在物体下落时开始采集数据,在落地前结束数据采集,在速度-时间图像中,曲线的斜率为线加速度 a,在角速度-时间的图像中,曲线的斜率为角加速度 β,从而求出转动系统的转动惯量 I_0。

(2) 确定质点和装置的加速度和角加速度

在载物杆上安装好总质量为 M 的两个滑轮(质点),其距转轴的距离为 R,把不同质量 m_3、m_4 的砝码分次放在滑轮上,运行灵敏滑轮计时程序,把线绕在中心轴的滑轮上,让物体从桌上落到地上,在物体下落时开始采集数据,在落地前结束数据采集。在速度-时间的图像中,曲线的斜率为线加速度 a,在角速度-时间的图像中,曲线的斜率为角加速度 β,从而求出转动系统和质点的转动惯量(I_0+I)。

表2 实验法测量物质的转动惯量数据

测量项目	质点和装置一起时		仅有装置时	
	第一次	第二次	第一次	第二次
摩擦质量/kg				
悬挂物质量/kg				
线加速度 $a/(\mathrm{m\cdot s^{-1}})$				
角加速度 $\beta/(\mathrm{rad\cdot s^{-2}})$				
滑轮半径 r/m				

(3) 测量滑轮半径

用测径器测量绳子所绕滑轮的直径,计算出其半径。将计算数据记录在表2中。

(4) 测量仅有装置时的加速度

因为在测量装置和质点的加速度中,装置和质点一起转动,必须确定装置本身的加速度和转动惯量,从总的转动惯量中减去装置的转动惯量就得到质点的转动惯量。为此,把质点从转动装置中拿走,只有装置时重复实验"确定装置和质点的加速度和角加速度"的步骤。

注意:这里只需更少的摩擦质量克服动摩擦力,在"确定装置和质点的加速度和角加速度"的步骤中仅需放10~20 g的砝码在滑轮上,把数据记在表2中。

3. 进行实验数据处理

(1) 从用于加速装置的悬挂物体中减去摩擦质量,把所得到的质量用于式(2)、式(3)、式(5)中进行计算。

(2) 计算装置和质点的总转动惯量的实验值。

(3) 计算只有装置时的转动惯量。

(4) 从装置和质点的总转动惯量中减去装置的转动惯量就得到质点的转动惯量。

表 3　计算结果数据记录

质点和装置的总转动惯量/($kg \cdot m^2$)	
仅有装置的转动惯量/($kg \cdot m^2$)	
质点的转动惯量(实验值)/($kg \cdot m^2$)	
质点的转动惯量(理论值)/($kg \cdot m^2$)	
相对误差/%	

4. 分析实验值和理论值的相对误差

第二部分　圆盘和圆环的转动惯量

一、实验目的

(1) 学会利用计算机测量圆盘和圆环的转动惯量。

(2) 比较实验值相对于计算出的理论值的差别。

二、实验仪器

本实验使用的实验仪器主要有灵敏滑轮、砝码和挂钩、转动惯量附件、纸夹子、转动圆盘、转动圆环、电子天平、灵敏滑轮光门、计算机等。

三、实验原理

理论上，圆环绕着它的质心轴转动的转动惯量为

$$I = \frac{1}{2}M(R_1^2 + R_2^2) \tag{10}$$

式中：M 是圆环的质量，R_1 是圆环的内半径，R_2 是圆环的外半径，如图 2 所示。圆盘绕着它的质心轴转动的转动惯量为

$$I = \frac{1}{2}MR^2 \tag{11}$$

式中：M 是圆盘的质量，R 是圆盘的半径。如图 3 所示，圆盘绕其任一直径转动的转动惯量为

$$I = \frac{1}{4}MR^2 \tag{12}$$

为了从实验上确定物体的转动惯量，施加一个已知的力作用于物体上，测量其产生的角加速度，因为 $\tau = I\beta$，所以

$$I = \frac{\tau}{\beta} \tag{13}$$

式中：β是角加速度，它等于$\dfrac{a}{r}$，τ是绳子上挂着的物体产生的力矩，是整个装置转动的基础。力矩τ表达式为

$$\tau = rT \tag{14}$$

式中：r是绳子所绕滑轮的半径，T是装置转动时绳子的张力。对悬挂着的物体m应用牛顿第二定律

$$\sum F = mg - T = ma \tag{15}$$

由式(15)可求得绳子张力为

$$T = m(g - a) \tag{16}$$

因此，如果知道物体m的线加速度，就可求得力矩和角加速度，从而计算出圆盘和圆环的转动惯量。

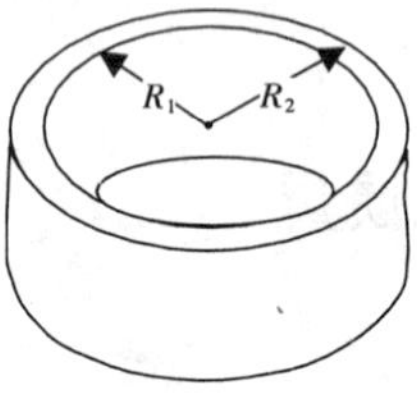

图 2　转动圆环

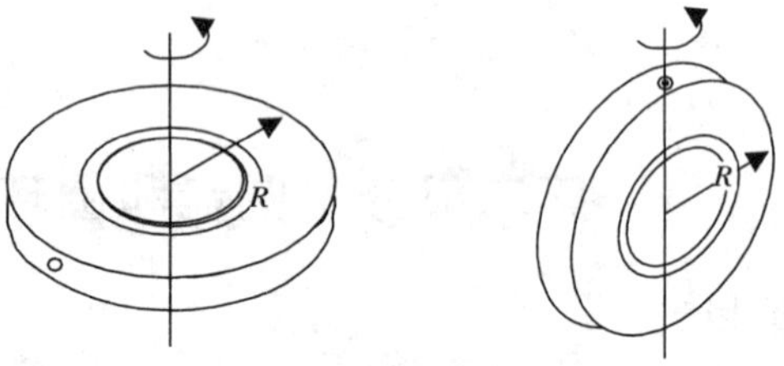

图 3　转动圆盘

四、实验内容和步骤

(1) 从转动平台上移走导轨，按照图 4 把圆盘直接放在中心转轴上，圆盘有凹槽的一面应该向上。

(2) 如图 5 所示，把圆环放在圆盘的凹槽里。

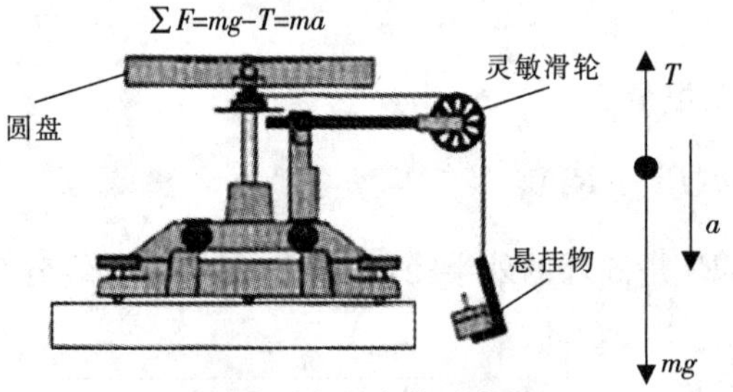

图 4　转动圆盘的安装示意图

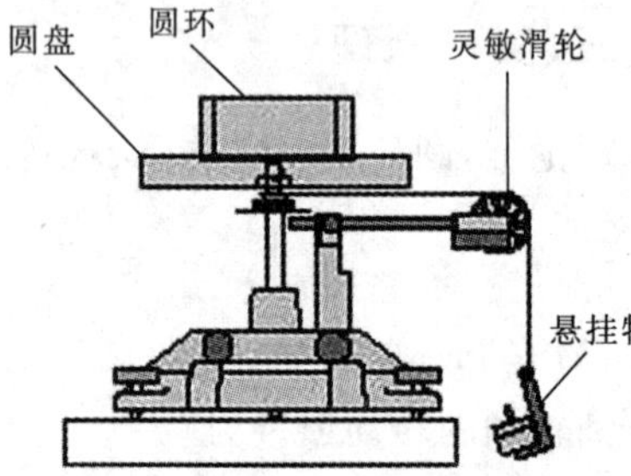

图 5　转动圆环的安装示意图

(3) 把灵敏滑轮装在底座上。

(4) 把灵敏滑轮光门装在底座上，调节光门的位置使它能够跨在中心转轴的滑轮上方，并连接到计算机上去。

(5) 运行灵敏滑轮计时程序。

五、数据记录及处理

1. 称量圆盘和圆环的质量，计算它们的转动惯量

(1) 称量圆盘和圆环的质量，并把这些数据记录在表 4 中。

(2) 测量圆环和圆盘的直径并计算其半径，将数据处理结果记录在表 4 中。

(3) 计算圆环和圆盘的转动惯量，将数据处理结果记录在表 4 中。

表 4　理论计算转动惯量数据记录表

圆环的质量/kg	
圆盘的质量/kg	
圆环内半径/m	
圆环外半径/m	
圆盘半径/m	
圆环的转动惯量/(kg · m^2)	
圆盘的转动惯量/(kg · m^2)	

2. 实验法测量圆环和圆盘的转动惯量

(1) 考虑摩擦，补偿摩擦力。

方法 1：理论上计算物体的转动惯量不考虑摩擦力，但在实验中往往需要考虑摩擦力，那就需要找出绳子末端应加放质量为多少的物块来克服动摩擦，并使物块匀速下落。这个"摩擦质量" 将从用于加速装置的总质量中减去。为了找到克服动摩擦所需物块的质量，把不同质量的砝码(这样的砝码质量较小)吊在滑轮的线上(砝码钩的质量为 5 g)，把线放在灵敏滑轮上，运行灵敏滑轮计时程序，把线绕在中心轴的滑轮上，让物体从桌上落到地上，在物体下落时开始采集数据，在落地前结束数据采集，在位移-时间的图像中，曲线的斜率为线加速度 a，若它为常数，显然物体是匀速下落的，把这个质量记录在表 5 中。

方法 2：为了克服摩擦阻力矩 τ_f 的影响，把不同质量 m_1、m_2 的砝码(这样的砝码质量较小，且包括砝码片和砝码钩的质量)吊在滑轮的线上(砝码钩的质量为 5 g)，把线放在灵敏滑轮上，运行灵敏滑轮计时程序，把线绕在中心轴的滑轮上，让物体从桌上落到地上，在物体下落时开始采集数据，在落地前结束数据采集，在速度-时间的图像中，曲线的斜率为线加速度 a，在角速度-时间的图像中，曲线的斜率为角加速度 β，从而求出转动系统的转动惯量。

(2) 确定圆环和圆盘的加速度

为了得到圆环和圆盘加速度，把质量大约为 50 g 的物体吊放在灵敏滑轮上，运行灵敏滑轮计时程序，把线绕在中心轴的滑轮上，让物体从桌上落到地上，在物体下落时开始采集数据，在落地前结束数据采集。作出速度-时间关系曲线图，曲线的斜率就是线加速度 a。

表 5　实验法测圆环和圆盘转动惯量的记录表

测量项目	圆环和圆盘	中心圆盘(水平放置)	中心圆盘(垂直放置)
摩擦质量/kg			
悬挂物质量/kg			
斜率 a/(m · s^{-2})			
圆盘半径 r/m			

(3) 测量圆盘半径

用测径器测量绳子所绕滑轮的直径，计算出半径 r。将数据记录在表 5 中。

(4) 测量仅有圆盘时的加速度

因为在测量圆环和圆盘的加速度过程中，圆盘和圆环一起转动，必须确定圆盘本身的加速度和转动惯量，从总的转动惯量中减去圆盘的转动惯量就得到圆环的转动惯量。为此，把圆环从装置中拿走，在仅有圆盘时重复实验“确定圆环和圆盘的加速度”的步骤，以确定只有圆盘时的加速度。

注意：这里只需更少的摩擦质量克服动摩擦力，在“确定圆环和圆盘的加速度”的步骤中仅需放10～20 g的砝码在滑轮上。

3. 实验法测量圆盘绕其半径的转动惯量

(1) 从转轴上拿起圆盘，把轴插进盘边缘的“D”型孔中，将盘竖直安装起来，让它绕其半径转动，如图6所示。必须注意的是不要用导轨的适配器竖直安装圆盘，因为适配器太短，系统转动的时候盘会掉下去。

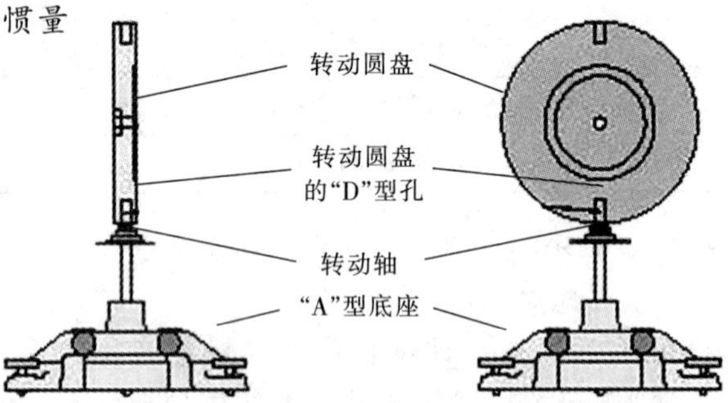

图6 测量圆盘绕其半径的转动惯量的实验装置

(2) 重复实验“测量圆盘半径”和“测量仅有圆盘时的加速度”的步骤来计算圆盘绕其半径的转动惯量。把测量数据记录在表6中。

4. 进行实验数据处理

(1) 计算从用于加速装置的悬挂物体中减去摩擦质量后的物体质量。

(2) 计算圆盘和圆环在一起的转动惯量实验值。

(3) 计算只有圆盘时的转动惯量实验值。

(4) 从圆盘和圆环的总转动惯量中减去圆盘的转动惯量，即是圆环的转动惯量实验值。

(5) 计算离轴圆盘的转动惯量实验值。

(6) 计算圆环的转动惯量理论值。

(7) 计算圆盘绕其质心和绕其半径的转动惯量理论值。

表6 转动惯量理论值和实验值数据表

圆环和圆盘的转动惯量(实验值)/(kg·m^2)	
圆盘绕其质心的转动惯量(实验值)/(kg·m^2)	
圆环绕其质心的转动惯量(实验值)/(kg·m^2)	
圆盘绕其半径即离轴圆盘的转动惯量(实验值)/(kg·m^2)	
圆盘的转动惯量(理论值)/(kg·m^2)	
圆环的转动惯量(理论值)/(kg·m^2)	
圆盘绕其半径即离轴圆盘的转动惯量(理论值)/(kg·m^2)	
圆盘的转动惯量的相对误差/%	
圆环的转动惯量的相对误差/%	
圆盘绕其半径即离轴圆盘的转动惯量的相对误差/%	

5. 分析实验值和理论值相对误差产生的原因

第三部分　扭摆的应用

一、实验目的

(1) 学会用扭摆装置测量金属丝弹性扭力常数 κ 和切变模量 G。
(2) 了解和学会使用转动传感器 RMS。
(3) 学会利用扭摆装置测量圆盘和圆环的转动惯量。

二、实验仪器

本实验使用的实验仪器主要有扭摆、转动传感器、微型转动附件、科学工作站、计算机、力传感器、支杆、米尺、千分尺等。

三、实验原理

当金属丝的剪应力不超过材料的剪切比例极限时，剪应变 γ 和剪应力 τ 成正比，即

$$\tau=G\gamma \tag{17}$$

式中，G 为比例常数，定义为切变模量。我们用一根均匀而细长的金属丝，一端固定，另一端和圆盘一起转动，从而组成 PASCO 扭摆。若给圆盘一外力矩，使圆盘绕其中心轴转过一角度，然后放开，则圆盘将在金属丝弹性扭力矩 M(指内部应力力矩)的作用下，以金属丝为轴做周期性振动。

实验所用的金属丝实际上就是一个细长的圆柱体，设半径为 R，高为 L，下端固定，上端受到外加扭力矩的作用绕其中心轴扭转了 φ 角，可得

$$M_{外}=\frac{\pi}{2}G\frac{R^4}{L}\varphi \tag{18}$$

式中，$M_{外}$ 为外力矩，当系统重新达到平衡时，有

$$M_{外}=-M \tag{19}$$

令

$$\kappa=\frac{\pi}{2}G\frac{R^4}{L} \tag{20}$$

得

$$M=-\kappa\varphi \tag{21}$$

式中，比例系数 κ 称为金属丝的弹性扭力常数，或称为扭转常数。

设圆盘的转动惯量为 I，金属丝本身的转动惯量很小，可忽略不计，则角加速度、转动惯量及力矩的关系为

$$M=I\frac{\mathrm{d}^2\varphi}{\mathrm{d}t^2} \tag{22}$$

所以有

$$\frac{\mathrm{d}^2\varphi}{\mathrm{d}t^2}+\frac{\kappa}{I}\varphi=0 \tag{23}$$

设式(23) 简谐振动微分方程的解为

$$\varphi=A\cos\left[\sqrt{\frac{\kappa}{I}}t+\alpha\right] \tag{24}$$

其振动周期与单摆有相类似的计算公式，即

$$T_1 = 2\pi\sqrt{\frac{I_1}{\kappa}} \tag{25}$$

式中，I_1 为圆盘的转动惯量，若在圆盘上再加一圆环，且令其轴线与金属丝相重合，则这时扭摆装置的振动周期变为

$$T_2 = 2\pi\sqrt{\frac{I_1 + I_2}{\kappa}} \tag{26}$$

一个规则的圆盘绕着其轴心转动时，有下面的关系式：

$$I_1 = \frac{1}{2}mR^2 \tag{27}$$

如果是圆盘和圆环一起转动，就有下面的关系式：

$$I_1 + I_2 = \frac{1}{2}mR^2 + \frac{1}{2}m(R_1^2 + R_2^2) \tag{28}$$

这里 R_1 是圆环的内半径，R_2 是圆环的外半径。由以上关系式可以得出：

$$\kappa = \frac{4\pi^2}{T_1^2}I_1 = \frac{4\pi^2(I_1 + I_2)}{T_2^2} \tag{29}$$

$$G = \frac{8\pi LI_1}{R^4 T_1{}^2} = \frac{8\pi LI_2}{R^4(T_2{}^2 - T_1{}^2)} \tag{30}$$

四、实验内容和步骤

1. *力矩法测量金属丝的弹性扭力常数 κ*

(1) 组装仪器。按照图 7 安装扭摆和转动传感器，金属丝先选用直径较细的。用一根结实的 0.5 m 长的线把力传感器系到转动传感器的三阶滑轮的大轮子上。

(2) 安装科学工作站。把转动传感器的数字插头插到计算机接口的数字通道“1”或者“2”。把力传感器的模拟插头插到计算机接口的模拟通道“1”。运行 Date Studio 软件，使软件处于准备工作状态，在安装窗口，把转动传感器设置到数字通道“1”或者“2”，把力传感器设置到模拟通道，测量数据选择角位置。

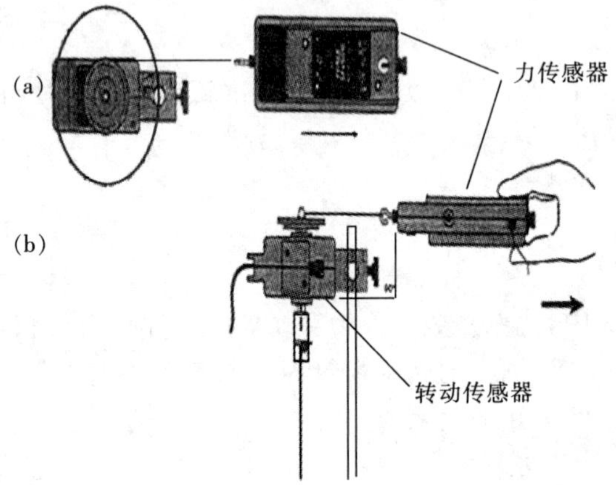

(a)俯视图 (b)侧面图

图 7 力矩法测量金属丝的弹性扭力常数的仪器组装

(3) 双击力传感器按钮，并将其灵敏度设置为 Med (10×)。点击取样按钮，并将其取样速率设置为 50 s^{-1}。点击并拖动 GRAPH 按钮到力传感器按钮，再双击转动传感器按钮，把 Divisions/Rotation 设置为 1 440，数据图表取横坐标为角位置(单位 rad)，纵坐标为力(单位 N)。

(4) 采集数据。把结实的细线按顺时针方向绕在转动传感器的大轮子上，在大轮子的等高度处让力传感器平行于桌面，开始记录数据，用力拉力传感器直到力达到 5 N，停止记录数据。作线性拟合力-角位移图像，并求出曲线的斜率。

（5）分别换用中号和较粗的金属丝，重复以上各个步骤。

（6）数据分析。根据力矩计算公式：

$$M_{外} = \kappa\varphi,\quad M_{外} = Fl \tag{31}$$

可知

$$\kappa = \frac{F}{\varphi}l \tag{32}$$

（7）对于每种金属丝，用公式(29)计算其弹性扭力常数 κ，并将数据记录在表 7 中。这里 l 是指滑轮的轴心到滑轮凹槽的距离，单位为 m，F 的单位是 N，φ 是在力 F 作用下的角位移。

表 7　计算金属丝弹性扭力常数 κ 的数据

第 n 次	金属丝直径/m	力对角位移的斜率	l/m	κ/(N·m)
1				
2				
3				

2. 扭摆法测量转动惯量和切变模量

（1）安装仪器。用螺丝把圆盘安装在三阶滑轮的微型转动附件上，如图 8 所示。握住金属丝，检查螺丝，确保安装牢固。

（2）安装科学工作站。把转动传感器的数字插头插到计算机接口的数字通道“1”或者“2”。运行 Date Studio 软件，使软件处于准备工作状态，再安装窗口，把转动传感器设置到数字通道“1”或者“2”。双击转动传感器按钮，把 Divisions/Rotation 设置为 1 440，点击取样按钮，把取样速率设置为 200 Hz。

（3）采集数据。把圆盘顺时针扭动 1/4 圈。开始记录数据，释放圆盘，记录 10 s 左右后停止。作角速度或角位移图，观察图像，确定扭摆装置的每个振动周期的时间 T（这里是测量图中相邻最大角位移之间的时间间隔），将所得到的测量数据记录在表 8 中。将圆环放在圆盘上重复上述测量。

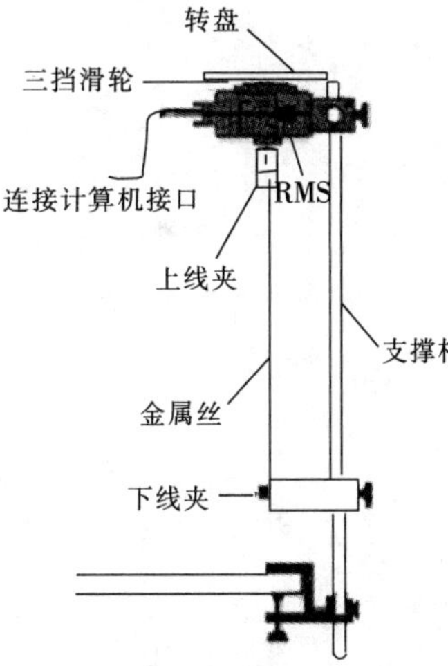

图 8　扭摆装置的安装示意图

（4）把金属丝的直径分别改为 1.193 mm 和 1.574 mm，重复上述实验步骤。

表 8　扭摆法测量转动惯量所得的实验数据

金属丝半径/mm	转动惯量 I/(kg·m²)	振动周期 T/s	扭力常数 κ/(N·m)	切变模量 G/Pa

五、数据记录及处理

(1) 作力-时间图像和角位移-时间图像，将这两个图像合并为力对角位移的函数曲线，并求出曲线斜率。

(2) 作角位移-时间图像，观察图像，正弦拟合确定扭摆的振动周期 T(这里是测量图像中相邻最大角位移之间的时间间隔)。

(3) 对于每种金属丝，计算出圆盘的转动惯量以及金属丝的扭力常数、切变模量，并将数据记录在表 8 中。

(4) 请比较每种金属丝的 κ 和 G，想想为什么会有这样的结果。

实验 13　制冷制热综合实验

一、实验目的

(1) 了解家用电冰箱的制冷原理，加深对卡诺循环的理解。

(2) 了解空调的制冷制热原理。

(3) 判定制冷制热系统出现故障的原因，学会消除系统故障。

二、实验仪器

本实验使用的实验仪器主要有制冷制热系统、热泵型分体式空调系统。

三、实验原理

1. 制冷系统的基本组成部分

最简单的蒸气压缩式制冷系统由压缩机、冷凝器、节流阀（毛细管）、蒸发器 4 个部分组成，全部系统的构件由管道依次连接，如图 1 所示。

① 蒸发器：制冷剂在其中沸腾，制冷剂吸收被冷却介质的热量后，由液态转变为气态。

② 压缩机：消耗一定的外界能量后，把蒸发器中的制冷剂蒸气抽入，并压缩到冷凝压力后，排入冷凝器中。

③ 冷凝器：气态制冷剂在其中将热量传递给冷却介质（如空气）后，冷凝成液体。

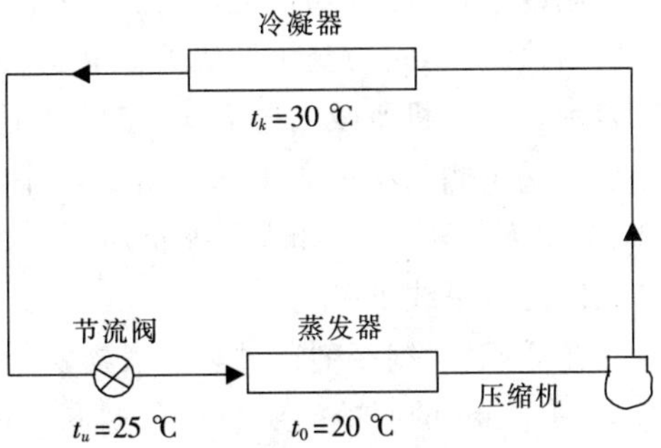

图 1　制冷循环系统的基本组成部分

④ 节流阀（毛细管）：将冷凝后的高压制冷剂液体通过节流作用降低到蒸发压力后，送入蒸发器中。

用管道依次将这些设备连接，便形成一个封闭系统。系统工作时，压缩机将蒸发器内所产生的低压低温制冷剂蒸气吸入压缩机气缸内，当压力升高（温度也升高）到稍大于冷凝器内的压力时，将高压制冷剂蒸气排到冷凝器中。所以，压缩机在整个过程中起着压缩和输送制冷剂蒸气的作用。在冷凝器内，温度和压力较高的制冷剂蒸气与温度较低的空气进行热交换而冷凝为液体。这部分液体再经过节流阀（毛细管）降压降温后进入蒸发器，在蒸发器内吸收被冷却物体的热量而气化。这样，被冷却的物体便得到冷却，而制冷剂蒸气又被压缩机吸走。因此，制冷剂在系统中经过压缩、冷凝、节流、蒸发这 4 个过程，便完成一个循环。

2. 制冷系统中制冷剂的状态变化

(1) 制冷剂在低压侧的状态变化

从节流阀（毛细管）经过蒸发器到压缩机之间为低压侧，在低压侧的任何地方都具有相等的低压侧压力(或简称为低压),用 p_0 表示。低压侧压力实际上等于蒸发器内的压力(即蒸发温度下的饱和压力),所以,蒸发温度的数值可以从低压侧压力表的读数查制冷剂特性表得知。在低压侧,制冷剂的压力保持一定的低压 p_0,与此同时,制冷剂不断从周围获得热量。制冷剂的变化主要是蒸发,而且蒸发结束以后,依然继续地吸取热量,因此,经常出现过热现象。制冷剂经节流阀(毛细管)后,进入蒸发器时是处在低压 p_0 下的,这时已有一部分液态制冷剂变为蒸气,呈蒸气状态,在压力-焓图像上用 F 点表示,如图 2 所示。

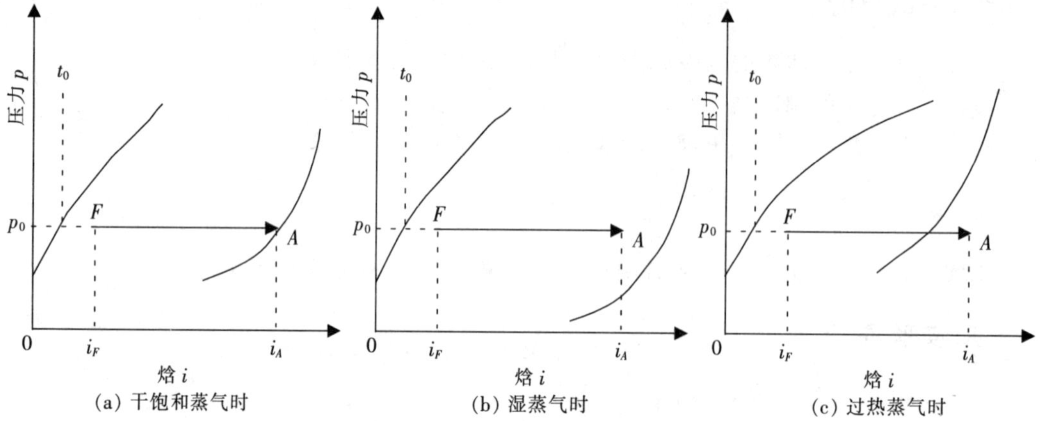

图 2 制冷剂在低压侧的状态变化曲线

制冷剂在低压侧的状态变化是在压力一定的条件下实现的,而且制冷剂又获得了热量,所以焓值增大,它的变化是从 F 点指向焓值增大的方向,即由 F 点指向正右方的水平线 FA 来表示。压缩机所吸入的蒸气,如果是干饱和蒸气时,就由干饱和蒸气线上的点 A 表示,制冷剂在低压侧的状态变化就是图 2(a)中的 FA 线;如果所吸入的蒸气是湿蒸气,则可由图 2(b)中的 FA 来表示;如果压缩机所吸入的是过热蒸气,则它的变化如图 2(c)所示,是进入过热区的水平线 FA。

在低压侧,制冷剂通过热蒸发器从外部获得热量,或者说对外部起了冷却作用。在蒸发器中,每 1 kg 的制冷剂所获得的热量,叫作单位质量制冷量(即制冷能力)。用符号 q_0 表示,单位是 kcal/kg。虽然制冷剂在低压侧发生了状态变化,焓值增大,但是在低压侧中并没有做功,所以焓值的增大只是因热量而引起的。如果所获得热量也用 q_0 表示,则焓值的增大量就和制冷剂所取得的热量相等,即

$$q_0 = i_A - i_B \tag{1}$$

由图 2 中的(a)或(b)可知,压缩机所吸入的蒸气如果是干饱和蒸气或湿蒸气时,则制冷剂的变化仅在饱和区域内进行,压力是定值,所以制冷剂的温度不变,它是蒸发温度 t_0。但图 2(c)则不同,压缩机吸入的是过热蒸气,它的状态变化已进入过热区,在这个变化过程后期是使蒸气过热(显热),制冷剂温度上升。

(2) 制冷剂在高压侧的状态变化

从压缩机出口经冷凝器到节流阀(毛细管)之前这一段为高压侧。在高压侧的任何地方都具有相等的高压侧压力(或简称为高压),用 p_k 来表示。高压侧的压力实际上等于冷凝器内的压力,即在冷凝温度下制冷剂的饱和压力,所以,通过高压侧压力表的读数查制冷剂特性表可知冷凝温度的大略数值。在高压侧,制冷剂的压力保持着一定的高压 p_k,并且制冷

剂要向周围环境放出热量。制冷剂的状态变化主要是冷凝，此外，也进行过热蒸气的冷却以及冷凝的过冷。

制冷剂从压缩机排出进入高压侧时的压力为 p_k，其一般都是过热蒸气状态，这可由图 3 中的 B 点来表示。制冷剂在高压侧中的状态变化是在一定的压力下进行的，这一变化过程因制冷剂失去了热量，焓值减少，因此，它的变化是由 B 点指向焓值减少的方向，即由 B 指向左方的水平线 $BCDE$ 来表示。在制冷剂到达高压侧的终端即到达节流阀（毛细管）时，制冷剂的温度为 t_u，该状态就是压力为 p_k 和温度为 t_u 的 E 点。高压侧制冷剂的状态变化过程可由图 3 中水平线 BE 来表示。

从制冷剂在高压侧的状态变化图可知，制冷剂的焓已由 i_A 减少至 i_E。但是，因为制冷剂在高压侧没有做功，所以焓值的减少完全是失去热量所致。若高压侧失去的热量用 q_k 表示，则 q_k 就等于焓的减少量，即

$$q_k = i_B - i_E \tag{2}$$

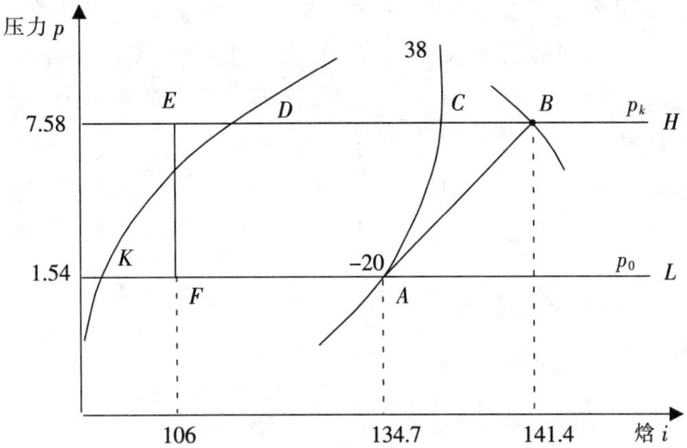

图 3　制冷剂在高压侧的状态变化线

高压侧制冷剂的状态变化过程 $BCDE$ 中，BC 过程是过热蒸气的冷却过程，此过程中温度要下降，这时制冷剂的温度由压缩终了的温度 t_B 降到冷凝温度 t_k；CD 过程是蒸气的冷凝过程，在此过程中温度不变，保持着一定的冷凝温度 t_k；DE 是冷凝液的过冷过程，其制冷剂温度由冷凝温度 t_k 降至 t_u。

（3）制冷剂在压缩机中的压缩

制冷剂由于压缩，体积缩小，压力由低压 p_0 上升到高压 p_k。随着压力和比容的变化，制冷剂的温度就升高。一般来讲，制冷剂被压缩后变为过热蒸气。由于压缩是在极短的时间内完成的，所以可认为在这极短的时间内，制冷剂与外界没有热量交换，即可近似地认为该压缩是绝热压缩。在绝热压缩过程中，蒸气的压力 p 和比容 v 的关系是 $pv=$常数，压缩终点时的压力和初始压力之比，即高压 p_k 和低压 p_0 之比，叫作压缩比。压缩时压缩功的大小以及因压缩而造成的蒸气温度上升的程度都取决于压缩比。此外，容积效率与压缩效率也都与压缩比有关，所以压缩比对制冷系统的性能和运转来说是一个极为重要的参数。

绝热压缩过程中，制冷剂获得了机械能，因为制冷剂与外界没有热量交换，所以制冷剂焓值的增加完全是因为加入了机械能所致。并且焓的增量等于所消耗的机械能（即压缩功）。绝热压缩时，制冷剂与外界虽无热量交换，但所加制冷剂的机械能都转变成热能，致使制冷剂蒸气的温度升高。并且绝热压缩过程中制冷剂的熵值不变。制冷剂在压缩机中的压缩变化过程可由图 3 中 AB 线来表示。

（4）制冷剂在节流阀中的节流膨胀

制冷剂通过冷凝器到达节流阀时，一般为高压 p_k 的过冷液。当制冷剂在通过节流阀的狭窄阀路或毛细管的狭长管路时，由于阻力的作用，使制冷剂的压力从高压 p_k 降到低压

p_0。这个变化是在瞬间形成的，这时的制冷剂与外界既没有热的交换（即绝热膨胀）也没有做功，从而在能量上并没有多少变化，制冷剂的焓保持一定。但是，这时因压力降低的缘故，温度也将随之下降。加之因一部分液体变为蒸气，制冷剂体积显著增大，并且在进入蒸发器时变为湿蒸气。制冷剂通过节流阀时，在节流阀中发生了变化，即焓值一定，压力下降，体积增大，这种变化叫作节流膨胀。

节流阀中制冷剂的压力显著下降，但由于焓值不定。由 $i=u+Apv$ 可知，压力 p 显著变小，且焓值 $i=u+Apv$ 保持不变，则比容 v 就要相应地增大。因为，一部分制冷剂液体变为蒸气。液体变为蒸气时需要得到蒸发潜热，在节流阀中，制冷剂并不与外界发生热交换，所以制冷剂蒸发所需的热量只能取自本身，其结果是制冷剂温度下降。

制冷剂通过节流阀时，因节流膨胀而使一部分制冷剂液体变为蒸气，所以其从节流阀流出时是液态和蒸气的混合状态，即湿蒸气，它的压力是蒸发器中的压力 p_0。所以经节流膨胀后的制冷剂温度是在低压 p_0 下的饱和温度，即为蒸发温度 t_0。制冷剂在节流阀中的节流膨胀变化过程可由图 3 中 EF 线来表示。按动遥控按钮反向电流通过四通阀，改变制冷剂在系统中的流向，室内蒸发器变成冷凝器，制冷机变成制热机。

四、实验内容和步骤

1. 制冷制热实验

（1）操作说明

① 本实验设备使用单相 220 V 交流电源，功率为 1.5 kW 左右。

② 本实验台在搬运时绝对禁止倾斜，倾斜角度更不得大于 45°。

③ 在操作演示制冷或制热实验时，应间隔停机 5 min 后再进行，严禁连续转换开关紧急切换，否则将会影响压缩机的使用寿命。

④ 如果强制启动空调或冰箱系统，应注意启动时间相隔约 5 min，否则将会损坏机器。

⑤ 在操作演示实验故障时，应尽快恢复正常工作，不要在有故障的情况下长时间运行，否则会损坏实验设备。

⑥ 在给空调系统或电冰箱系统加制冷剂时，应注意压缩机运行电压在额定电压值的 ±10%范围内。

⑦ 空调系统的制冷剂为 R22，冰箱系统的制冷剂为 R12，禁止两者混用。

⑧ 液晶显示空调遥控卸下电源后重装的时间间隔应在 10 s 以上，以保证微电脑复位正常。

⑨ 制冷制热实验设备第六代空调系统完全模拟家庭空调而设计，无论在实物上还是在设备操作上与家庭空调基本相同。两者主要区别的是第六代是针对遥控部分进行模拟操作、电量的检测及系统各段温度情况的测量，以便教学和实验后进行定量分析，这对培养学生理论联系实际的能力起了很大的作用。

⑩ 增设各自的测温系统，将系统的各段温度情况如实反映出来，以便于教学和实验结果的分析，有利于将数据进行理论化处理。

（2）实验内容

① 观察系统运行状态，记录系统运行数据。

② 在系统中设置空调器和电冰箱故障产生及解决方法，具体如表 1 和表 2 所示。

表 1　空调器故障产生及恢复正常办法

序号	故障名称	故障产生办法	恢复正常办法
1	漏氟	从截止阀 I 充气口放氟	加氟至正常电流
2	毛细管堵塞	关截阀止 II,全关即全堵,半关即半堵	全部打开截止阀 II
3	氟太多	从截止阀 I 充气口加氟至 1.25 倍电流	放氟至正常电流
4	压缩机吸气口堵塞	关截止阀 I,全关即全堵,半关即半堵	全部打开截止阀 I
5	冷凝器脏堵塞	用一玻璃板封住冷凝器进风表面	抽去玻璃板
6	蒸发器脏堵塞	用一玻璃板封住蒸发器进风表面	抽去玻璃板
7	压缩机过载保护器故障	用坏的过载保护器换去好的过载保护器	把好的过载保护器换回
8	压缩机启动电容器故障	用不匹配的或已击穿的电容器换掉好的电容器	换回正常电容器
9	不制热	拔掉电磁四通阀电源线或松开其线圈	拆回电线,拧紧线圈
10	室外风机不转	拔掉室外风机电源线或换上坏的电容器	拆回电线,换回正常电容器
11	室内风机不转	拔掉室内风机电源线或换上坏的电容器	拆回电线,换回正常电容器
12	温控不灵(a)	拔掉或短接室内温度传感器	拆回阻值正常的传感器
13	温控不灵(b)	拔掉控制器接收板插件	扳回插件
14	电源电路故障	拔掉变压器插件或保险管,破坏整流、稳压、滤波电路	逐一消除以上故障
15	室内侧漏水	把水管出水口置于高处	把水管位置恢复正常
16	制冷系统异常保护	把盘管温度传感器移至别处	把盘管温度传感器放回正常位置

表 2　电冰箱故障产生及恢复正常办法

序号	故障名称	故障产生办法	恢复正常办法
1	漏氟	从截止阀 I 充气口放氟	加氟至正常电流
2	毛细管堵塞	关截阀止 II,全关即全堵,半关即半堵	全部打开截止阀 II
3	氟太多	从截止阀 I 充气口加氟至 1.25 倍电流	放氟至正常电流
4	压缩机吸气口堵塞	关截止阀 I,全关即全堵,半关即半堵	全部打开截止阀 I
5	压缩机过载保护器故障	用坏的过载保护器换去好的过载保护器	把好的过载保护器换回
6	压缩机启动电容器故障	用不匹配的或已击穿的电容器换掉好的电容器	换回正常电容器
7	不制冷	断开温控器制冷接点	恢复接线
8	不停机	短接温控器冷接点	恢复接线

2. 热泵型分体式空调系统实验

本实验为开放性实验,学生以自主学习为主,观察制冷制热现象,设置故障并处理故障。

(1) 实验前的准备工作

① 将载有实验设置的小车移至所需位置。

② 将有机玻璃保护罩打开。

③ 将所有开关及阀门置于关闭位置,确保系统管道连接无误。

④ 接通电源等外围设备待用。

(2) 打压检漏

① 将耐压软管的两端分别连接于充氮气手阀和加液口。

② 打开氮气瓶总阀及减压阀(减压压强为 1.5 MPa),随后打开充氮手阀,即开始充氮打压。

③ 用肥皂水(或自备的其他检漏设备)检查各处,看有无泄漏现象并解决之。

④ 经检查确定无泄漏后关闭当时开启的各个阀门。

⑤ 卸下耐压软管。

(3) 将系统抽成真空

① 将耐压软管的两端分别连接于抽真空手阀和加液口。

② 合上总开关,按下真空泵电源按钮,真空泵启动,开始进行抽真空。

③ 抽真空的延续时间应在 1 h 以上,延续时间越长越好,真空度约为-0.1 MPa。

④ 再按一次真空泵电源按钮,即停泵,卸下耐压软管。

(4) 充灌制冷液

① 将耐压软管的一端先与加液手阀连接。

② 打开储液瓶上的总阀。

③ 一边缓慢地打开加液手阀,一边观察软管的另一端,有制冷液的白色蒸气"嘶嘶"声吹出后,马上将耐压软管的这一端接上加液口。

④ 经过抽真空后,系统内部已呈真空状态,此时只需要加大加液手阀的开度,制冷液就会自行压入系统中。

⑤ 若系统中制冷液不足,需要补液,此时需用遥控器指令系统在制冷状态下启动压缩机,使制冷液在系统运行过程中从加液口吸入。

⑥ 加液量可用观察法来帮助判断,察看压力表接近 0.15 MPa 时关闭加液阀,启动压缩机,观察毛细管及蒸发器外面的挂霜情况,直至挂霜结满结实为止。

⑦ 充液完毕后,卸下耐压软管,关闭加液手阀和关紧储液瓶总阀。

(5) 二次抽真空

当系统经过检漏抽真空,充灌制冷液符合要求后,最好进行第二次抽真空,特别是低温制冷时,因电冰箱的毛细管细而长,抽一次真空的效果不尽理想,所以通过二次抽真空可得到较为理想的真空度。

(6) 做人为故障实验

逐个关小或关闭 JF1、JF2、JF3,观察系统运行状况变化,如压力表的读数,压力控制器的运行状况,系统制热制冷的效果变化等。

三、设计性实验部分

实验 14　测量重力加速度

一、实验目的

通过该实验的学习，掌握测量重力加速度的方法。

二、实验仪器

本实验使用的实验仪器主要有单摆、米尺、游标尺、自由落体装置、光电计时装置、复摆、可倒摆、气垫导轨装置整套（含气源）等。

三、实验内容和要求

（1）设计 2～3 种实验方法测出本地重力加速度。

（2）试分析实验不确定度的大小及主要来源。

四、设计报告要求

（1）在设计报告中，必须拟定实验方案，以及实验原理、实验内容和实验步骤。

（2）在设计报告中，必须写清楚所需的实验仪器。

实验 15　简谐振动的研究

一、实验目的

(1) 学会测定弹簧的劲度系数和有效质量的方法。

(2) 学习测量简谐振动的机械能的方法。

二、实验仪器

本实验使用的实验仪器主要有气垫导轨、弹簧、滑块、骑码、挡光片、光电计时器、电子天平、米尺、游标尺等。

三、实验内容和要求

(1) 用实验方法观察弹簧振子的振动周期与系统参量的关系,并测定弹簧的劲度系数和有效质量。

(2) 用实验方法观测简谐振动的运动学特征。

(3) 用实验方法测量简谐振动的机械能。

四、设计报告要求

(1) 在设计报告中,必须拟定实验方案,以及实验原理、实验内容和实验步骤。

(2) 在设计报告中,必须写清楚所需的实验仪器。

实验 16　测量物体的密度

一、实验目的

(1) 掌握测量不规则固体的密度的方法。
(2) 学会分析实验误差的方法。

二、实验仪器

本实验使用的实验仪器主要有游标尺、烧杯、比重瓶、细绳、物理天平、砝码、应变式压力传感器、YJ-MD-1 物质密度的研究综合实验仪等。

三、实验内容和要求

(1) 设计至少 2 种实验方案测出不规则固体的密度。
(2) 比较这 2 种实验方案的方法误差。

四、设计报告要求

(1) 在设计报告中，必须拟定实验方案，以及实验原理、实验内容和实验步骤。
(2) 在设计报告中，必须写清楚所需的实验仪器。

五、实验仪器简介

1. YJ-MD-1 物质密度的研究综合实验仪

YJ-MD-1 物质密度的研究综合实验仪面板如图 1 所示。

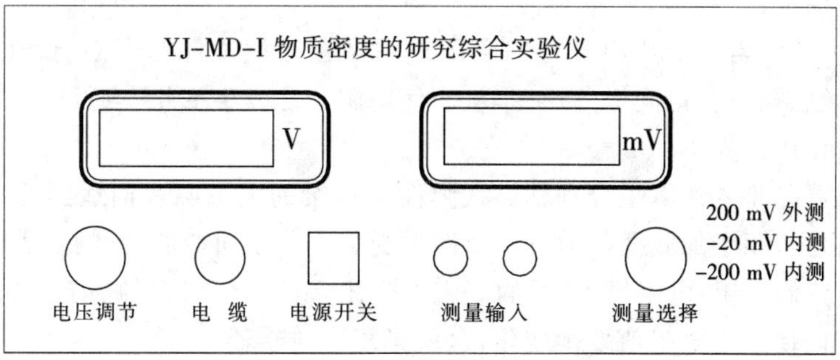

图 1 YJ–MD–1 物质密度的研究综合实验仪面板

2. 应变式压力传感器实验模板

应变式压力传感器实验模板如图 2 所示。

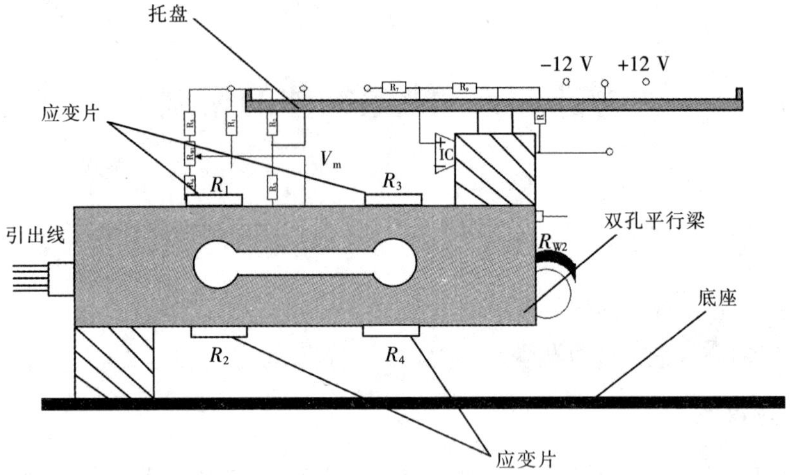

图 2 应变式压力传感器实验模板

金属导体的电阻随其所受机械形变(伸长或缩短)的大小而发生变化,究其原因是导体的电阻与材料的电阻率及它的几何尺寸(长度和截面)有关。由于导体在承受机械形变过程中,其电阻率、长度和截面面积都要发生变化,从而导致其电阻发生变化,因此,电阻应变片能将机械构件上应力的变化转换为电阻的变化。

电阻应变片一般由敏感栅、基底、黏合剂、引出线、盖片等组成。电阻应变片的规格一般以使用面积和电阻值来表示,如"$3\times10\ mm^2$,350 Ω"。

敏感栅是由直径为 0.01~0.05 mm、高电阻系数的细丝弯曲成栅状而构成,它实际上是一个电阻元件,是电阻应变片感受构件应变的敏感部分。敏感栅由黏合剂固定在基片上。基底应保证将构件上的应变准确地传送到敏感栅上去,故基底必须做得很薄,一般为0.03~0.06 mm,使它能与试件及敏感栅牢固地黏结在一起;另外,它还应有良好的绝缘性、抗潮性和耐热性。基底材料有纸、胶膜和玻璃纤维布等。引出线的作用是将敏感栅电阻元件与测量电路相连接,一般由 0.1~0.2 mm 低阻值的镀锡铜丝制成,并与敏感栅两端的输出端相焊接。盖片起保护作用。

在测试时,将电阻应变片用黏合剂牢固地粘贴在被测试件的表面上,随着试件受力变形,应变片的敏感栅也获得同样的形变,从而使电阻随之发生变化。通过测量电阻值的变化可反映出外力作用的大小。

压力传感器是将 4 片电阻分别粘贴在弹性平行梁的上下两表面适当的位置,梁的一端固定,另一端自由,用于加载荷外力 F。弹性梁受载荷作用而弯曲,梁的上表面受拉,电阻片 R_1 和 R_3 亦受拉伸作用,电阻增大;梁的下表面受压,电阻 R_2 和 R_4 减小。这样,外力的作用通过梁的形变而使 4 个电阻值发生变化,这就是压力传感器。

电阻应变片 $R_1=R_2=R_3=R_4$。由电阻应变片组成全桥测量电路,当电阻应变片受到压力作用时,引起弹性体的形变,使得粘贴在弹性体上的电阻应受片 $R_1\sim R_4$ 的阻值发生变化,电桥将产生输出,其输出电压正比于所受到的压力。

电阻应变片可以把应变的变化转换为电阻的变化。为了显示和记录应变的大小,还需把电阻的变化再转化为电压或电流的变化。最常用的测量电路为电桥电路。为了消除电桥电路的非线性误差,通常采用非平衡电桥进行测量。

用标准砝码测量应变式传感器的压力特性，计算其灵敏度。

(1) 按顺序增加砝码的数量(每次增加 20 g)，测传感器的输出 ΔU。

(2) 逐一减去砝码，记下输出电压 ΔU。

(3) 用逐差法求出传感器的灵敏度 s：

$$s=\frac{\Delta U}{\Delta m}$$

(4) 测量传感器电源电压 E 与电桥输出电压 ΔU 的关系，作 E-ΔU 关系曲线。

实验 17　电子秤的设计与制作

一、实验目的

(1) 学习和了解电子秤的工作原理。

(2) 设计并制作出符合要求的电子秤。

二、实验内容和要求

(1) 研究、测量应变式传感器的压力特性,计算其灵敏度。

(2) 根据应变式传感器的压力特性,设计并制作一个电子秤,该电子秤应达到如下的技术指标:

量程:0～199.9 g;

精度:在量程范围内,额定误差小于最大量程的 0.5%;

灵敏度:0.1 g;

显示:电压输出 0～199.9 mV。

三、实验仪器

本实验使用的实验仪器主要有应变式传感器、数字电压表、万用表、稳压电源、砝码若干、放大器等。

四、实验原理

1. 压力传感器

应变式压力传感器的结构如图 1 所示,主要由双孔平衡梁和粘贴在梁上的电阻应变片 R_1～R_4 组成,电阻应变片一般由敏感栅、基底、黏合剂、引出线、盖片等组成。电阻应变片的规格一般以使用面积和电阻值来表示,如"3 × 10 mm²,350 Ω"。

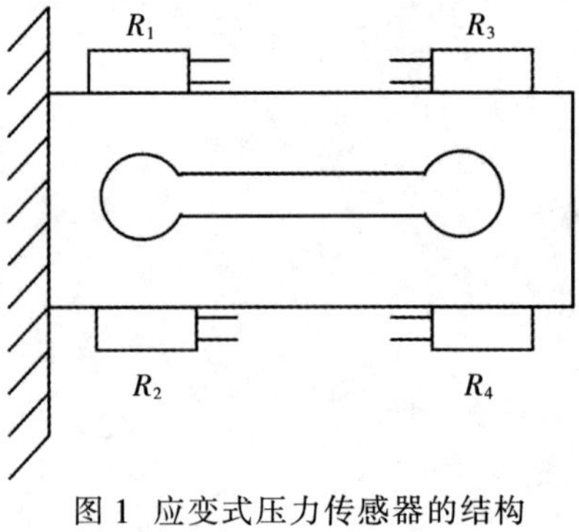

图 1　应变式压力传感器的结构

敏感栅由直径为 0.01～0.05 mm,高电阻系数的细丝弯曲成栅状而构成,它实际上是一个电阻元件,是电阻应变片感受构件应变的敏感部分。敏感栅由黏合剂固定在基片上。基底应保证将构件上的应变准确地传送到敏感栅上去,故基底必须做得很薄,一般为 0.03～0.06 mm,使它能与试件及敏感栅牢固地黏结在一起;另外,它还应有良好的绝缘性、抗潮性和耐热性。基底材料有纸、胶膜和玻璃纤维布等。引出线的作用是将敏感栅电阻元件与测量电路相连接,一般由 0.1～0.2 mm 低阻值的镀锡铜丝制成,并与敏感栅两端的输出端相焊接。盖片起保护作用。

在测试时，将电阻应变片用黏合剂牢固地粘贴在被测试件的表面上，随着试件受力变形，应变片的敏感栅也获得同样的形变，从而使电阻随之发生变化。通过测量电阻值的变化可反映出外力作用的大小。

压力传感器是将 4 片电阻分别粘贴在弹性平行梁的上下两表面适当的位置，梁的一端固定，另一端自由，用于加载荷外力 F。弹性梁受载荷作用而弯曲，梁的上表面受拉，电阻片 R_1 和 R_3 亦受拉伸作用，电阻增大；梁的下表面受压，电阻 R_2 和 R_4 减小。这样，外力的作用通过梁的形变而使 4 个电阻值发生变化，这就是压力传感器。电阻应变片 $R_1=R_2=R_3=R_4$。

2. 压力传感器的压力特性

电阻应变片可以把应变的变化转换为电阻的变化。为了显示和记录应变的大小，还需把电阻的变化再转化为电压或电流的变化，最常用的测量电路为电桥电路。由电阻应变片组成的全桥测量电路如图 2 所示，当电阻应变片受到压力作用时，引起弹性体的变形，使得粘贴在弹性体上的电阻应片 $R_1 \sim R_4$ 的阻值发生变化，电桥将产生输出，其输出电压正比于所受到的压力。

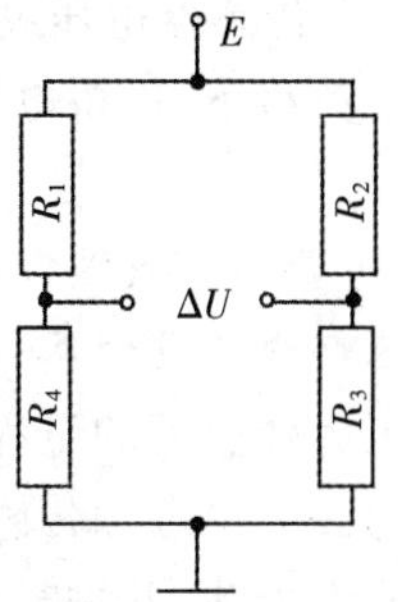

图 2　电阻应变片组成的全桥测量电路

3. 传感器电源电压与电桥输出电压的关系

改变传感器工作电压 E，其输出电压 ΔU 正比于工作电压 E。

4. 电子秤的设计

由于应变式压力传感器输出的电压仅为毫伏量级，如果采用数字电压表作为显示仪表，则应把荷重传感器输出的毫伏信号放大到相应的电压信号输出。整套电子秤装置组成框图如图 3 所示。

图 3　整套电子秤的装置组成框图

五、实验设计

1. 总体方案设计

要设计一台电子秤，首先要根据对测量所提出的精度和灵敏度的要求，对各组成部分的主要性能参数提出合理的要求，这一步属于总体方案设计阶段。在电子秤的总体设计中，首先要分析这套测试装置中哪一部分是主要部分，它的性能参数将对其他部分起关键的决定性作用。就本实验而言，应变式压力传感器是关键部分，它的特性指标将对放大电路及显示仪表的选择起决定性的作用。因此，首先要研究和测量荷重传感器的特性指标，在实际问题中，哪一部分是关键并不是唯一的和一成不变的，需要根据所要解决的实际问题的具体要求和条件而定。

在电子秤的总体设计中，先决定荷重传感器的特性参数，再决定其他部分的设计参数和指标。

2. 压力传感器的参数测试和性能研究

用某一种方法测量该传感器内部各桥臂的电阻值，要求不打开传感器，用电学测量方法就能知道各桥臂电阻应变片的阻值及连接方法，这是第一个设计内容。实验中提供万用表、数字电压表。

(1) 压力传感器灵敏度及线性

在一定的供桥电压下，单位荷载变化所引起的输出电压变化用 S_p 表示，即

$$S_p = \Delta U_0 / \Delta P$$

实验中，不但要求计算出 S_p 值，还要求利用两个变量的统计计算法求出输出电压 ΔU_0 和荷重 ΔP 之间的相关系数，即线性度。

(2) 压力传感器电压灵敏度

在额定荷载下，供桥电压变化所引起的输出变化用 S_v 表示，则

$$S_v = \Delta U_0 / \Delta U_{桥}$$

同样，也要研究其线性，求其相关系数。实验仪器有数字电压表、稳压电源、砝码若干。

3. 其他部分的设计参数

根据压力传感器的量程和电子秤的称重范围，在充分利用传感器量程的前提下，设计计算放大器的放大倍数和传感器的工作电压。

设计放大电路，并进行调试和安装测定。可在指导老师的指导下熟悉有关的放大线路，并进行线路的测定和调试。荷重传感器输出的信号很小，一般为毫伏量级。根据设计的要求，要在 0～100.0 g 的称量范围内，直接以电压值显示，所以需要放大系统将该信号进行放大，再输入显示系统显示物体的重量。本设计中采用运算放大器实现，运算放大电路除可自行安装调试外，也可直接采用实验室提供的放大倍数可调的实验模板。实验模板使用和调试方法参见实验仪器的使用方法。

4. 整机测定和调试

把传感器、放大器和显示装置（采用适当量程和精度的数字电压表）连成一体，进行模拟测试，求物体重量变化与输出电压示值的关系，验证各项指标是否达到要求。

5. 总结，写出研究测试报告

六、实验仪器的使用方法

1. 压力传感器压力特性的测量

(1) 将 100 g 传感器输出电缆线接入实验仪电缆座 I，测量选择置于内测 20 mV(或 200 mV)。接通电源，调节工作电压为 2 V，按顺序增加砝码的数量(每次增加 10 g)至100 g，分别测量出传感器的输出电压。

(2) 按顺序减去砝码的数量(每次减去 10 g)至 0 g，分别测量出传感器的输出电压。

(3) 用逐差法处理数据，求灵敏度 S_p。

2. 压力传感器电压特性的测量

保持传感器的压力不变(如 50 g)，改变工作电压分别为 3 V、4 V、5 V、6 V、7 V、8 V、9 V，测量传感器电源电压 E 与电桥输出电压 ΔU 的关系，作 E-ΔU 关系曲线，求灵敏度 S_v。

3. 应变式压力传感器实验模板

如图 4 所示，$R_1 \sim R_4$ 电阻应变式压力传感器的 4 个应变电阻，是由 $R_1 \sim R_4$ 等电阻组成

的，电压为 U_{01}，R_{w1} 为零点调节，由 $R_7 \sim R_{13}$、IC_1 等组成的差动放大器，放大倍数由 R_{w2} 调节，输出电压为 U_{02}。

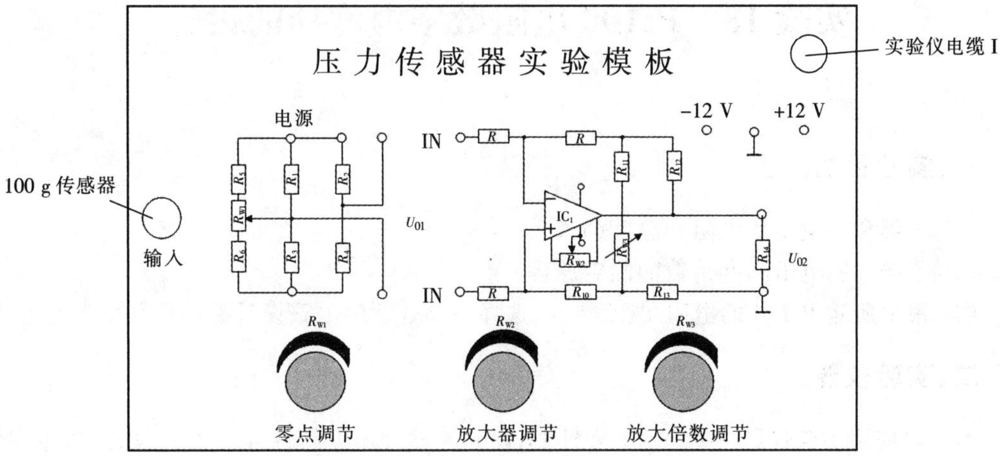

图4 应变式压力传感器实验模板

应变式压力传感器实验模板的使用与调试方法如下：

(1) 用电缆线连接实验仪电缆 I 插座和实验模板，并将 100 g 传感器电缆线接入实验模板，用导线短路线将放大器的输入端、放大器的输出端与实验仪测量输入相连，实验仪测量选择 200 mV 外测挡。打开实验仪电源开关，调节放大器调零旋钮使放大器输出电压为 0.0 mV。去掉短路线，用连接线将放大器的输入端与非平衡电桥的输出端相连，放大器的输出端与实验仪测量输入相连，实验仪测量选择 200 mV 外测挡。

(2) 在压力传感器秤盘上没有任何重物时，测量放大器的输出电压，调节零点，调节 R_{w1} 旋钮，使放大器的输出电压为 0.0 mV。

(3) 将 100 g 标准砝码置于压力传感器秤盘上，测量放大器的输出电压，调节放大倍数，调节 R_{w3} 旋钮使放大器的输出电压为 100.0 mV。

(4) 改变压力传感器秤盘上的标准砝码，检验放大器的输出电压与标准砝码的标称值是否对应(0.1 mV 相当于 0.1 g)。

(5) 重复步骤(2)(3)操作，使误差最小。

(6) 评估所设计制作的电子秤。

实验 18　Pt100 电阻数字温度计的设计

一、实验目的

(1) 了解和测量金属电阻和温度的关系。

(2) 了解金属电阻温度系数的测定原理。

(3) 根据所测 Pt100 的电阻-温度特性，选择一种合适的电路设计并制作数字温度计。

二、实验仪器

本实验使用实验仪器主要有 YJ-WH-IV 材料与器件温度特性综合实验仪、热敏电阻温度传感器实验模板(图 1)、Pt100 传感器、数字万用表等。

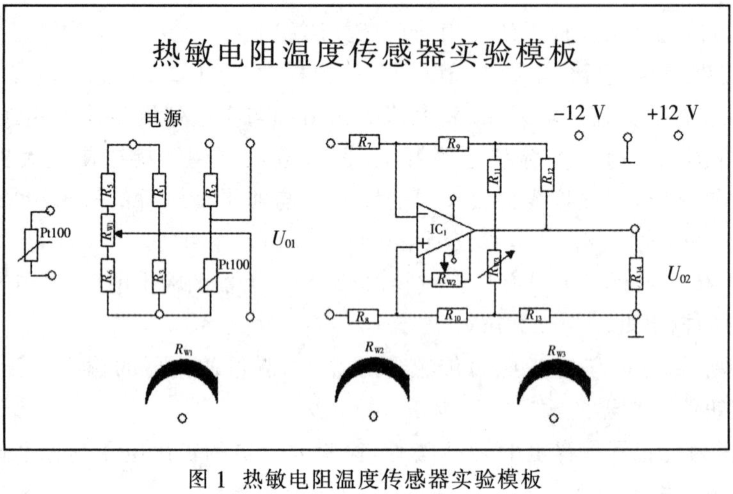

图 1　热敏电阻温度传感器实验模板

三、实验原理

1. 金属电阻温度系数

各种导体的电阻随着温度的升高而增大，在常温下，电阻与温度之间存在着线性关系，可用下式表示：

$$R=R_0(1+\alpha t) \tag{1}$$

式中：R 是温度为 t 时的电阻；R_0 为 0 ℃时的电阻；α 称为电阻温度系数。

严格来说，α 和温度有关，但在 0～100 ℃范围内，α 的变化很小，可以看作不变。

2. 铂电阻

导体的电阻值随温度变化而变化，通过测量其电阻值推算出被测环境的温度，利用此原理构成的传感器就是热电阻温度传感器，能够用于制作热电阻的金属材料必须具备以下特性：

(1) 电阻温度系数要尽可能大和稳定，电阻值与温度之间应具有良好的线性关系。

(2) 电阻率高，热容量小，反应速度快。

(3) 材料的复现性和工艺性好，价格低。

(4) 在测量范围内物理性质和化学性质稳定。

目前，在工业领域中应用最广泛的材料是铂和铜。铂电阻与温度之间的关系在 0～630.74 ℃范围内可表示为

$$R_T=R_0(1+AT+BT^2) \tag{2}$$

在－200～0 ℃的温度范围内，可表示为

$$R_T=R_0[1+AT+BT^2+C(T-100\ ℃)T^3] \tag{3}$$

式中：R_0 和 R_T 分别为在 0 ℃和温度 T 时铂电阻的电阻值；A、B、C 为温度系数，由实验确定，$A=3.908\ 02\times10^{-3}℃^{-1}$，$B=-5.801\ 95\times10^{-7}℃^{-2}$，$C=-4.273\ 50\times10^{-12}℃^{-4}$。

由式(2)和式(3)可见，要确定电阻 R_T 与温度 T 的关系，首先要确定 R_0 的数值，R_0 的值不同时，R_T 与 T 的关系不同。目前，国内统一设计的一般工业用标准铂电阻 R_0 的值有 100 Ω和 500 Ω 两种，并将电阻值 R_T 与温度 T 的相应关系统一列成表格，称其为铂电阻的分度表，分度号分别用 Pt100 和 Pt500 表示。

铂电阻采用纯度为 99.999 5%的铂丝绕制而成，其性能稳定，重复性好，精度高，在一定的温度范围内具有良好的线性，是国际公认的成熟产品，国际温标 ITS－90 中还规定，将具有特殊构造的铂电阻作为－259.65～961.78 ℃标准温度计来使用。铂电阻广泛用于－200～850 ℃范围内的温度测量，工业中通常在 600 ℃以下。

利用铂电阻测温常使用电桥电路来实现温度-电压转化，最佳方案是采用恒流源电桥电路，如图 2 所示，调节 R_{w1} 可使$U_a=I\cdot R_t$，那么 $U_{out}=U_b-U_a=I\cdot\Delta R$，电桥输出电压 U_{out}与 Pt100 的变化量 ΔR 成正比。

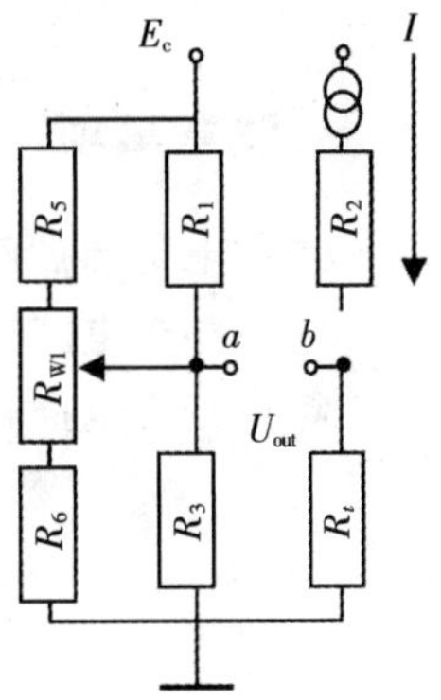

图 2　恒流源电桥电路

四、实验内容和要求

1. 测 Pt100 的 R-t 曲线

(1) 安装好实验装置，连接好电缆线，打开电源开关，将金属电阻 Pt100 置于恒温腔中，用数字多用表测量出金属电阻 Pt100 的阻值。

(2) 设定恒温温度，如果恒温温度低于室温，恒温选择为制冷，顺时针调节“制冷温度粗选”旋钮和“制冷温度细选”旋钮到所需温度(如 0.00 ℃)。打开加热制冷开关，恒温指示灯发亮(制冷状态)，同时观察恒温腔温度的变化。当恒温加热盘温度达到恒温状态时，恒温指示开关指示灯闪烁或变暗，待恒温腔温度不再变化后比较恒定温度与设定温度的差别 Δt。根据 Δt 的大小仔细微调“制冷温度细选”旋钮，使恒定温度稳定在所需温度(如 0.00 ℃)。用数字多用表测量出所选温度时金属电阻 Pt100 的电阻值。如果恒温温度高于室温，恒温选择为加热，操作方法参考制冷。

(3) 重复以上步骤，选择恒温加热器的温度为 10.00 ℃，20.00 ℃，30.00 ℃，…，90.00 ℃，100.00 ℃时，用数字多用表测量出所选温度时金属电阻 Pt100 的电阻值。

根据上述实验数据，绘制出 R-t 曲线。

(4) 求 Pt100 的电阻温度系数。根据 $R\text{-}t$ 曲线，从图上任取相距较远的两点(t_1,R_1)及(t_2,R_2)，根据式(1)，有

$$R_1=R_0+R_0\alpha t_1$$
$$R_2=R_0+R_0\alpha t_2$$

联立求解，得

$$\alpha=(R_2-R_1)/(R_1t_2-R_2t_1)$$

2. 数字温度计的设计与标定

(1) 放大器调零：将 Pt100 温度传感器引出线接入实验模板 a、b 之间，E_c 接入直流电压为 5 V 电源器，R_2 端接入 1 000 μA 的恒流源，用导线将工作电源(±12 V)接入实验模板，并连接 U_{01} 与放大器 R_8、R_7 输入端，然后短路接入端，调节 R_{w2} 使放大器输出为 0。

(2) 将 Pt100 温度传感器置于恒温腔中，恒温腔恒温在 0 ℃，去掉放大器输入端的短路线，调接 R_{w1} 使 U_{02} 为 0 mV。

(3) 将恒温腔温度加热至 100.0 ℃，调接 R_{w2} 使 U_{02} 为 1 000 mV(1 mV 相当于0.1 ℃)。

(4) 重复步骤(1)(2)使误差最小。

3. 评估设计的数字温度计，做校准曲线，写出评估报告

五、注意事项

(1) 供电电源插座必须良好接地。

(2) 在整个电路连接好之后才能打开电源开关。

(3) 严禁带电插、拔电缆插头。

第 3 章

光 学 实 验

一、基础性实验部分

实验1　分光计的调节

一、实验目的

(1) 了解分光计的结构和基本工作原理。
(2) 学会分光计的调节方法。

二、实验仪器

本实验使用的实验仪器主要有分光计、双面反射镜、钠(汞)灯等。

三、实验原理

1. 分光计的结构

分光计是测量两条光线夹角和观察光谱线的一种精密仪器,它主要由底座、自准直望远镜、载物台、平行光管和读数装置等部分组成,其基本结构如图1所示。

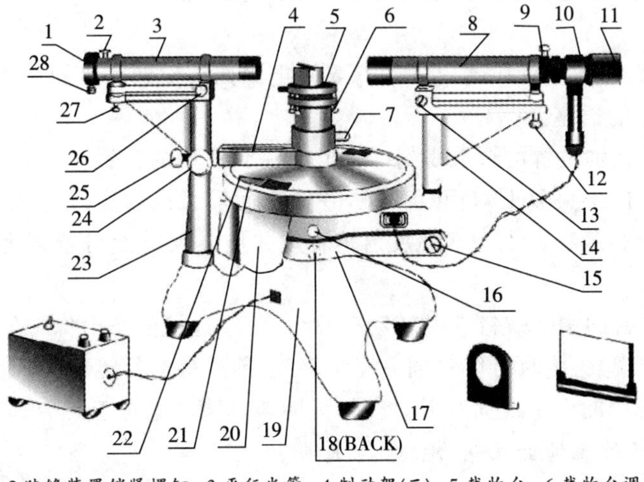

1.狭缝装置; 2.狭缝装置锁紧螺钉; 3.平行光管; 4.制动架(二); 5.载物台; 6.载物台调平螺钉(3只); 7.载物台与游标盘锁紧螺钉; 8.望远镜; 9.目镜锁紧螺钉; 10.阿贝式自准直目镜; 11.目镜调焦手轮; 12.望远镜光轴俯仰调节螺钉; 13.望远镜光轴水平调节螺钉; 14.支臂; 15.望远镜微调螺钉; 16.刻度盘与望远镜锁紧螺钉(在刻度盘左侧下方); 17.制动架(一); 18.望远镜止动螺钉(在刻度盘右侧下方); 19.底座; 20.转座; 21.刻度盘; 22.游标盘; 23.立柱; 24.游标盘微调螺钉; 25.游标盘止动螺钉; 26.平行光管光轴水平调节螺钉; 27.平行光管光轴俯仰调节螺钉; 28.狭缝宽度调节手轮

图1　分光计基本结构示意图

2. 分光计的基本工作原理

分光计的基本工作原理是让光线通过平行光管形成一束平行光,然后通过光学元件的反射、折射等进入望远镜物镜并成像在望远镜的焦平面上,通过目镜观察和测量光线的偏转角度。

在使用分光计之前，必须经过严格的调节才能清晰地观察光谱。分光计的调节必须达到阿贝式自准直目镜聚焦于无穷远，从平行光管出来的是平行光，望远镜管的管轴必须与载物台中心转轴严格垂直。

四、实验内容和步骤

1. 目测粗调

（1）调节平行光管的管臂，使其与横梁平行。

（2）调节载物台使其两层平行，并留一很薄的平行空气层。

（3）调节望远镜的管臂，使其与横梁平行。

2. 阿贝式自准直目镜的调焦

阿贝式自准直目镜调焦的目的是使眼睛通过目镜能够清楚地看到目镜中分划板上的刻线。具体的调焦方法是先把目镜调焦手轮 11 旋出，然后一边旋进，一边从目镜中观察，直到分划板上的刻线从模糊变清晰又变模糊，再反过来旋转目镜调焦手轮 11 直到刻线变清晰，并且无视差，如图 2 所示。

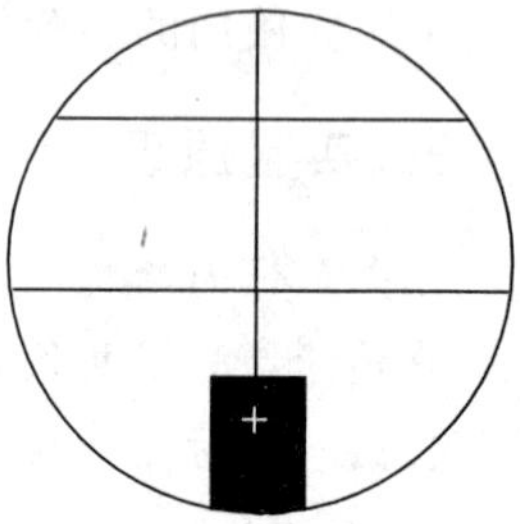

图 2 阿贝目镜的调焦

3. 调节望远镜聚焦无穷远

调望远镜聚焦无穷远的目的是将目镜分划板上的十字线调整到物镜的焦平面上，也就是使望远镜对无穷远调焦，其方法如下：

（1）接通光源，即把从变压器出来的 6.3 V 电源插头插到底座的插座上，把目镜照明器上的插头插到转座的插座上。

（2）把望远镜光轴位置的调节螺钉 12 和 13 调到适中的位置。

（3）在载物台的中央放上双面反射镜，并使双面反射镜的边线与载物台上 3 条线中的任意一条平行。旋转载物台带动双面反射镜转动并使其反射面对着望远镜的物镜，且与望远镜光轴大致垂直。

（4）调节载物台的调平螺钉 6 并转动载物台，使望远镜的反射像和望远镜在一直线上。

（5）从目镜中观察，此时可以看到一亮十字线，前后移动目镜，使亮十字线成清晰像，并使亮十字线和目镜中的十字线无视差，此时，说明望远镜已聚焦于无穷远。

4. 调整望远镜的光轴垂直载物台旋转主轴

（1）采用上述调节方法，使双面反射镜正、反面对着望远镜时，都能从视场中看到反射回来的十字像。

（2）采用各调一半法，使十字像都落在分划板叉丝线的上方水平线上。具体方法是调节载物台上离自己较近的那颗调平螺钉，使十字像向上方水平线移动一半，到达如图 3 所示的 A 点。再调整望远镜水平调节螺钉 12，使十字像再向上移动一半，此时，十字像到达上十字线上。再转动载物台使从双面反射镜另一面反射过来的十字像也落在上十字线上，如此反复转动双面镜，直到从双面镜

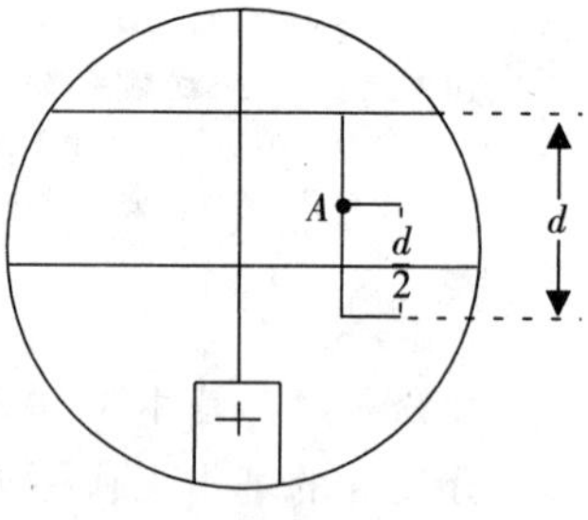

图 3 各调一半法

正反两面看到的十字像都落在上十字线上。

（3）将分划板上的十字线调成水平和垂直。当载物台连同双面反射镜相对于望远镜旋转时，观察亮十字是否水平地移动，如果分划板的水平刻线与亮十字的移动方向不平行，就要转动目镜，使亮十字的移动方向与分划板的水平刻线平行，然后将目镜锁紧，螺钉旋紧，注意不要破坏望远镜的调焦。

5. 调节平行光管，使其发出平行光

这样做的目的是把狭缝调整到物镜的焦平面上，也就是平行光管对无穷远调焦。具体方法如下：

（1）让光源对准狭缝，打开狭缝，让光线从狭缝中透射出来。

（2）调节望远镜与平行光管使两光轴在一条线上。

（3）从望远镜目镜中观察平行光管透射过来的白光。

（4）前后移动狭缝装置，使从狭缝透过来的光线能清晰地成像在望远镜分划板平面上，此时说明从平行光管透过来的是平行光。

（5）调节狭缝装置，使从狭缝透射过来的白光与视场中心竖线重合，使看到的白光又细又亮。

（6）调整平行光管光轴上下位置调节螺钉27，使白光处在视场中央位置，白光被下十字线平分。

实验 2 用分光计测三棱镜的折射率

一、实验目的

(1) 进一步熟悉分光计的调节和使用方法。

(2) 学会使用分光计测量三棱镜的顶角和最小偏向角,求三棱镜的折射率。

二、实验仪器

本实验使用的实验仪器主要有分光计、双面反射镜、钠灯、三棱镜等。

三、实验原理

用测量棱镜最小偏向角的方法,求出棱镜材料的折射率。如图 1 所示,$\triangle ABC$ 表示一块三棱镜,AB 面和AC 面为折射面,BC 面为底面,光线沿 P 方向在AB 面上入射,经过三棱镜在 AC 面上沿 P' 方向出射,P 方向和 P' 方向之间的夹角 δ 称为偏向角。当 α 值一定时,偏向角 δ 的大小是随入射角 i_1 的改变而改变的。而当 $i_1 = i'_2$ 时,δ 为最小,这时的偏向角称为最小偏向角,记作 $\delta_{\min}$。此时,三棱镜的顶角 α、最小偏向角 $\delta_{\min}$ 和折射率 n 的关系为

$$n = \frac{\sin i_1}{\sin \frac{\alpha}{2}} = \frac{\sin \frac{\alpha + \delta_{\min}}{2}}{\sin \frac{\alpha}{2}} \tag{1}$$

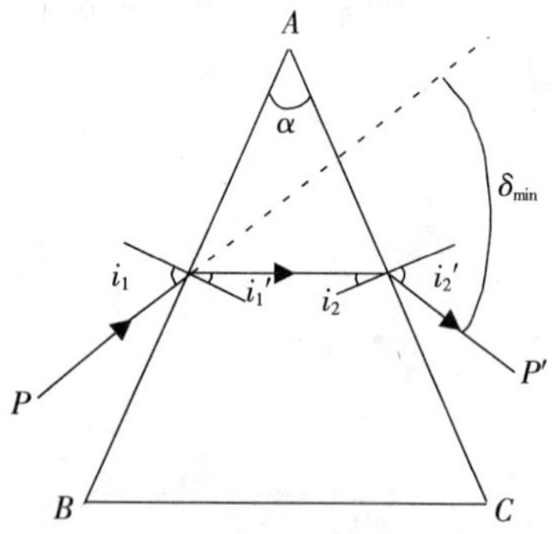

图 1 光线在三棱镜中的传播路径

四、实验内容和步骤

1. 测量顶角

(1) 调节好分光计,将被测三棱镜放在载物台上,适当调整工作台高度,如图 2 所示。

(2) 调节好游标盘的位置,使游标在测量过程中不被平行光管或望远镜遮挡住(最好摆放在左右两侧),锁紧刻度盘与望远镜锁紧螺钉及游标盘止动螺钉。

(3) 将望远镜对准 AB 面,并从望远镜中找到从 AB 面反射回来的十字像。

(4) 旋转望远镜和调节望远镜微调螺钉,对望远镜进行微调,使亮十字像与目镜的上十字线完全重合。

(5) 记下对径方向上游标所指示的刻度盘的两个角位置坐标的读数 $a_{右}$ 和 $a_{左}$,为了消除由于刻度盘相

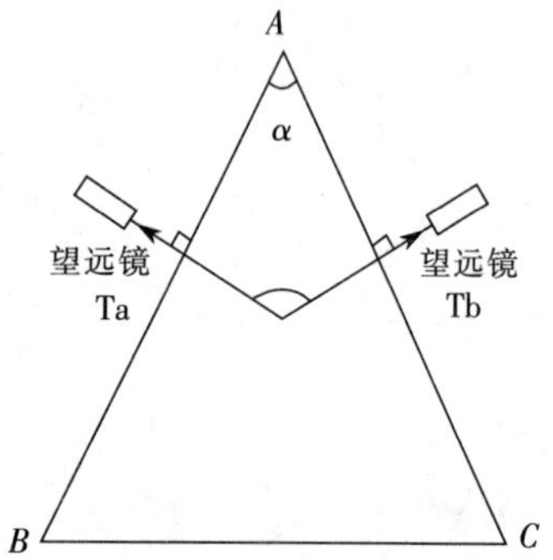

图 2 测三棱镜的顶角

对于主轴偏心而引起的误差，记录读数时，必须读取两个游标刻度所指示的读数，然后计算并取结果的平均值。

(6) 再旋转望远镜，使之对准 AC 面，从望远镜中找到 AC 面反射回来的十字像，同样也使亮十字像与目镜的上十字线完全重合。

(7) 记下对径方向上游标所指示的刻度盘的两个角位置坐标的读数 $b_{右}$ 和 $b_{左}$。

(8) 计算顶角。

由图 2 可知：

$$\alpha = 180^\circ - \beta \tag{2}$$

其中，

$$\beta = \frac{|a_{右} - b_{右}| + |a_{左} - b_{左}|}{2} \tag{3}$$

如果 $a_{右}$ 与 $b_{右}$ 之间含有 360° 的刻度线，则

$$\beta = \frac{|360^\circ - (a_{右} - b_{右})| + |a_{左} - b_{左}|}{2} \tag{4}$$

(9) 游标盘的读数。游标盘是由外盘和内盘组成的，外盘的整个圆盘被分成了 360°，最小刻度为半度（即 30′），内盘上有小游标，小游标上刻有 30 个小格，每一小格为 1′。当小游标零刻线没超过外盘的小短线（即最小刻度）时，直接看小游上是哪条线与外盘的线条对得最齐，那么就是多少分，如果超过了小短线，则还要加上 30′。如图3所示，小游标盘上是第 11 条线与外盘上的线条对最齐，所以读数应为：235°41′。

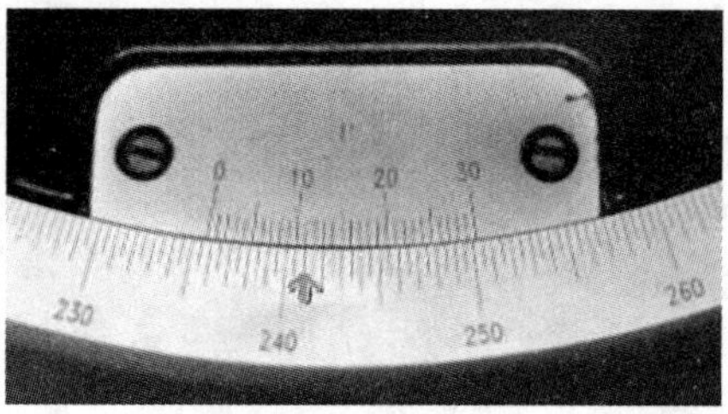

图 3　游标盘的读数

2. 测量最小偏向角

(1) 在载物台上，按照图 4 摆放好三棱镜。

(2) 首先在望远镜外面找最小偏向角的大致位置。缓慢转动载物台，看到黄色谱线刚开始时向一个方向移动，当转到某一个位置时，有一个停顿现象，再继续转动载物台时，则看到光谱向相反方向移动，此时的棱镜位置，就是最小偏向角的位置。

(3) 锁紧游标盘止动螺钉，目的是保证载物台连同三棱镜静止不动，再把望远镜转到能看见光谱的位置，用同样的方法在望远镜内精确地找到最小偏向角位置。

(4) 再转动望远镜并利用微调机构精确调整，使分划板上的十字线精确地对准黄色谱线中的某一条。

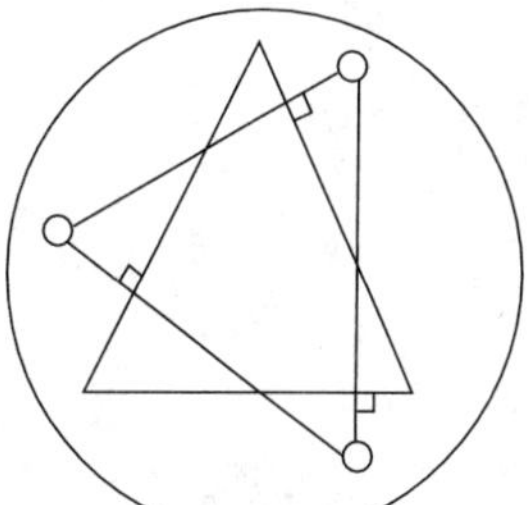
图 4　三棱镜的摆放

(5) 记下对径方向上游标所指示的刻度盘的读数 a_1 和 a'_1。

(6) 取下三棱镜，转动望远镜，使望远镜直接对准平行光管，使黄光精确地对准分划板十字线的竖线。记下对径方向上游标所指示的刻度盘的两个读数 a_2 和 a'_2，则最小偏向角可表示为 $\delta_{\min} = \dfrac{|a_1 - a_2| + |a'_1 - a'_2|}{4}$。

五、数据记录及处理

(1) 测最小偏向角,将实验测得数据和数据处理结果记录于表1中。

表1 测最小偏向角的数据

光的类别	a_1	a'_1	a_2	a'_2	δ_{min}
黄光					

(2) 将上述相关测量数据代入计算公式,求出黄光对三棱镜的折射率。

六、思考题

分光计为什么要用两个游标读数?

实验 3　用牛顿环测透镜曲率半径

一、实验目的

(1) 观察光的等厚干涉现象。

(2) 利用牛顿环测量透镜曲率半径 R。

二、实验仪器

本实验使用的实验仪器主要有牛顿环仪、钠光灯、移测显微镜等。

三、实验原理

牛顿环是属于分振幅法的双光束干涉实例，是典型的等厚干涉，牛顿环干涉现象通常用来检查仪器的平面度，测量透镜的曲率半径等。

牛顿环仪是由一块曲率半径较大的平凸透镜 A 和一块光学平板玻璃片 C（又称平晶）构成，如图 1 所示。AC 间形成一厚度变化的空气层，空气层厚度相当的点构成一系列的同心圆，若从光源发出的单色光从上射入 AC 间的空气层，则经空气层的上、下表面向上反射的光将相互干涉，在厚度相同的空气层处形成的干涉条纹明暗相同。如果在牛顿环仪的上方放一移测显微镜，通过显微镜可以清楚地看到环的中心是一暗斑，而周围是许多明暗相间并且间隔逐渐减小的同心圆环，称为牛顿环，如图 2 所示。

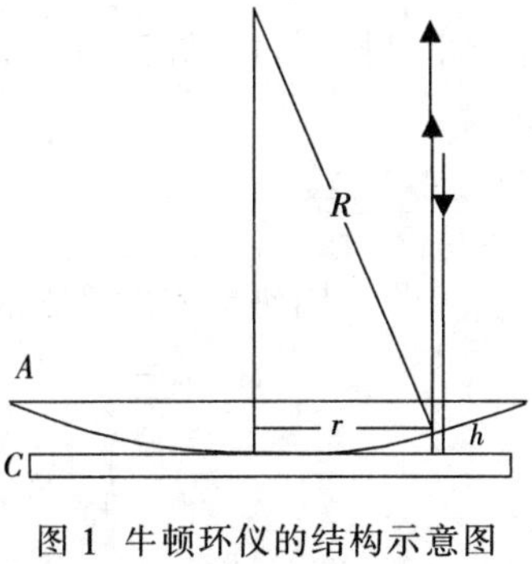

图 1　牛顿环仪的结构示意图

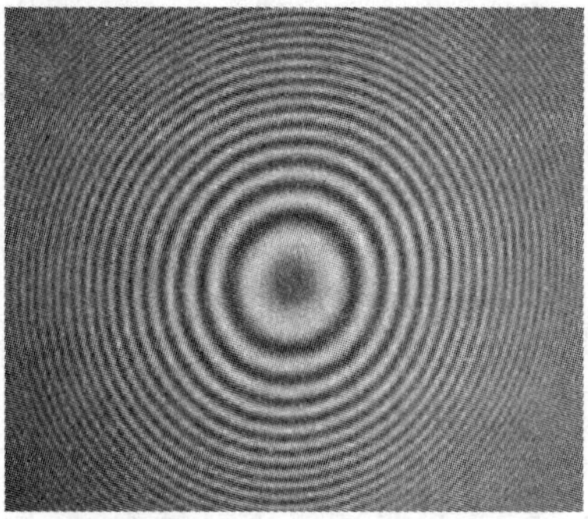

图 2　牛顿环的干涉条纹

如图 1 所示，由几何定理，可得

$$r^2 = R^2 - (R-h)^2 = R^2 - R^2 + 2Rh - h^2 \tag{1}$$

即

$$h = \frac{r^2}{2R-h} \tag{2}$$

由于 R 很大（通常为几米），相对来讲，h 仅几分之一毫米，因此，可以把式(1)分母中的 h 略去，得

$$h = \frac{r^2}{2R} \tag{3}$$

当用单色的平行光束垂直照射牛顿环仪时，在 AC 空气层的上、下两表面反射光中形成等厚干涉条纹。明暗条纹的半径可计算如下：透射入透镜的光束一部分先由凸透镜的凸面反射回去，另一部分透射入空气层后，遇平面玻璃板反射，这样反射回去的两束反射光就会发生干涉。光线应是垂直入射的，计算光程差时还要考虑光波在平面玻璃上反射会有半波损失，从而带来 $\frac{\lambda}{2}$ 的附加光程差，所以总的光程差为

$$\delta = 2h + \frac{\lambda}{2} \tag{4}$$

产生暗环的条件为

$$\delta = (2k+1)\frac{\lambda}{2} \quad (k = 0,1,2,3,\cdots) \tag{5}$$

其中，k 为干涉条纹的级数。第 m 级暗环半径为

$$r_m = \sqrt{mR\lambda} \tag{6}$$

从式(6)可知，只要波长 λ 为已知，测量出第 m 级暗环半径 r_m，即可得出透镜的曲率半径 R 值。但是，由于两镜面接触点之间难免存在着细微的尘埃，使得光程差产生难以确定的变化，中央暗点就可能变成亮点或若明若暗。再者，两镜的接触压力引起玻璃板的变形会使接触点扩大成一个接触面，以致接近圆心处的干涉条纹也是宽阔而模糊的。这就给 m 带来某种程度的不确定性。为了求得比较准确的测量结果，可以用两个暗环半径 r_m 和 r_n 的平方差来计算曲率半径 R。因为

$$r_m^2 = mR\lambda, \quad r_n^2 = nR\lambda \tag{7}$$

两式相减，得

$$r_m^2 - r_n^2 = mR\lambda - nR\lambda \tag{8}$$

所以

$$R = \frac{r_m^2 - r_n^2}{(m-n)\lambda} \tag{9}$$

因为 m 和 n 有着相同的不确定程度，利用 $(m-n)$ 这一相对性测量恰好消除了由于绝对测量的不确定性带来的误差。若用直径 D 来表示，则上式为

$$R = \frac{D_m^2 - D_n^2}{4(m-n)\lambda} = \frac{(D_m - D_n)(D_m + D_n)}{4(m-n)\lambda} \tag{10}$$

此式只涉及两环级数之差，而不决定于级数本身，从而消除了因级数不准带来的误差。

四、实验内容和步骤

(1) 使 45°反光镜头正对钠光灯，调节清楚牛顿环，调节望远镜使其叉丝清晰，并使叉丝交点处于暗圆斑中心，并且把中间那条叉丝调节竖直，如图 3 所示。

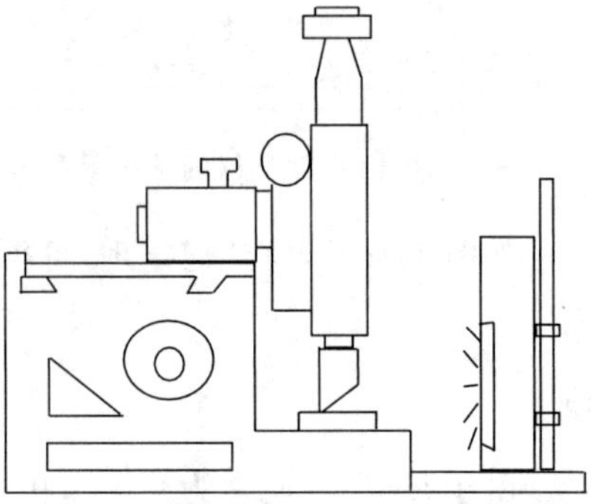

图 3 实验仪器图

(2) 测量暗环直径 D。本实验测量第 10 条到 19 条暗环。应注意避免测微螺旋间距空隙引起的回程误差。具体的方法如下：调节测微鼓轮至显微镜的叉丝对准右边第 22 条暗环，然后倒过来数回 21 条、20 条暗环，这时从右到左分别记下叉丝对准第 19，18，17，…，10 条暗环(垂直叉丝与圆环右侧条纹外切，当移动到左边时应与圆环右侧条纹内切)时显微镜的读数，然后继续

移动镜筒经过圆心一直到左边的第10,11,12,…,19条暗环,并记下其读数,从右到左单向一次测量相应条纹的位置。

(3) 根据测出的数据,先求出每条暗环直径的平均值,并将它们分成5组(如D_{19}和D_{14},D_{18}和D_{13},D_{17}和D_{12}等)分别代入式(10)算出R,最后求出平均值。

五、数据记录与处理

将实验过程中的测量数据及处理结果记入表1和表2中,用逐差法或作图法(提示:作D^2-m图,通过斜率计算R)处理数据,计算透镜曲率半径及相对误差,写出测量结果并进行实验分析。

表1　测量数据及处理结果

环序 m	读数显微镜上的读数/mm						取 $m-n=5$		
	暗环右边位置 X_1/mm			暗环左边位置 X_2/mm			各环直径 $D_m=x_1-x_2$	两环直径差 (D_m-D_n)/mm	两环直径和 (D_m+D_n)/mm
	第一次	第二次	平均值 X_1	第一次	第二次	平均值 X_2			
10								$D_{19}-D_{14}=$	$D_{19}+D_{14}=$
11									
12								$D_{18}-D_{13}=$	$D_{18}+D_{13}=$
13									
14								$D_{17}-D_{12}=$	$D_{17}+D_{12}=$
15									
16								$D_{16}-D_{11}=$	$D_{16}+D_{11}=$
17									
18								$D_{15}-D_{10}=$	$D_{15}+D_{10}=$
19									

表2　各次组合计算曲率半径结果数据

钠光　$\lambda=5893\times10^{-10}$ m

组	组合方式	R/m
1	D_{19}和D_{14}组合算出的平凸透镜的曲率半径	
2	D_{18}和D_{13}组合算出的平凸透镜的曲率半径	
3	D_{17}和D_{12}组合算出的平凸透镜的曲率半径	
4	D_{16}和D_{11}组合算出的平凸透镜的曲率半径	
5	D_{15}和D_{10}组合算出的平凸透镜的曲率半径	
	由5次算出的平凸透镜的曲率半径	

六、思考题

(1) 牛顿环的透射光与反射光的干涉环的环心各有什么特点?

(2) 实验过程中应如何避免读数显微镜的回程误差?

实验4 用双棱镜干涉测光波波长

一、实验目的

(1) 观察双棱镜干涉现象。

(2) 利用双棱镜干涉测量光波波长。

二、实验仪器

本实验使用的实验仪器主要有钠光灯、凸透镜、二维调整架、单面可调狭缝、双棱镜、测微目镜、读数显微镜架、三维底座、二维底座、一维底座、通用底座等。

三、实验原理

利用光的干涉现象进行光波波长的测量，首先要获得两束相干光，使之重叠形成干涉条纹，干涉条纹的空间分布既跟条纹与相干光源之间的相对位置有关，又跟光波波长有关，通过它们之间的关系式就能测出光波波长。

本实验利用双棱镜获得两束相干光，如图1所示，双棱镜是由两块底边相接、折射棱角 α 小于 1° 的直角棱镜组成的，从单缝S发出的单色光的波阵面，经双棱镜折射后形成两束互相重叠的光束，它们相当于从狭缝S的两个虚像 S_1 和 S_2 射出的两束相干光。于是，在波束重叠的区域内产生了干涉，在该区域内放置的观察屏上可以观测到干涉条纹。

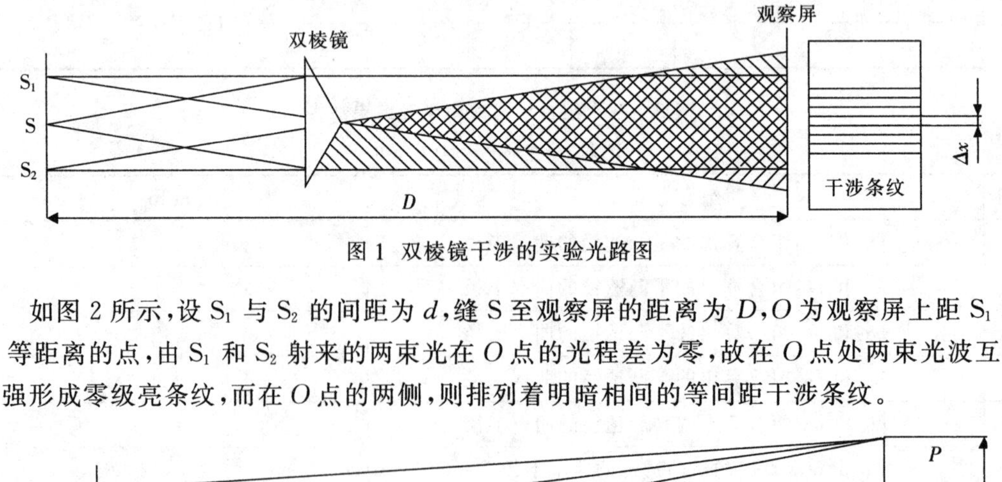

图1 双棱镜干涉的实验光路图

如图2所示，设 S_1 与 S_2 的间距为 d，缝S至观察屏的距离为 D，O 为观察屏上距 S_1 和 S_2 等距离的点，由 S_1 和 S_2 射来的两束光在 O 点的光程差为零，故在 O 点处两束光波互相加强形成零级亮条纹，而在 O 点的两侧，则排列着明暗相间的等间距干涉条纹。

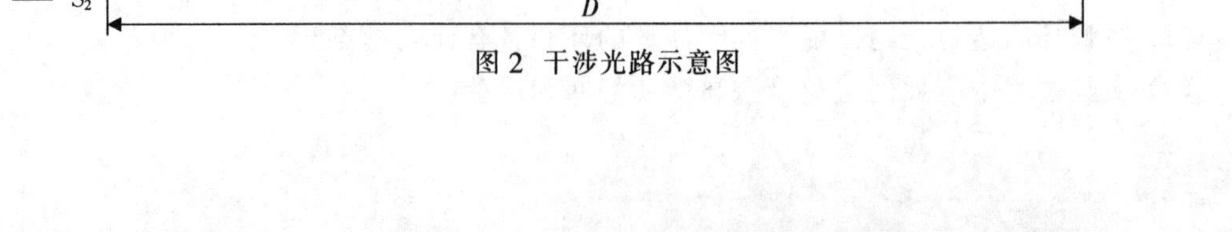

图2 干涉光路示意图

对于屏上距离 O 点为 x 的 P 点，当 $D \gg d, D \gg x$ 时，有 $\frac{\delta}{d}=\frac{x}{\overline{SP}}$，因为 $\overline{SP} \approx D$，故 $\frac{\delta}{d}=\frac{x}{D}$，即 $\delta=\frac{xd}{D}$。根据相干条件，当光程差 δ 满足：

(1) $\delta=2k\left(\frac{\lambda}{2}\right)$ 时，即在 $x=\frac{D}{d}k\lambda\ (k=0,1,2,\cdots)$ 处，产生亮条纹。

(2) $\delta=(2k-1)\frac{\lambda}{2}$ 时，即在 $x=\frac{D}{d}(2k-1)\frac{\lambda}{2}\ (k=0,1,2,\cdots)$ 处，产生暗条纹。

因此，两相邻亮条纹（或暗条纹）间的距离为

$$\Delta x=x_{k+1}-x_k=\frac{D}{d}\lambda \quad (k=0,1,2,\cdots) \tag{1}$$

其中：d 为两个狭缝中心的间距；λ 为单色光波波长；D 为狭缝到观察屏（测微目镜焦平面）的距离。从实验中测得 D，d 及 Δx，即可由式(1)计算出波长 λ。

四、实验内容和步骤

(1) 把全部仪器按照图 3 的顺序在平台上摆放好（图中数值均为参考数值），并调至共轴。钠光灯（可加圆孔光阑）发出的光束经透镜 L 聚焦于狭缝上。调节单缝和双棱镜的棱脊平行，而且由单缝射出的光对称地照在棱脊的两侧。

(2) 用白屏 H 显示或直接用眼睛观测到干涉条纹后，再用测微目镜观测。使相干光束处在目镜的视场中心，并调节单缝和棱脊的平行度，使干涉条纹最清晰。双棱镜干涉图样，应为等间隔的明暗相间的干涉条纹。

(3) 用测微目镜测出干涉条纹的间距 Δx，测出单缝到测微目镜叉丝分划板的距离 D，再用二次成像法测出两个虚光源的间距 d，由式(1)可求出光波的波长 λ，并与钠灯的波长实际值比较，分析产生误差的原因。

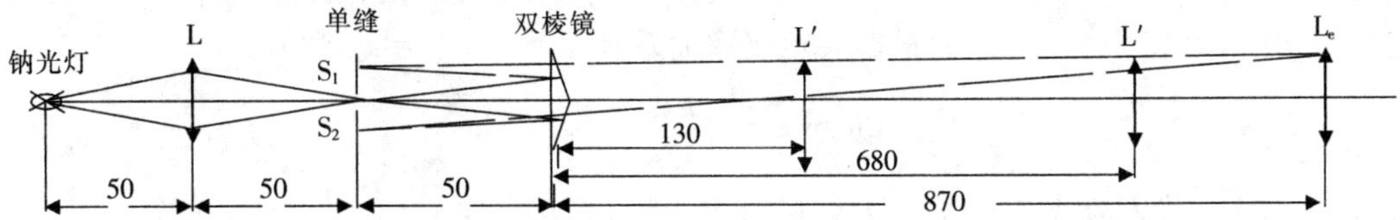

图 3　双棱镜干涉实验仪器放置示意图

五、数据记录及处理

(1) 测 D。测量单缝到测微目镜叉丝分划板的距离 D 3 次，求平均值，并将数据记录于表 1 中。

表 1　测量 D 的数据　D/mm

第 1 次	第 2 次	第 3 次	平均值

(2) 测 Δx。用测微目镜测出 n 条（10～20 条）干涉条纹的间距，再除以 n，即得 Δx，并将数据记录于表 2 中。

表 2　测量干涉条纹的间距　x/mm

测量项目	第 1 次	第 2 次	第 3 次	平均值
起点读数 x_1				
终点读数 x_2				
$\Delta x=\frac{\lvert x_2-x_1\rvert}{n}$				

(3) 测 d_1、d_2。用二次成像法测出两个虚光源之间的距离，并将数据记录于表 3 中。

表 3　测两个虚光源之间的距离　d/mm

测量项目	第 1 次	第 2 次	第 3 次	平均值
d_1				
d_2				

(4) $d=\sqrt{d_1d_2}=$ ________________。

(5) $\lambda=\Delta xd/D=$ ________________。

六、思考题

本实验中，干涉条纹的间距(或疏密)与哪些因素有关?

七、二次成像法介绍

保持如图 3 所示中的狭缝以及双棱镜的位置不动，加入一个已知焦距 $f=150$ mm 的透镜放在双棱镜后，使单缝与测微目镜间的距离 $D>4f$，移动透镜成像时，可以在两个不同的位置上，从测微目镜中看到一大一小两个清晰的缝像(即虚光源 S_1、S_2 的像)，测出两个清晰的像间距 d_1 及 d_2。根据物像公式，第一次成像时虚光源 S_1、S_2 的间距 $d=s_1/s'_1\cdot d_1$。第二次成像时，$d=s_2/s'_2\cdot d_2$。而根据共轭成像关系有 $s_1=s'_2$，$s'_1=s_2$，故有

$$d^2=\left(\frac{s_1}{s'_1}\right)\left(\frac{s_2}{s'_2}\right)d_1d_2 \tag{2}$$

即 $d=\sqrt{d_1d_2}$，代入公式 $\lambda=\Delta xd/D$，即可求出波长 λ。

实验5　迈克尔逊干涉仪的调节与使用

一、实验目的

(1) 了解迈克尔逊干涉仪的工作原理,掌握其调节方法。

(2) 观察等倾干涉、等厚干涉、白光干涉和非定域干涉现象。

(3) 测量 He-Ne 激光的波长。

二、实验仪器

本实验使用的实验仪器主要有迈克尔逊干涉仪、He-Ne 激光器、矩焦距透镜、白屏等。

1. 迈克尔逊干涉仪的构造

迈克尔逊干涉仪是一种用分振幅方法产生双光束来实现干涉的仪器,它在近代物理和计量技术中有着广泛的应用,结构如图1所示。其主要由精密的机械传动系统和四片精细磨制的光学镜片组成。G_1 和 G_2 是两块几何形状、物理性能相同的平行平面玻璃。其中:G_1 的第二面镀有半透明铬膜,称其为分光板,它可使入射光分成振幅(即光强)近似相等的一束透射光和一束反射光;G_2 起补偿光程作用,称其为补偿板。M_1 和 M_2 是两块表面镀铬加氧化硅保护膜的反射镜。M_2 是固定在仪器上的,称其为固定反射镜;M_1 装在可由导轨前后移动的拖板上,称其为移动反射镜。迈克尔逊干涉仪装置的特点是光源、反射镜、接收器(观察者)各处一方,分得很开,可以根据需要在光路中很方便地插入其他器件。M_1 和 M_2 镜架背后各有三个调节螺丝,可用来调节 M_1 和 M_2 的倾斜方位。这三个调节螺丝在调整干涉仪前均应先均匀地拧几圈(因每次实验后为保证其不受应力影响而损坏反射镜都将调节螺丝拧松了),但不能过紧,以免减小调整范围。同时,也可通过调节水平拉簧螺丝与垂直拉簧螺丝,使干涉图像做上下和左右移动。而仪器水平还可通过调整底座上三个水平调节螺丝来达到。

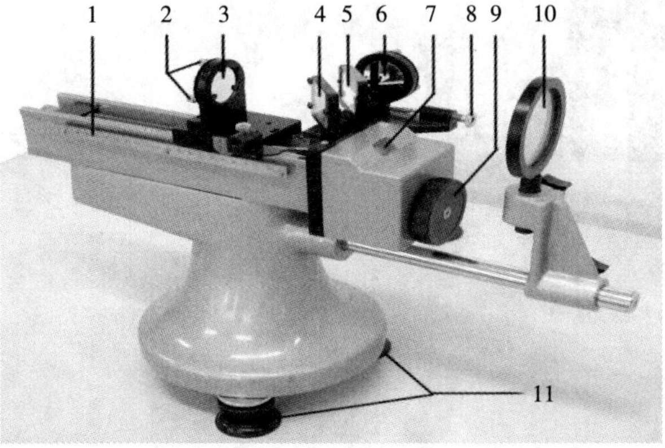

1.主尺;2.反射镜调节螺丝;3.移动反射镜 M_1;4.分光板 G_1;5.补偿板 G_2;6.固定反射镜 M_2;7.读数窗;8.水平拉簧螺钉;9.粗调手轮;10.屏;11.底座水平调节螺丝

图1　迈克尔逊干涉仪

确定移动反射镜 M_1 的位置有三个读数装置：

(1) 主尺，在导轨的侧面，最小刻度为 1 mm，如图 2 所示。

(2) 读数窗，可读到 0.01 mm，如图 3 所示。

(3) 带刻度盘的微调手轮，可读到 0.000 1 mm，估读到 10^{-5} mm，如图 4 所示。

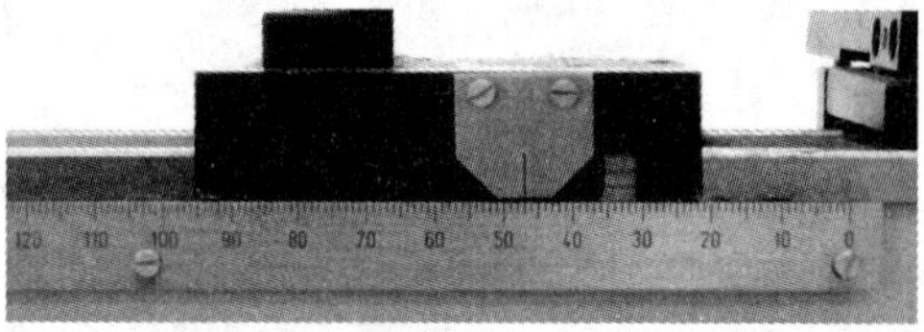

图 2 主尺

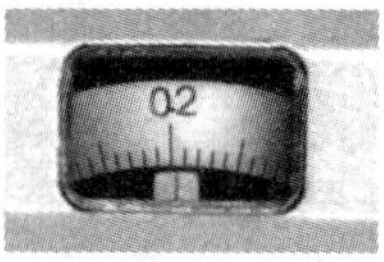

图 3 读数窗

图 4 刻度盘

2. 迈克尔逊干涉仪的光路

如图 5(b)所示，光源上一点 S 发出的一束光线经分光板 G_1 被分为两束光线(1)和(2)。这两束光线分别射向互相垂直的全反射镜 M_1 和 M_2，经 M_1 和 M_2 反射后又汇于分光板 G_1，这两束光再次被 G_1 分束，它们各有一束按原路返回光源(设两光束分别垂直于 M_1、M_2)，同时各有一束光线朝 E 方向射出。由于光线(1)和(2)为两相干光束，因此，我们可在 E 的方向观察到干涉条纹。

G_2 为补偿板，它的引进使两束相干光的光程差完全与波长无关(由于分光板 G_1 的色散作用，光程是 λ 的函数，因此作定量的检测时，没有补偿板的干涉仪只能用准单色光源，有了补偿板就可消除色散的影响，即使是带宽很宽的光源也会产生可分辨的条纹)，且保证了光束(1)和(2)在玻璃中的光程完全相同，因而对不同的色光都完全可将 M_2 等效为 M'_2。

在图 5 中，M'_2 是反射镜 M_2 被 G_1 反射所成的虚像。从 E 处看两相干光是从 M_1 和 M'_2 反射而来。因此，在迈克尔逊干涉仪中，产生的干涉与 $M_1M'_2$ 间空气膜所产生的干涉是一样的。

(a)实物光路图

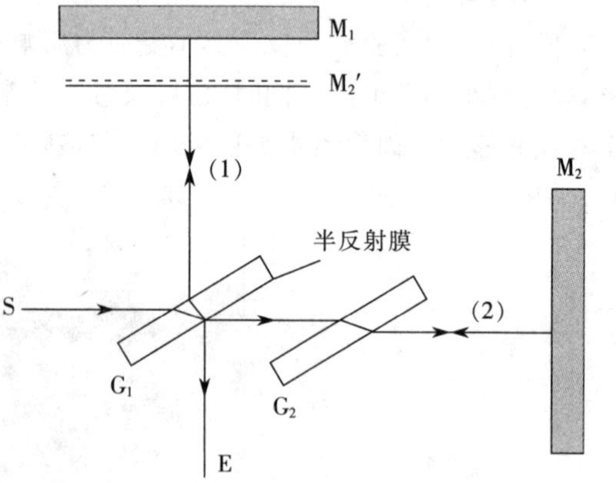

(b)光路图

图 5 迈克尔逊干涉仪的光路图

三、实验原理

1. 点光源产生的非定域干涉

用凸透镜汇聚的激光束是一个很好的点光源，它向空间发射球面波，从 M_1 和 M_2 反射后可看成由两个光源 S_1 和 S_2 发出的，如图 6 所示，S_1（或 S_2）至屏的距离分别为点光源 S 从 G_1 和 M_1（或 M_2 和 G_1）反射至屏的光程，S_1 和 S_2 的距离为 M_1 和 M'_2 之间距离 d 的 2 倍，即 $2d$。虚光源 S_1 和 S_2 发出的球面波在它们相遇的空间处相干，这种干涉是非定域干涉。如果把屏垂直于 S_1 和 S_2 的连线放置，则我们可以看到一组组同心圆，圆心就是 S_1 和 S_2 连线与屏的交点。

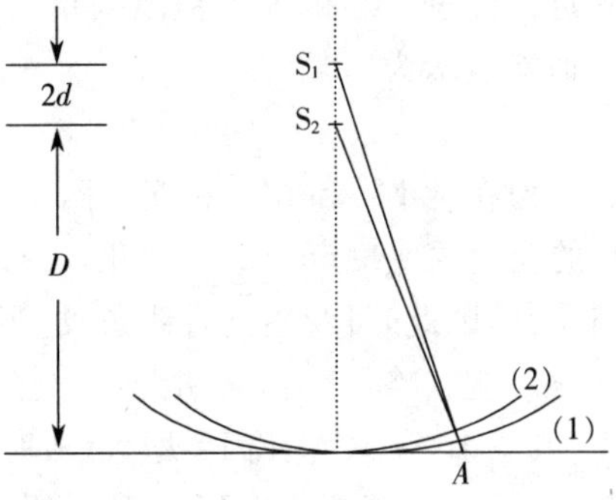

图 6　点光源产生的非定域干涉光路图

如图 6 所示，由 S_1、S_2 到屏上的任一点 A，两光线的程差 L 为

$$L = 2d\cos\delta \tag{1}$$

由上式可知：

(1) 当 $\delta = 0$ 时，程差最大，即圆心 E 点所对应的干涉级别最高。当移动 M_1M_2 的距离使 d 增大时，圆心干涉级数越来越高，我们就可以看到圆条纹一个一个从中心“冒”出来；反之，当 d 减小时，圆条纹一个一个地向中心“缩”进去。每当“冒”出或“缩”进一条条纹时，d 就增加或减小 $\lambda/2$，所以测出“冒”出或“缩”进的条纹数目 ΔN，由已知波长 λ 就可求得 M_1 移动的距离，这就是利用干涉测波长法；反之，若已知 M_1 移动的距离，就可求得波长，它们的关系为

$$\Delta d = \Delta N\lambda/2 \tag{2}$$

(2) d 增大时，程差 L 每改变一个波长 λ 所需的 δ 的变化值减小，即两亮环（或两暗环）之间的间隔变小。看上去条纹变细变密。反之，d 减小，条纹变粗变稀。

2. 扩展的面光源产生的定域干涉

当光源为扩展光源时，干涉条纹都有一定的位置，这种干涉称为定域干涉。对于定域干涉中等倾干涉条纹，定位于无穷远，而定域干涉中的等厚干涉条纹，定位于镜面附近（亦即薄膜干涉中的薄膜表层附近）。

(1) 等倾干涉

当 M_1 和 M'_2 互相平行时，入射角为 δ 的光线经 M_1 和 M'_2 反射成为(1)和(2)两束光，如图 7 所示，(1)和(2)互相平行，两光束的光程差为

$$\begin{aligned} L &= AC + CB - AD \\ &= 2d/\cos\delta - 2d\tan\delta \cdot \sin\delta \\ &= 2d(1/\cos\delta - \sin^2\delta/\cos\delta) \\ &= 2d\cos\delta \end{aligned} \tag{3}$$

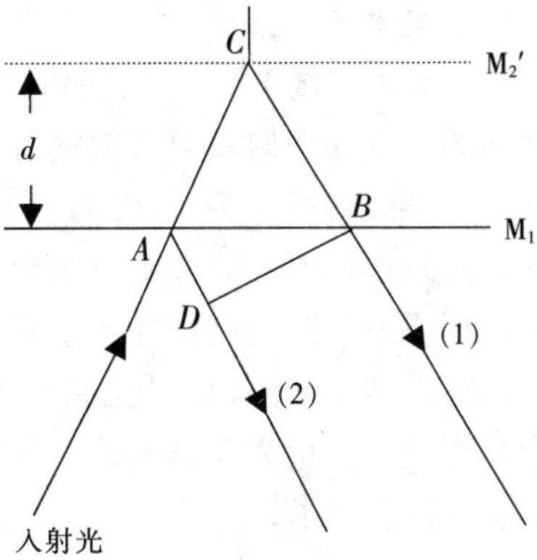

图 7　等倾干涉原理图

所以，在 d 一定时，光程差只取决于入射角 δ。如在 E 处放一汇聚透镜，并在其焦平面上放一屏，则在屏上可看到一组同心圆。而每个圆相应于一定的倾角，其产生干涉的平面是汇聚透镜的后焦面。和非定域干涉类似，干涉级别以圆心最高，当 d 增加时，圆环从中心“冒”出，当 d 减小时，圆环从中心“缩”进。

(2) 等厚干涉

当 M_1 和 M'_2 有一很小角度时，如图 8 所示。M_1 和 M'_2 之间形成楔形空气薄层，就会

出现等厚干涉条纹。等厚干涉条纹定域在镜面附近，如用眼睛观察，眼睛必须聚焦在镜面附近。经过 M_1 和 M'_2 镜反射的光线，其光程差仍可近似地表示为

$$L = 2d\cos\delta \tag{4}$$

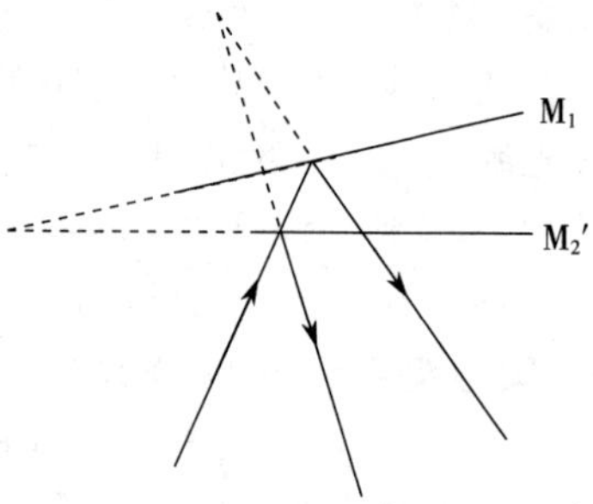

图 8 等厚干涉原理图

但在镜 M_1 和 M'_2 相交处附近，d 很小时，光程差 L 的变化主要决定于 d 的变化，$\cos\delta$ 项影响很小，可忽略不计，因此，可观察到直线条纹。当 d 变大时，$\cos\delta$ 的变化不能忽略，此时，将引起干涉条纹的弯曲，以增加 d（或减小 d）来弥补因 δ 增大（或弥补因 δ 减小）而引起的 L 减小（或增大），所以看到的条纹是两端弯向厚度增加（或减小）的方向，即条纹凸向厚度减小（或增加）的方向。

3. 相干长度

从理论上讲，单色的点光源发出的光经干涉仪后总是能够产生干涉现象的，然而实际上并不如此。在迈克尔逊干涉仪中，如果 M_1 和 M'_2 之间的距离超过一定限度时就观察不到干涉条纹。为了简单起见，考虑 $\delta = 0$ 的情况，此时光程差 $L = 2d$，我们不断增加 d，当 d 增加到某一个值 d_{max} 时，我们就看不见干涉现象，这个最大的光程差 $L_{max} = 2d_{max}$ 叫作该光源的相干长度。

不同的光源有不同的相干长度，反映点光源相干性的好坏。光源的单色性越好，相干长度越长。单模 He-Ne 激光器发出的 632.8 nm 的激光单色性很好，相干长度在几米到几十米范围。而钠光相干长度只有几厘米，白光相干长度则只有波长数量级。

四、实验内容和步骤

1. 观察干涉条纹

(1) 非定域干涉条纹的调节

为了获得肉眼直接可观察得到的干涉条纹，要求两束相干光的传播方向夹角必须很小，几乎是共线传播。为此，做如下调节：在 He-Ne 激光器前，设一小孔光阑，使激光束通过小孔，并经过分光板 G_1 中心透射到反射镜 M_2 中心上。然后调节 M_2 后面的 3 个螺丝，使光点反射像返回到光阑上并与小孔重合。再调节从 G_1 后表面反射到 M_1 的光束，调节 M_1 后面的 3 个螺丝，使其反射光到达 G_1 后表面时恰好与 M_2 的反射光相遇（即两光点完全重合），同时两反射光在光阑的小孔处也完全重合。这样 M_1 和 M_2 就基本上垂直了，即 M_1 和 M'_2 互相平行了。

去掉光阑，在该处放一短焦距的透镜，使激光束汇聚成一点光源，这时在屏上就可以看到干涉条纹了，再仔细调节 M_2 的两个微调拉簧螺钉，使 M_1 和 M'_2 严格平行，则在屏上就可看到非定域的圆条纹。

转动手轮使 M_1 在导轨上移动，观察条纹变化情况，并体会非定域的含义。

(2) 测量 He-Ne 激光的波长

利用非定域的干涉条纹测定波长。移动 M_1 以改变 d，记下"冒"出或"缩"进的条纹数 ΔN，由公式 $\lambda = \frac{2\Delta d}{\Delta N}$，用逐差法计算激光光源的波长。

2. 定域干涉条纹的调节

(1) 等倾干涉条纹

在透镜前放一毛玻璃，使光源成为面光源，用聚焦到无穷远的眼睛代替屏，这时可看到圆条纹，进一步调节 M_2 的微调拉簧螺钉，使眼睛上下左右移动时，各圆的大小不变，仅圆心随眼睛移动，这时，我们看到的就是严格的等倾条纹。移动 M_1 观察条纹变化情况。

(2) 等厚干涉条纹

移动 M_1 和 M'_2 大致重合，调节 M_2 后面的螺丝使 M_1 和 M'_2 有一个很小的夹角，这时，视场中出现直线干涉条纹，这就是等厚干涉条纹。

五、数据记录及处理

(1) 将实验测量所得数据记录在表 1 中。

表 1　用等倾干涉测激光的波长的实验数据

第一个 50 环		第二个 50 环		第三个 50 环		第四个 50 环	
初位置/mm	末位置/mm	初位置/mm	末位置/mm	初位置/mm	末位置/mm	初位置/mm	末位置/mm
$\Delta d_1=$		$\Delta d_2=$		$\Delta d_3=$		$\Delta d_4=$	
第五个 50 环		第六个 50 环		第七个 50 环		第八个 50 环	
初位置/mm	末位置/mm	初位置/mm	末位置/mm	初位置/mm	末位置/mm	初位置/mm	末位置/mm
$\Delta d_5=$		$\Delta d_6=$		$\Delta d_7=$		$\Delta d_8=$	

(2) 记录各步骤观察到的现象及干涉条纹特点。

(3) 由公式 $\lambda=\frac{2\Delta d}{\Delta N}$，用逐差法计算激光光源的波长。

六、注意事项

(1) 迈克尔逊干涉仪是精密光学仪器，使用前必须先弄清楚使用方法，然后再动手调节。

(2) 各镜面必须保持清洁，严禁用手触摸。

(3) 微调手轮有较大的反向空程，为得到正确的测量结果，避免转动微调手轮时引起空程，使用时应始终向同一方向旋转，如果需要反向测量，应重新调整零点。

七、思考题

(1) 等倾干涉圆环直径的大小与什么因素有关？

(2) 调出等倾干涉图样与等厚干涉图样的条件是什么？

实验 6　用透射光栅测光波波长

一、实验目的

(1) 进一步熟悉分光计的调节和使用方法。

(2) 用已知汞灯光谱中的绿光(波长为 546.07 nm)测量衍射光栅的特性参数 d。

(3) 在测量汞灯光谱可见光范围内的几条波长的过程中,观察和研究光栅的衍射现象。

(4) 测量汞灯光谱中的黄光和紫光的波长。

二、实验仪器

本实验使用的实验仪器主要有分光计、汞灯,衍射光栅、双面反射镜等。

三、实验原理

1. 光栅衍射

衍射光栅是利用光的衍射原理使光波发生色散的光学元件,它是由大量相互平行且等宽的狭缝组成的。设衍射光栅的总缝数为 N,缝宽为 a,缝隙间不透光部分的宽度为 b,则缝距 $d=a+b$,d 称为光栅常数,如图 1 所示。按照夫琅禾费衍射理论,当一束平行光垂直入射到光栅的表面时,通过不同的缝后,光要发生干涉,但同时每条缝都要发生衍射,且 N 条缝 N 套衍射条纹通过透镜后完全重合,如图 1 所示,当衍射角 θ 满足光栅方程:

$$d\sin\theta = k\lambda \quad (k = 0, \pm 1, \pm 2, \cdots) \tag{1}$$

时,任何两条缝所发出的两束光都干涉相长,形成细而亮的主极大明条纹。

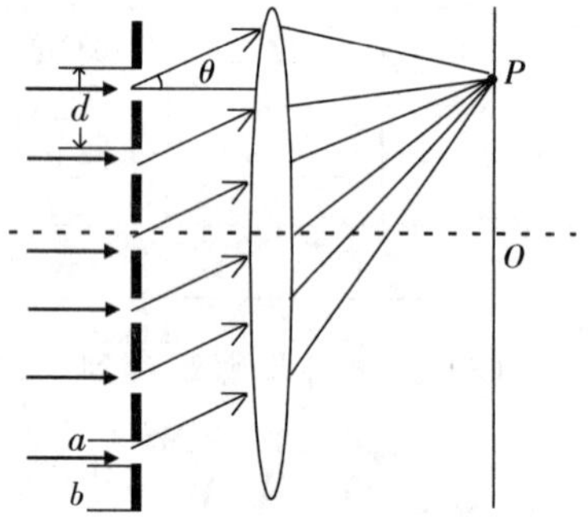

图 1　光栅衍射的光路图

2. 光栅光谱

单色光经过光栅衍射后,形成的各级主极大的细亮线称为这种单色光的衍射谱线,如果用复色光照射,由光栅方程可知,不同波长的同一级谱线(零级除外)的角位置是不相同的,并按照波长由短到长的次序由中央向外侧依次排列,每一干涉级次都有这样的一级谱线,在较高级次,各级谱线可能相互重叠,光栅衍射产生的这种按波线排列的谱线称为光栅光谱。评定光栅好坏的标志是角色散率和光栅的分辨本领。

(1)光栅角色散率 ψ

光栅角色散率的定义公式为

$$\psi = \frac{\Delta\theta}{\Delta\lambda} \tag{2}$$

其中,$\Delta\theta$ 为两谱线衍射角之差,将式(1) 取微分并代入式(2),得

$$\psi=\frac{\Delta\theta}{\Delta\lambda}=\frac{\mathrm{d}\theta}{\mathrm{d}\lambda}=\frac{k}{d\cos\theta}\quad(k=0,\pm1,\pm2,\cdots)\tag{3}$$

(2) 光栅分辨本领

根据瑞利判断，光栅能分辨出相邻两条谱线的能力是有限的，波长相差为 $\Delta\lambda$ 的两条相邻谱线，若其中的一条谱线的最亮处刚好落在另一谱线的最暗处，则称这两条谱线能被分辨，设这两条谱线的平均波长为 $\bar{\lambda}$，则此时光栅的分辨本领为

$$R=\frac{\bar{\lambda}}{\Delta\lambda}\tag{4}$$

光栅分辨本领 R 与光谱级数 k 以及在入射光束范围内的光栅宽度有关。当入射光不是垂直入射时，光栅方程变为

$$d(\sin\theta\pm\sin i)=k\lambda\quad(k=0,\pm1,\pm2,\cdots)\tag{5}$$

式中"—"号表示衍射光线与入射光线在法线的异侧，"+"号表示衍射光线与入射光线在法线的同侧，如图 2(a) 所示。当入射光垂直入射时，可以测出相同颜色的两条谱线的夹角 2θ，从而得到谱线的衍射角 θ，如图 2(b) 所示。

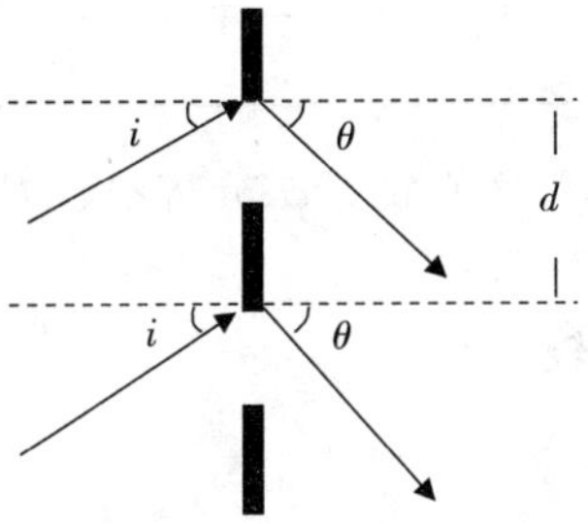

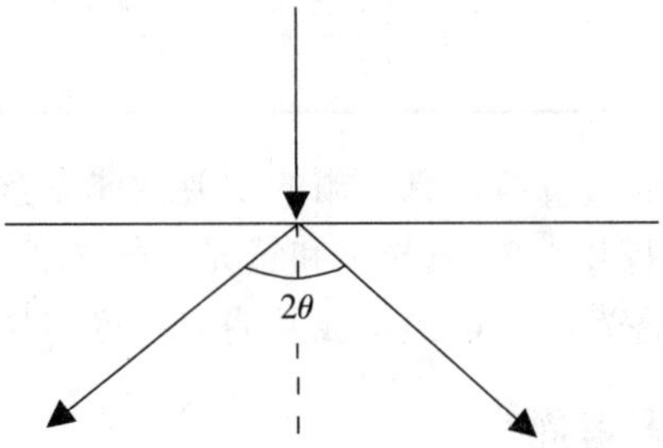

图 2　斜入射和垂直入射时光栅的衍射光路图

四、实验内容和步骤

(1) 调节好分光计。

(2) 使光线垂直于光栅平面入射，测出绿光 ±1 级衍射线的夹角 θ，进而求出所给全息光栅的主要性能参数：光栅常数 d、角色散率 ψ、分辨本领 R 等。

(3) 利用所给光栅(即 d 一定)测出紫光、钠灯双黄线 ±1 级衍射线的夹角 θ，从而求出紫光和钠黄光的波长。

(4) 将光栅光谱的谱线及明亮程度与棱镜光谱做比较。

五、数据记录及处理

(1) 已知绿光波长 $\lambda_{绿}=546.07\ \mathrm{nm}$，衍射角公式为 $\theta=\frac{|a_1-a_2|+|a'_1-a'_2|}{4}$。将实验测量数据及处理结果记录于表 1 中。

表 1　测光波衍射角的相关实验数据

<table>
<tr><th>光波</th><th>左读数 a_1</th><th>右读数 a'_1</th><th>光波</th><th>左读数 a_2</th><th>右读数′a_2</th><th>θ</th><th>平均值 $\bar{\theta}$</th></tr>
<tr><td rowspan="3">左绿光</td><td></td><td></td><td rowspan="3">右绿光</td><td></td><td></td><td></td><td rowspan="3"></td></tr>
<tr><td></td><td></td><td></td><td></td><td></td></tr>
<tr><td></td><td></td><td></td><td></td><td></td></tr>
<tr><td rowspan="3">左紫光</td><td></td><td></td><td rowspan="3">右紫光</td><td></td><td></td><td></td><td rowspan="3"></td></tr>
<tr><td></td><td></td><td></td><td></td><td></td></tr>
<tr><td></td><td></td><td></td><td></td><td></td></tr>
<tr><td rowspan="3">左黄光 1</td><td></td><td></td><td rowspan="3">右黄光 1</td><td></td><td></td><td></td><td rowspan="3"></td></tr>
<tr><td></td><td></td><td></td><td></td><td></td></tr>
<tr><td></td><td></td><td></td><td></td><td></td></tr>
<tr><td rowspan="3">左黄光 2</td><td></td><td></td><td rowspan="3">右黄光 2</td><td></td><td></td><td></td><td rowspan="3"></td></tr>
<tr><td></td><td></td><td></td><td></td><td></td></tr>
<tr><td></td><td></td><td></td><td></td><td></td></tr>
</table>

(2) 求出所给全息光栅的主要性能参数：光栅常数 d、角色散率 ψ、分辨本领 R。

(3) 求出紫光、黄光 1 和黄光 2 的波长。

(4) 将光栅光谱的谱线及明亮程度与棱镜光谱做比较。

六、思考题

(1) 应用光栅方程时应满足什么条件？

(2) 棱镜光谱和光栅光谱有什么不同？

实验 7　夫琅禾费单缝衍射光强分布的测定

一、实验目的

(1) 学会测量夫琅禾费单缝衍射的光强分布，并观察其他衍射现象。

(2) 学会利用光电法测量光的相对强度的方法。

二、实验仪器

本实验主要使用的实验仪器有 He-Ne 激光器、可调单缝、硅光电池、数字检流计等。

三、实验原理

夫琅禾费单缝衍射就是光源和光屏都离单缝无限远的单缝衍射。对于单缝，入射光是平行光，出射光也是平行光。实验室中要出现这种衍射，可在单缝前后各放一块汇聚透镜 L_1、L_2，而将线光源 S(被照明狭缝)和光屏分别放在 L_1 的前焦平面上和 L_2 的后焦平面上，如图 1所示。它在光屏上显示的衍射花样将是：屏正中是最亮的明条纹，两边是明暗对称分布的直条纹。

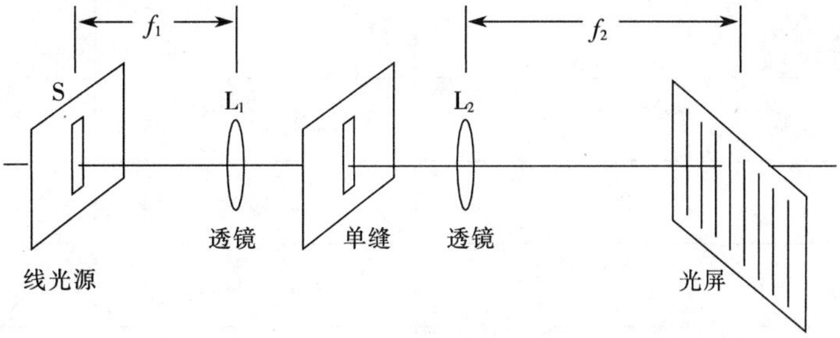

图 1　夫琅禾费衍射的实验装置图

用 He-Ne 激光器作光源，它发出的光可以看作平行光，而观察的光屏离缝又足够远，则不需要透镜 L_1、L_2 也能得到足够好的夫琅禾费单缝衍射。如图 2 所示。

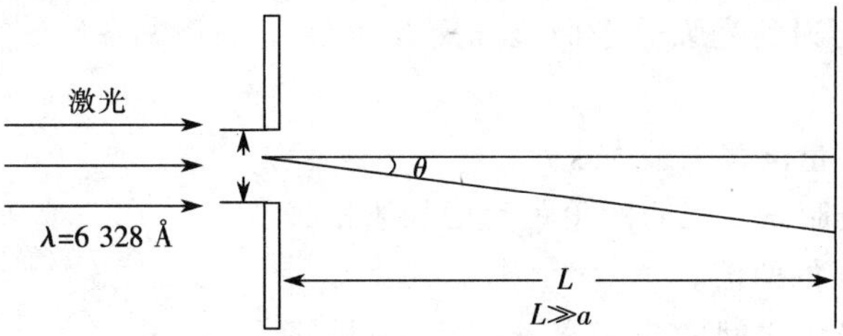

图 2 夫琅禾费衍射图

夫琅禾费单缝衍射的光强公式为

$$I_\theta = I_0 \cdot \frac{\sin^2 u}{u^2}$$

则其相对强度为

$$\frac{I_\theta}{I_0}=\frac{\sin^2 u}{u^2} \tag{1}$$

$$u=\pi a\sin\theta/\lambda \tag{2}$$

式中：θ 为衍射角，即观察点离中央 O 的角距离；a 为单缝宽度；λ 为入射光的波长。

当 θ 很小，而光屏离单缝足够远时($L\gg a$)：

$$u=\pi al/L\lambda \tag{3}$$

式中：l 为观察点离中央 O 的距离；L 为单缝到屏的距离。

下面讨论几个特殊方向上的光强度：

(1) 当 $\theta=0$，即 $u=0$ 时，光强度有最大值 I_0，称为主极大，且 I_0 与狭缝宽度 a 的平方成正比。

(2) 当 $\sin\theta=\frac{k\lambda}{a}I_\theta$，即 $u=k\pi(k=\pm1,\pm2,\cdots)$ 时，$I_\theta=0$，出现暗条纹。实际上 θ 很小，可以近似地认为条纹在 $\theta=\frac{k\lambda}{a}$ 的位置。

除中央主极大外，两相邻暗纹之间都有次极大，这些次极大的位置和相对强度数据如表1所示。

表1 夫琅禾费衍射条纹的次极大位置与相对强度数据

“极大”的级数	$\sin\theta$	u	I_θ
0(主极大)	0	0	1
1	$1.430\ \frac{\lambda}{a}$	$1.430\ \pi$	0.046 9
2	$2.459\ \frac{\lambda}{a}$	$2.459\ \pi$	0.016 8
3	$3.471\ \frac{\lambda}{a}$	$3.471\ \pi$	0.008 3
4	$4.477\ \frac{\lambda}{a}$	$4.477\ \pi$	0.005 0
5	$5.482\ \frac{\lambda}{a}$	$5.482\ \pi$	0.003 4

夫琅禾费单缝衍射的光强分布曲线如图3所示，由图可看出：

(1) 大部分光能量落在主极大上。

(2) 主极大两侧暗条纹之间的角距离为其他相邻两条纹之间的角距离的两倍。

(3) 相邻两次极大之间的角距离不相等，而相邻两暗纹之间的角距离是相等的(除去主极大两侧的暗条纹之间的角距离)。

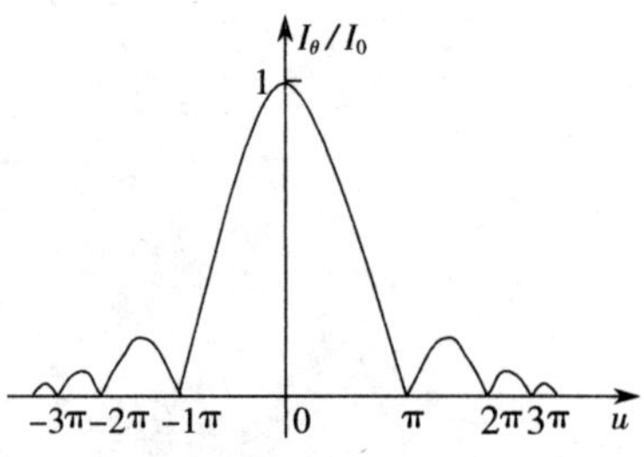

图3 光强分布曲线

四、实验内容和步骤

1. 调节各元件共轴，并产生夫琅禾费单缝衍射图样

(1) 接通激光电源，使 He-Ne 激光管发光。调节激光器的位置，使激光束平行于光具座导轨射出，达到屏幕上某一点 O。

(2) 置单缝于激光器前，调节它的光具架，使缝位于光斑中央，此时，衍射条纹具有最大光强，再改变狭缝的倾斜度，使衍射光斑沿水平分布。

(3) 在离单缝约 1 m 远处，放一用毫米方格纸做的光屏；调节缝宽 a，使在屏上出现清晰的衍射图样。

2. 测量

(1) 用硅光电池串联数字检流计，构成一个简单的光探测器。

(2) 移去光屏，在原光屏的位置上安放硅光电池，作为光探测器用。当激光管点燃 10 min左右，激光输出稳定后，方可进行测量。

(3) 移动滑块，使硅光电池的狭缝从衍射条纹的一端沿一个方向移至另一端(相当于改变衍射角)。每移动 1 mm 距离记录一次光电流量(相当于光强的大小)，当扫描到极值时，应多测几个数据。

(4) 根据测量结果，作出光电流-位移曲线图，即为单缝衍射的光强分布图。

3. 用上述方法观察其他(如双缝、多缝)衍射图像

五、思考题

(1) 如果用其他光，如钠光代替激光，衍射图样将发生变化吗？欲获得同样宽度的衍射图样应如何改变缝宽？

(2) 假设将单缝及缝与观察屏之间的空间区域都浸在水中，衍射图样将如何改变？

实验8 薄透镜焦距的测定

一、实验目的

(1) 掌握测薄透镜焦距的几种方法。

(2) 学习光学系统共轴调节的方法。

二、实验仪器

本实验使用的实验仪器主要有光具座、凸透镜、凹透镜、光源、物屏、像屏、平面镜。

三、实验原理

薄透镜是指透镜中心厚度 d 比透镜焦距 f 小很多的透镜。透镜分为两大类：一类是凸透镜(也称为正透镜或会聚透镜)，对光线起会聚作用，焦距越短，会聚本领越大；另一类是凹透镜(也称负透镜或发散透镜)，对光线起发散作用，焦距越短，发散本领越大。

在近轴光线条件下，透镜的成像规律可用下列公式表示：

$$\frac{1}{s'}-\frac{1}{s}=\frac{1}{f'} \tag{1}$$

式中，各物理量的意义及它们的符号规则如下：s 为物距；s' 为像距；f 为物方焦距；f' 为像方焦距。式中的各线距均从透镜中心(光心)量起，与光线进行方向一致为正，反之为负。

1. 凸透镜焦距的测定

(1) 利用实物成实像法求焦距

如图1所示光路，物距为 s、像距为 s'、焦距为 f'，由高斯公式：

$$\frac{1}{s'}-\frac{1}{s}=\frac{1}{f'} \quad 或者 \quad f'=-f=\frac{s's}{s-s'}$$

测出 s、s'，即可求 f'。注意：测得量须添加符号，求得量则根据求得结果中的符号判断其物理意义。

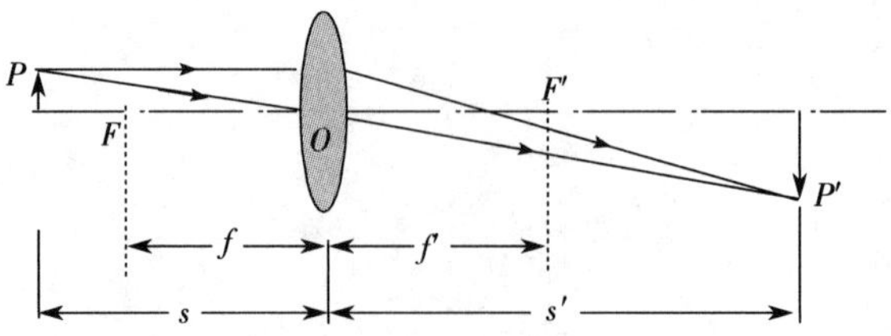

图1 薄透镜成像

(2) 自准法

如图2所示，在待测透镜 L 的一侧放置被光源照明的"1"字形物屏 AB，在另一侧放一与主光轴垂直的平面反射镜 M，移动透镜(或物屏)，当物屏 AB 正好位于凸透镜之前的焦平面时，物屏 AB 上任一点发出的光线经透镜折射后，将变为平行光线，然后被平面反射镜反射回来。再经透镜折射后，仍会聚在它的焦平面上，即原物屏平面上，形成一个与原物大小相等、方向相反的倒立实像 $A'B'$。此时物屏到透镜之间的距离，就是待测透镜的焦距，即

$$f=s$$

由于这个方法是利用调节实验装置本身使之产生平行光以达到聚焦的目的，所以称之为自准法，该法测量误差在 1％～5％之间。

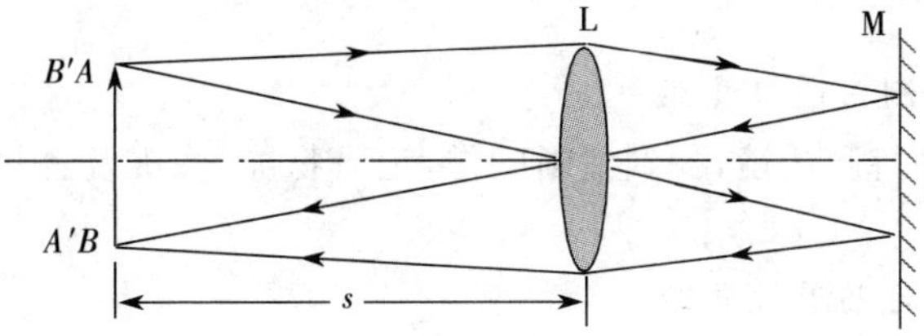

图 2　凸透镜自准法成像

(3) 二次成像法

如图 3 所示，取物屏和像屏之间的距离 $l>4f'$，且保持不变，沿光轴方向移动透镜，则必能在像屏上观察到二次成像。设物距为 s_1 时，得放大的倒立实像；物距为 s_2 时，得缩小的倒立实像，透镜两次成像之间的位移为 d，根据透镜成像公式，将

$$s_1=-s_2'=-(l-d)/2$$

$$s_1'=-s_2=(l+d)/2$$

代入透镜成像公式，即得

$$f'=\frac{l^2-d^2}{4l} \tag{2}$$

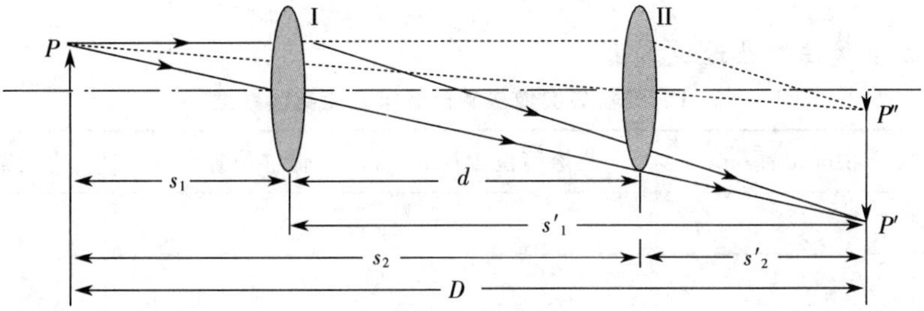

图 3　二次成像

2. 凹透镜焦距的测定

凹透镜是发散透镜，不能直接成像，所以要测量凹透镜的焦距，必须借助于一凸透镜。具体的方法有虚物成实像法，如图 4 所示，先使物 AB 发出的光线经凸透镜 L_1 后形成一缩小倒立的实像 $A'B'$，然后在 L_1 和 $A'B'$ 之间放入待测凹透镜 L_2，如果 $s_2<f_2$，就能使虚物 $A'B'$ 产生一实像 $A''B''$。分别测出 L_2 到 $A'B'$ 和 $A''B''$ 之间距离 s_2、s'_2，根据(1)式即可求出 L_2 的像方焦距 f'_2。

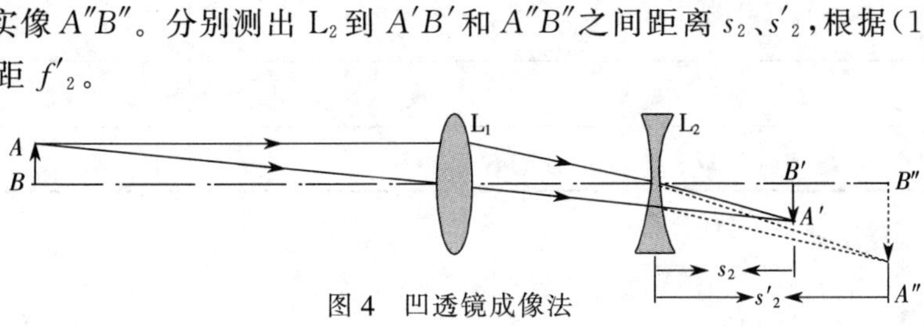

图 4　凹透镜成像法

四、实验内容和步骤

1. 调节系统共轴

先将透镜等元器件向光源靠拢，调节高低、左右位置，凭目视使光源、物屏上的透光孔中心、透镜光心、像屏的中央大致在一条与光具座导轨平行的直线上，并使物屏、透镜、像屏的平面与导轨垂直。

2. 实物成实像法测凸透镜焦距

如图 1 所示，移动待测透镜，找到清晰的像，记录物屏、像屏及透镜的位置。依公式(1)算出 f'。

3. 用自准直法测定凸透镜焦距

在透镜后面放上平面反射镜，移动透镜，使得在物平面上看到清晰、等大的反射像，量出物屏与透镜的距离。

4. 用两次成像法测凸透镜焦距

将物屏、像屏的位置固定在相距大于 $4f'$ 的位置，移动透镜，找到两次成像(放大像和缩小像)的位置，量出物屏与像屏的距离 l 和两次成像透镜移动的距离 d，依公式(2)算出 f'。

5. 虚物成实像法测定凹透镜焦距

按图 4 所示，使物经凸透镜成缩小的像于屏上 $A'B'$；在凸透镜与屏之间放入凹透镜，移动屏直至成一清晰的实像 $A''B''$，用公式(1)算出凹透镜焦距。

五、数据记录及处理

1. 实物成实像法测凸透镜焦距

表 1　实物成实像法测凸透镜焦距实验数据

次数	物屏位置/cm	凸透镜位置/cm	像屏位置/cm	焦距/cm
1				
2				
3				

2. 用自准直法测定凸透镜焦距

表 2　用自准直法测定凸透镜焦距实验数据

次数	物屏位置/cm	凸透镜位置/cm	焦距/cm
1			
2			
3			

3. 用两次成像法测凸透镜焦距

表 3 用两次成像法测凸透镜焦距实验数据

次数	物体位置/cm	像屏位置/cm	l/cm	大像透镜位置 O_1	小像透镜位置 O_2	d/cm	焦距/cm
1							
2							
3							

4. 虚物成实像法测定凹透镜焦距

表 4 虚物成实像法测定凹透镜焦距实验数据

次数	$A'B'$位置/cm	$A''B''$位置/cm	L_2 位置/cm	s/cm	s'/cm	焦距/cm
1						
2						
3						

六、注意事项

(1) 必须注意共轴调节。

(2) 成像必须尽可能清晰。

(3) 注意读数方法。

(4) 进行有效数字的计算。

实验 9 望远镜放大率的测定

一、实验目的

(1) 了解望远镜的基本原理和基本结构。

(2) 掌握测量望远镜放大率的方法。

二、实验仪器

本实验使用的实验仪器有带有毛玻璃的白炽灯光源 S、毫米尺 F、SZ-07 型二维调整架 2 个、SZ-02 二维底座 1 个、SZ-03 型一维底座 2 个、SZ-04 通用底座 1 个、物镜 L_o、测微目镜 L_e(无物镜头)、SZ-38 型读数显微镜架、白屏 H 等。

三、实验原理

最简单的望远镜是由一片长焦距的凸透镜作为物镜,用一短焦距的凸透镜作为目镜组合而成。远处的物体经过物镜在其后焦面附近成一个缩小的倒立实像,物镜的像方焦平面与目镜的物方焦平面重合。而目镜起放大镜的作用,把这个倒立的实像再放大成一个正立的像,如图 1 所示。

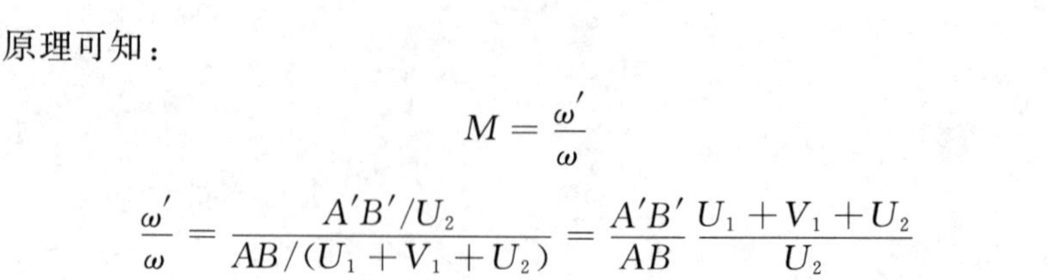

图 1 望远镜光路图

由光学原理可知:

$$M = \frac{\omega'}{\omega}$$

$$\frac{\omega'}{\omega} = \frac{A'B'/U_2}{AB/(U_1 + V_1 + U_2)} = \frac{A'B'}{AB}\frac{U_1 + V_1 + U_2}{U_2}$$

因为
$$\frac{A'B'}{AB} = \frac{V_1}{U_1}$$

所以
$$M = V_1(U_1 + V_1 + U_2)/(U_1 \times U_2)$$

其中:$U_1 = b - a, V_1 = c - b, U_2 = d - c$,$AB$、$A'B'$ 如图 1 所示。

四、实验内容和步骤

图 2 为望远镜组装结构图。

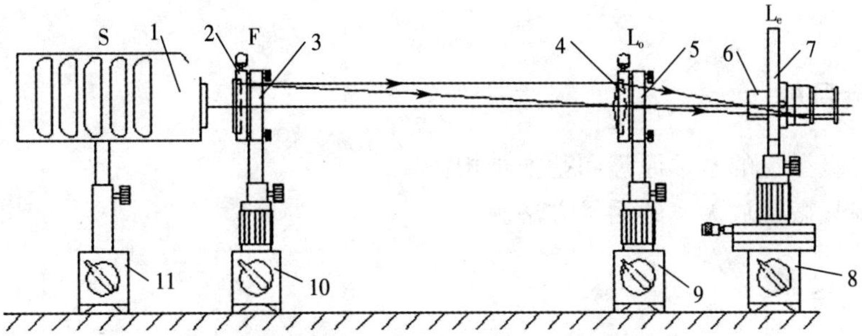

1.光源；2.毫米尺；3.二维调整架；4.物镜；5.二维调整架；6.测微目镜；7.读数显微镜架；8.二维底座；9.一维底座；10.一维底座；11.通用底座

图 2　望远镜组装实物图

(1) 把全部器件按图 2 的顺序摆放在平台上，摆放好后目测调至共轴。

(2) 把毫米尺 F 和目镜 L_e 的间距调至最大，沿导轨前后移动物镜 L_o，使一只眼睛通过目镜 L_e 看到清晰的分划板毫米尺 F 上的刻线。

(3) 再用另一只眼睛直接看毫米尺 F 上的刻线，读出直接看到的毫米尺 F 上的满量程 28 条线对应于通过望远镜所看到毫米尺 F 上的刻线格数 e。

(4) 分别读出毫米尺 F、目镜 L_o、物镜 L_e 的位置 a、b、d。

(5) 拿掉目镜 L_e，用白屏 H 找到毫米尺 F 通过物镜 L_o 所成的像，读出白屏 H 的位置 c。

五、数据记录及处理

将实验过程中的测量数据和处理结果记入表 1 中，求出望远镜的放大率。

表 1　望远镜放大率的测量数据

	a 位置/mm	b 位置/mm	c 位置/mm	d 位置/mm
1				
2				
3				

实验 10　显微镜放大率的测定

一、实验目的

（1）了解显微镜的基本原理和基本结构。

（2）掌握显微镜放大率的测量方法。

二、实验仪器

本实验使用的实验仪器有带有毛玻璃的白炽灯光源 S、1/10 mm 分划板 F1、SZ-07 型二维调整架 2 个、SZ-01 型三维底座、SZ-03 型一维底座 2 个、SZ-04 型通用底座、SZ-38 型读数显微镜架、物镜 L_o（$f_o=15$ mm）、测微目镜 L_e 等。

三、实验原理

显微镜物镜 L_o 的焦距 f_o 很短，将分划板 F_1 放在它前面距离略大于 f_o 的位置，分划板 F_1 经 L_o 后成一放大实像 F'_1，然后再用目镜 L_e 作为放大镜观察这个中间像 F'_1，F'_1 应成像在 L_e 的第一焦点 f_e 之内，经过目镜后在明视距离处成一放大的虚像 F''，光路图如图 1 所示。

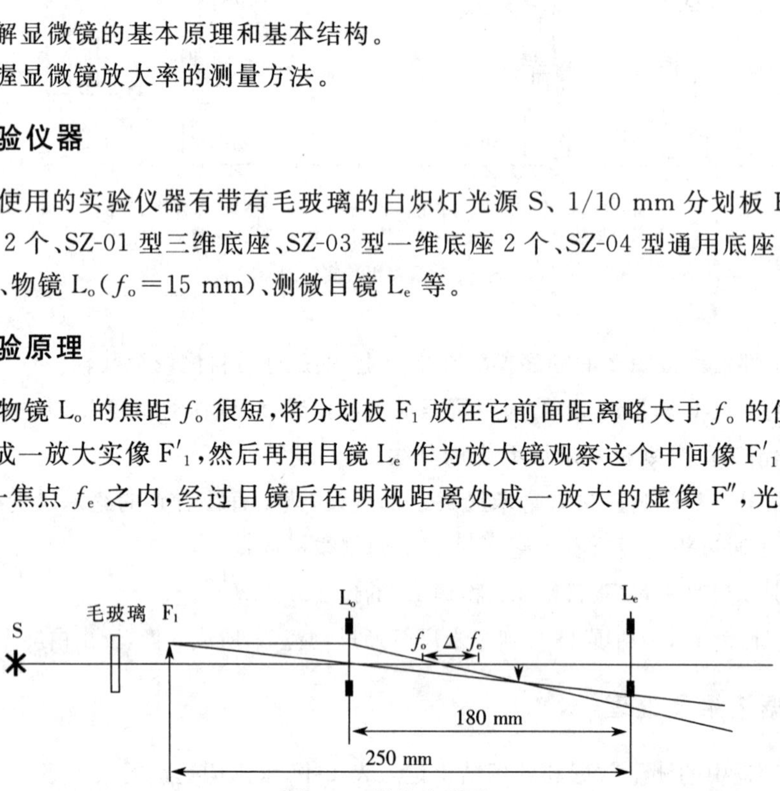

图 1　显微镜光路图

显微镜的放大率：

$$M=\frac{|(250\times\Delta)|}{f_o\times f_e}$$

其中：$\Delta=f_o-f_e$，如图 1 所示。

本实验中的 $f_e=\dfrac{250}{20}$ mm（计算方法可参考光学书籍）。

四、实验内容和步骤

（1）将全部器件按图 2 的顺序摆放在平台上，靠拢后目测调至共轴。

（2）将物镜 L_o 和目镜 L_e 的间距固定为 180 mm。

（3）沿标尺导轨前后移动分划板 F_1（F_1 紧挨毛玻璃装置，使 F_1 置于略大于 f_o 的位置），直至在显微镜系统中看清分划板 F_1 的刻线。

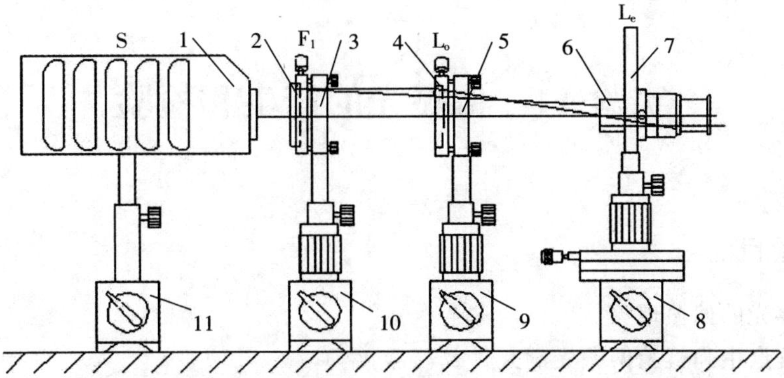

1.光源；2.分划板；3.二维调整架；4.物镜；5.二维调整架；6.测微目镜；7.读数显微镜架；8.三维底座；9.一维底座；10.一维底座；11.通用底座

图 2　显微镜组装实物图

五、数据记录及处理

将实验过程中的测量数据和处理结果记入表 1 中，计算出显微镜的放大率。

表 1　显微镜计算放大率的测量数据

	光学间距 Δ/mm	f_o/mm	f_e/mm	放大率 M
1				
2				
3				

实验11 偏振光的产生和检验

一、实验目的

(1) 观察光的偏振现象。

(2) 了解产生和检验偏振光的元件及仪器。

(3) 掌握产生和检验偏振光的方法。

二、实验仪器

本实验使用的实验仪器主要有He-Ne激光器(632.8 nm)、偏振片(起偏器)、可变口径维架、偏振片(检偏器)、*X*轴旋转二维架(2个,波片也需要1个)、白屏H、通用底座、一维底座、1/4波片、1/2波片、公用底座(波片使用)等。

三、实验原理

1.偏振光的基本概念

光是电磁波,它的电矢量和磁矢量相互垂直,且均垂直于光的传播方向,通常用电矢量代表光的振动方向,并将电矢量和光的传播方向所构成的平面称为光振动面。在传播过程中,电矢量的振动方向始终在某一确定方向的光称为平面偏振光或线偏振光,如图1(a)所示。光源发射的光是由大量原子或分子辐射构成的。由于大量原子或分子的热运动和辐射的随机性,它们所发射的光的振动面,出现在各个方向的概率是相同的。故这种光源发射的光对外不显现偏振的性质,称为自然光,如图1(b)所示。在发光过程中,有些光的振动面在某个特定方向上出现的概率大于其他方向,即在较长时间内电矢量在某一方向上较强,这种光称为部分偏振光,如图1(c)所示。

还有一些光,其振动面的取向和电矢量的大小随时间做有规律的运动变化,而电矢量末端在垂直于传播方向的平面上的轨迹呈椭圆或圆,这种光称为椭圆偏振光或圆偏振光。

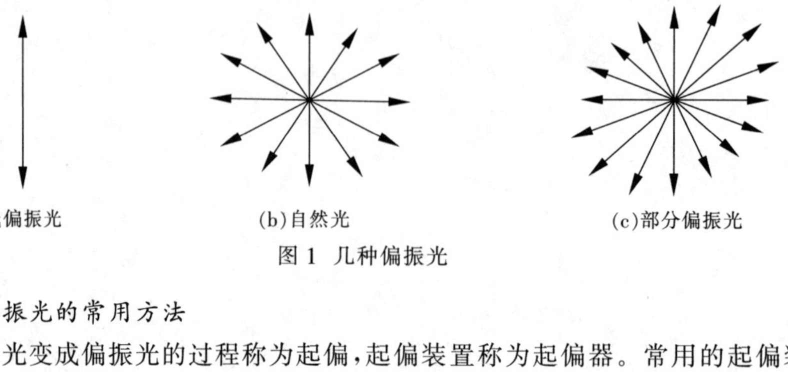

(a)线偏振光　(b)自然光　(c)部分偏振光

图1 几种偏振光

2.获得偏振光的常用方法

将非偏振光变成偏振光的过程称为起偏,起偏装置称为起偏器。常用的起偏装置主要有反射起偏器、晶体起偏器和偏振片。

(1) 反射起偏器(或透射起偏器)

当自然光在两种媒质的界面上反射和折射时,反射光和折射光都将成为部分偏振光。当入射角达到某一特定值 φ_b 时,反射光成为完全偏振光,其振动面垂直于入射面,如图 2 所示,而角 φ_b 就是布儒斯特角,也称为起偏振角,由布儒斯特定律,得

$$\tan\varphi_b = \frac{n_2}{n_1} \tag{1}$$

若入射光以起偏振角 φ_b 射到多层平行玻璃片上,经过多次反射最后透射出来的光也就接近于线偏振光,其振动面平行于入射面。由多层玻璃片组成的这种透射起偏振器又称为玻璃片堆,如图 3 所示。

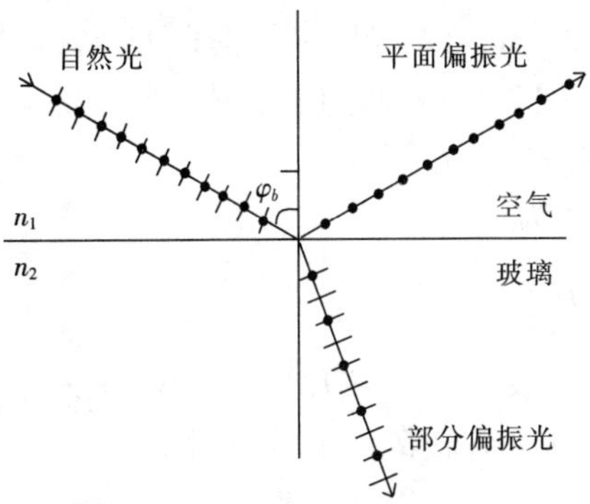

图 2　布儒斯特角示意图

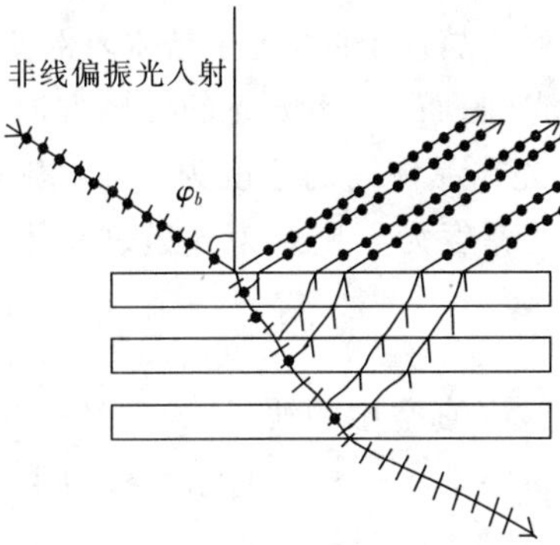

图 3　玻璃片堆起偏示意图

(2) 晶体起偏器

利用某些晶体的双折射现象可以获得线偏振光,如尼科尔棱镜等。

(3) 偏振片(分子型薄膜偏振片)

偏振片是一种聚乙烯醇胶膜,内部含有刷状结构的链状分子。在胶膜被拉伸时,这些链状分子将被拉直并平行排列在拉伸方向上,拉伸过的胶膜只允许振动取向平行于分子排列方向(此方向称为偏振片的偏振轴)的光通过,利用它可获得线偏振光,如图 4 所示。偏振片是一种常用的起偏元件,用它可获得截面积较大的偏振光束。

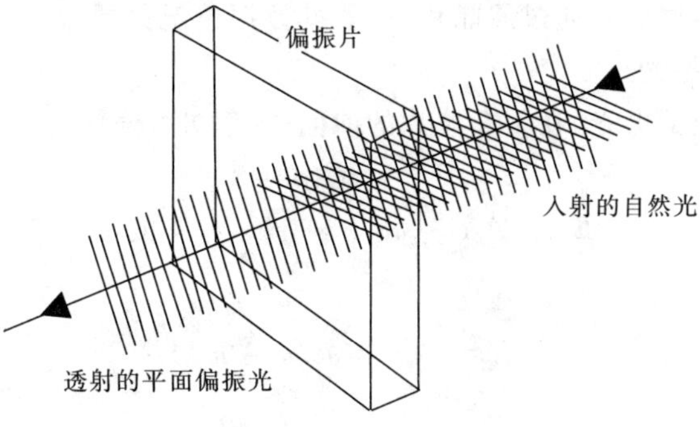

图 4　偏振片起偏示意图

3. 偏振光的检测

鉴别光的偏振状态的过程称为检偏,它所用的装置称为检偏器。实际上,起偏器和检偏器是通用的。用于起偏的偏振片称为起偏器,而将它用于检偏就成了检偏器。

按照马吕斯定律，强度为 I_0 的线偏振光通过检偏器后，透射光的强度为

$$I = I_0 \cos^2\theta \tag{2}$$

式中，θ 为入射光偏振方向与检偏器偏振轴之间的夹角。显然，当以光线传播方向为轴转动检偏器时，透射光强度 I 将发生周期性变化。当 $\theta = 0°$ 时，透射光强度最大；当 $\theta = 90°$ 时，透射光强度最小(呈消失状态)；当 $0 < \theta < 90°$ 时，透射光强度介于最大值和最小之间。因此，根据透射光强度变化的情况，可以区别光的不同偏振状态。

4. 偏振光通过波晶片时的情形

(1) 波晶片

波晶片是从单轴晶体中切割下来的平行平面板，其表面平行于光轴。当一束单色平行自然光正入射到波晶片上时，光在晶体内部便分解为 o 光与 e 光。o 光电矢量垂直于光轴，e 光电矢量平行于光轴。而 o 光和 e 光的传播方向不变，仍与波晶片表面垂直。但是 o 光在晶体内的速度为 v_o，e 光在晶体内的速度为 v_e，即相应的折射率 n_o 和 n_e 不同。

设晶片的厚度为 l，则两束光通过晶体后的相位差为

$$\sigma = \frac{\pi}{\lambda}(n_o - n_e)l \tag{3}$$

式中，λ 为光波在真空中的波长。$\sigma = 2k\pi$ 的晶片称为半波片(1/2 波片)，$\sigma = 2k\pi + \pi$ 的晶片称为全波片，$\sigma = 2k\pi \pm \pi/2$ 的晶片称为 1/4 波片，k 为任意整数。不论全波片、半波片或 1/4 波片都是对一定波长而言。

(2) 光束通过波片后偏振态的改变

平行光垂直入射到波晶片后，分解为 e 光分量和 o 光分量，透过波晶片，二者间产生一附加相位差 σ。离开波晶片时合成光波的偏振性质，决定于 σ 及入射光的性质。

① 偏振态不变的情形

(i) 自然光通过波晶片，仍为自然光。因为自然光的两个正交分量之间的相位差是无规则的，通过波晶片后，引入一恒定的相位差 σ，其结果还是无规则的。

(ii) 若入射光为线偏振光，其电矢量平行 e 轴(或 o 轴)，则任何波片对它都不起作用，出射光仍为原来的线偏振光。因为这时只有一个分量，谈不上振动的合成与偏振态的改变。

除上述两情形外，偏振光通过波晶片，一般其偏振情况是要改变的。

② 1/2 波片与偏振光

(i) 若入射光为线偏振光，在 1/2 波片的前面(入射处)分解为

$$E_e = A_e \cos\omega t \tag{4}$$

$$E_o = A_o \cos(\omega t + \varepsilon), \quad \varepsilon = 0 \text{ 或 } \pi \tag{5}$$

出射光表示为

$$E_e = A_e \cos\left(\omega t - \frac{2\pi}{\lambda} n_e l\right) \tag{6}$$

$$E_o = A_o \cos\left(\omega t + \varepsilon - \frac{2\pi}{\lambda} n_o l\right) \tag{7}$$

讨论两波的相对相位差，上式可写为

$$E_e = A_e \cos\omega t \tag{8}$$

$$E_o = A_o \cos\left(\omega t + \varepsilon - \frac{2\pi}{\lambda} n_o l + \frac{2\pi}{\lambda} n_e l\right) = A_o \cos(\omega t + \varepsilon - \sigma), \quad \sigma = \pi \tag{9}$$

出射光两正交分量的相对相位差由 $\varepsilon-\sigma$ 决定。现在有

$$\varepsilon-\sigma=0-\pi=-\pi \quad 和 \quad \varepsilon-\sigma=\pi-\pi=0$$

这说明出射光也是线偏振光，但振动方向与入射光的不同。如入射光与波晶片光轴成 θ 角，则出射光与光轴成 $-\theta$ 角，即线偏振光经 1/2 波片电矢量振动方向转过了 2θ 角。

(ii) 若入射光为椭圆偏振光，做类似的分析可知，半波片既改变椭圆偏振光长(短)轴的取向，也改变椭圆偏振光(圆偏振光)的旋转方向。

③ 1/4 波片与偏振光

(i) 若入射光为线偏振光，在 1/4 波片的前面(即入射处)分解为

$$E_e=A_e\cos\omega t \tag{10}$$

$$E_o=A_o\cos(\omega t+\varepsilon),\quad \varepsilon=0\ 或\ \pi \tag{11}$$

则出射光可表示为

$$E_e=A\cos\omega t \tag{12}$$

$$E_o=A\cos(\omega t+\varepsilon-\sigma),\quad \sigma=\pm\frac{\pi}{2} \tag{13}$$

此式代表一正椭圆偏振光。$\varepsilon-\sigma=+\frac{\pi}{2}$ 对应于右旋，$\varepsilon-\sigma=-\frac{\pi}{2}$ 对应于左旋。当 $A_e=A_o$ 时，出射光为圆偏振光。

(ii) 若入射光为圆偏振光，则出射光可以表示为

$$E_e=A\cos\omega t \tag{14}$$

$$E_o=A\cos(\omega t+\varepsilon),\quad \varepsilon=\pm\frac{\pi}{2} \tag{15}$$

此式代表线偏振光，$\varepsilon-\sigma=0$ 时，出射光电矢量沿一、三象限；$\varepsilon-\sigma=\pi$ 时，出射光电矢量沿二、四象限。

(iii) 若入射光为椭圆偏振光，在 1/4 波片的前面(即入射处)分解为

$$E_e=A_e\cos\omega t \tag{16}$$

$$E_o=A\cos(\omega t+\varepsilon),\quad -\pi\leqslant\varepsilon\leqslant\pi \tag{17}$$

则出射光可表示为

$$E_e=A_e\cos\omega t \tag{18}$$

$$E_o=A_o\cos(\omega t+\varepsilon-\sigma),\quad \sigma=\pm\frac{\pi}{2} \tag{19}$$

由式(19)可知，出射光一般为椭圆偏振光。

四、实验内容和步骤

(1) 将所有器件按照图 5 的顺序摆放在实验平台上，调至共轴。旋转第二个偏振片，使起偏器的偏振轴与检偏器的偏振轴相互垂直，这时可以看到消光现象。

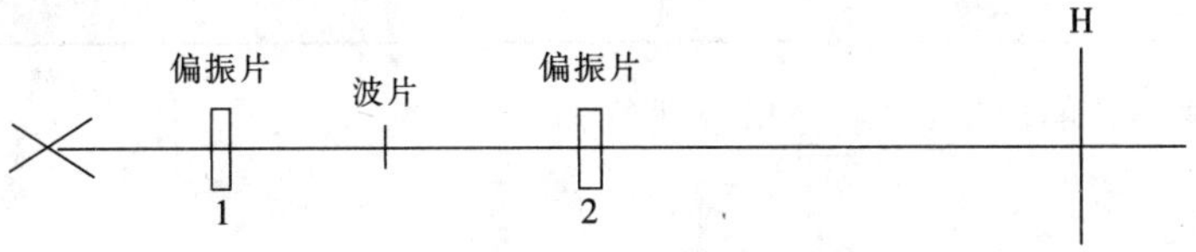

图 5　实验仪器摆放顺序示意图

(2) 观察平面偏振光通过1/2波片时的现象

① 在两块偏振片之间插入1/2波片，把 X 轴旋转二维架转动360°，在此过程中能看到几次消光？解释产生这种现象的原因。

② 将1/2波片转动任意角度，这时消光现象被破坏。将检偏器转动360°，在此过程中将观察到什么现象？由此说明通过1/2波片后，光变为怎样的偏振状态？

③ 仍使起偏器和检偏器处于正交(即处于消光现象时)，插入1/2波片，使消光，将1/2波片转15°，破坏其消光。再转动检偏器至消光位置，并记录检偏器所转动的角度。

④ 继续将1/2波片转15°(即总转动角为30°)，记录检偏器达到消光所转过总角度。依次使1/2波片总转角为45°、60°、75°、90°，记录检偏器消光时所转总角度。

(3) 用波晶片产生圆偏振光和椭圆偏振光

① 使起偏器与检偏器正交，用1/4波片代替1/2波片，转动1/4波片使消光。

② 将1/4波片转动15°，然后将检偏器转动360°，观察到什么现象？你认为这时从1/4波片出来的光的偏振状态是什么样？

③ 依次将1/4波片转动总角度为30°、45°、60°、75°、90°，记录每次将检偏器转动时所观察到的现象。

五、数据记录及处理

(1) 把实验测量的数据记录在表1和表2中。

表1 1/2波片转动角度与检偏器转动角度关系数据

1/2波片转动角度	检偏器转动角度
15°	
30°	
45°	
60°	
75°	
90°	

表2 1/4波片转动时所观测到的现象

1/4波片转动角度	检偏器转动360°观察到的现象	光的偏振性质
15°		
30°		
45°		
60°		
75°		
90°		

(2) 记录观察到的现象，并解释相应现象。

六、思考题

从以上观测结果中可以得出哪些规律？

实验 12　全息照相

一、实验目的

(1) 了解全息照相的基本原理。

(2) 学习拍摄全息图与再现立体图像的方法。

二、实验仪器

本实验使用的实验仪器主要有 He-Ne 激光器 L(632.8 nm)、分光镜 S(半透射半反射镜)、三维调整架、平面反射镜 M_1、二维调整架、扩束镜 L_1(f=15 mm)、二维调整架、平面反射镜 M_2、扩束镜 L_2(f=4.5 mm)、小物体、载物台、全息干版 P、二维干版架、二维底座、三维底座、一维调座、通用底座、毛玻璃屏等。

三、实验原理

全息照相是一种新型的照相技术。早在 1948 年伽柏(D. Gabor)就提出了全息原理。20 世纪 60 年代初,激光的发明使全息技术得到迅速的发展,并在许多领域得到了广泛的应用。

无论从基本原理上,还是从拍摄和观察方法上,全息照相与普通照相都有本质的区别。普通照相是基于几何光学的透镜成像原理,它所记录的是物通过透镜成像后,像平面上的光强分布,而失掉了光波的另一个信息——相位,因而只能呈现一个平面图像,而失去了立体感。全息照相是基于干涉、衍射的原理。它的关键是引入一束相干的参考光波,使其和来自物体的物光波在全息干版处相干涉,底片上以干涉条纹的形式记录下物光波的全部信息——强度和相位,这就是全息照相名称的由来。经过显影、定影等暗室处理后,底片上形成明暗相间的复杂的干涉条纹,这就是全息图。若用与参考光波相同的光束以同样的角度照射全息图,全息图上密密的干涉条纹相当于一块复杂的光栅,在光栅的衍射光中,会出现原来的物光波,能形成原物体的立体像。因此,全息照相可分为全息记录和波前重现两个基本过程,它们的本质就是干涉和衍射。

1. 透射式全息照相

透射式全息照相是指重现时所观察到的是全息图透射光的成像。下面,先对平面全息图的情况做具体的数学描述。

(1) 全息记录

如图 1 所示,设来自物体的单色光波在全息干版平面上的复振幅分布为

$$O(x,y)=A_O(x,y)\exp[\mathrm{i}\psi_O(x,y)] \tag{1}$$

它称为物光波。同一波长的参考光波在全息干版平面上的复振幅分布为

$$R(x,y)=A_R(x,y)\exp[\mathrm{i}\psi_R(x,y)] \tag{2}$$

它称为参考光波。全息干版平面上总的复振幅分布为

$$U(x,y)=O(x,y)+R(x,y) \tag{3}$$

全息干版上的光强分布为

$$I(x,y)=U(x,y)U^*(x,y) \tag{4}$$

将式(1)、式(2)、式(3)代入式(4)中,可得到

$$I(x,y)=A_O{}^2+A_R{}^2+A_OA_R\exp[\mathrm{i}(\psi_O-\psi_R)]+A_RA_O\exp[\mathrm{i}(\psi_R-\psi_O)] \tag{5}$$

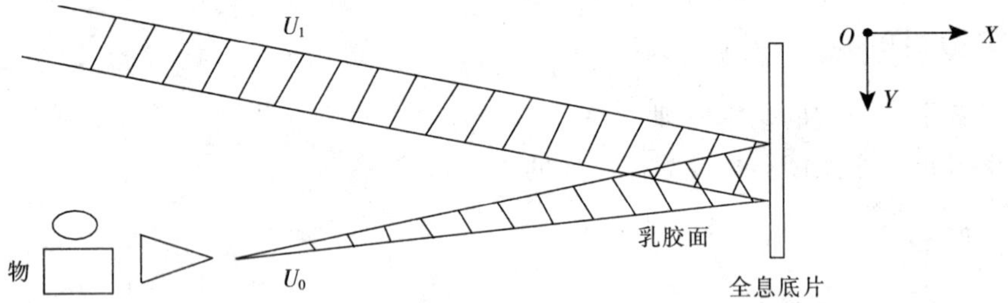

图 1 全息记录

适当控制曝光量和冲洗条件,可以使全息图的振幅透过率 $t(x,y)$ 与曝光量 E(与光强 I 成正比)呈线性关系,即 $t(x,y)\propto I(x,y)$。设该线性关系表达式为

$$t(x,y)=\alpha+\beta I(x,y) \tag{6}$$

其中,α 和 β 为常数。这就是全息图的记录过程。由上面的描述可知,底片上干涉条纹的反衬度为

$$\beta=\frac{I_{\max}-I_{\min}}{I_{\max}+I_{\min}} \tag{7}$$

其中:$I_{\max}=|A_O+A_R|^2$,$I_{\min}=|A_O-A_R|^2$。

干涉条纹的间距则决定于$(\psi_R-\psi_O)$随位置变化的快慢。对于一定的 ψ_R、A_R 来说,干涉条纹的明暗对比程度反映了物光波的振幅大小,即强度因子;干涉条纹的形状间隔反映了物光波的位相分布。因此,底片记录了干涉条纹,也就记录了物光波前的全部信息——振幅和相位等。

(2) 波前重现

如图 2 所示,用与参考光完全相同的光束照射全息图,透射光的复振幅分布为

$$U_t(x,y)=R(x,y)t(x,y) \tag{8}$$

将式(2)、式(6)代入式(8),整理可得

$$U_t(x,y)=A_O[\alpha+\beta(A_O{}^2+A_R^2)]\exp(\mathrm{i}\psi_R)+A_R{}^2A_O\exp(\mathrm{i}\psi_O)+A_OA_R{}^2\exp[\mathrm{i}(2\psi_R-\psi_O)] \tag{9}$$

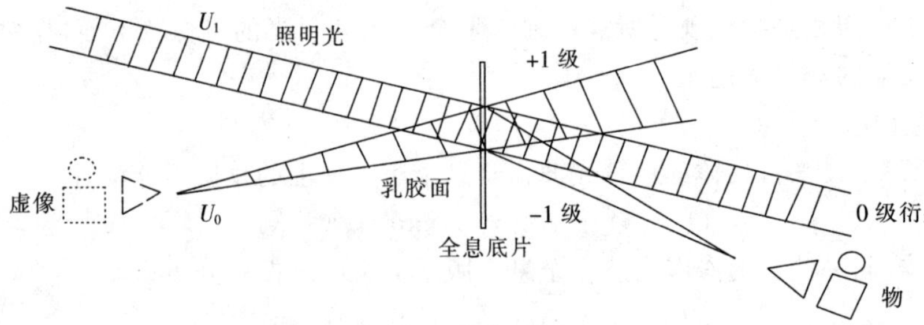

图 2 波前重现

式(9)中的第一项具有再现光的特性，是衰减了的再现光，这是 0 级衍射；第二项是原来的物光波乘一系数，它具有原来物光波的特性，如果用眼睛接收到这个光波，就会看到原来的“物”，这个再现像是虚像，称为原始像；第三项具有与原物光波共轭的位相 $\exp(-i\varphi_O)$，说明它代表一束汇聚光，应形成一个实像，因为有一相位因子 $\exp(2i\varphi_R)$ 存在，这个实像不在原来的方向上，这个像叫作共轭像。通常把形成原始像的衍射称为 +1 级衍射，把形成共轭像的衍射称为 −1 级衍射。

在参考光为球面波的情况下，重现光的点光源和原记录时参考光的点光源必须在相同位置(相对于底片)，才能得到无畸变虚像。否则，重现像的位置不同于原来“物”的位置，重现像的放大倍数也不等于 1。照明点光源愈远，像愈大，反之像缩小。要得到无畸变实像，应以参考光的共轭光——一束汇聚在原参考光点光源的汇聚光——照明底片。

(3) 体积全息图

以上分析中假设乳胶层无限薄，全息图具有平面结构，但这仅在参考光与物光夹角很小(10°左右)时是成立的。当物光和参考光夹角较大时，相近条纹的间距 $d \ll l'$(l' 为乳胶层厚度)，这样的全息图具有立体结构，就是所谓的体积全息图，其重现是三维衍射过程，衍射极大值应满足布喇格条件。重现时照明光必须以特定的角度入射，才能看到较亮的重现像。同时，±1 级衍射不会同时出现，因而不能同时看到虚像和实像。

2. 全息照相的特点

由前面的讨论可知，与普通照相相比，全息照相主要有以下特点：

(1) 普通照相只记录物光波的强度，全息照相则记录物光波的全部信息。因而普通照相得到的是二维平面图像，全息照相得到的是三维的立体图像。

(2) 普通成像中，物通过透镜成像在底片上，物像之间有点点对应关系。全息照相中不用成像透镜，物像之间不存在点点对应关系。物上每一点发出的球面波照射在整个底片上，反之，底片上每一点又记录了所有物点发出的光波。因而，如果全息图被打碎，其中任一碎片均能再现像的全貌，只是分辨率有所降低。

3. 全息照相的工作条件

要记录一张较为满意的全息图，必须具备以下基本条件：

(1) 一个很好的相干光源。全息原理在 1948 年就已提出，但由于没有适合的光源而难以实现。激光的出现为全息照相提供了一个理想的光源，实验所用多为纵模 He-Ne 激光器，其光波相干长度约为 20 cm。为了保证物光和参考光之间良好的相干性，应尽量使两束光的光程相等。

(2) 一个稳定的工作系统。由于全息照相记录的是非常细密的干涉条纹，拍摄过程中极小的干扰都会引起条纹模糊，甚至无法记录。因此，拍摄过程中要求各光学元件与干版必须保持高度的稳定性。全息记录是在全息台上进行，全息台具有防震的功能。各元件都用磁性材料固定在全息台上。此外，气流通过光路、声波干扰及温度变化等都会引起空气密度的变化，导致光程的不稳定，所以曝光时应避免大声喧哗、敲门、吹风等。

(3) 高分辨率的感光底片。普通照相用的感光底片由于银化合物的颗粒较粗，每毫米只能记录 50～100 个条纹，不能记录全息照相中的细密条纹。全息照相须用特制的高分辨率感光底片。

四、实验内容和步骤

1.投射式全息图的记录

(1) 将所有器件按照图 3 的相对位置摆放在平台上(图中数据均为参考数据),调至等高,暂时去掉扩束镜 L_1、L_2,打开激光器调好光路,先用毛玻璃屏代替全息干版。

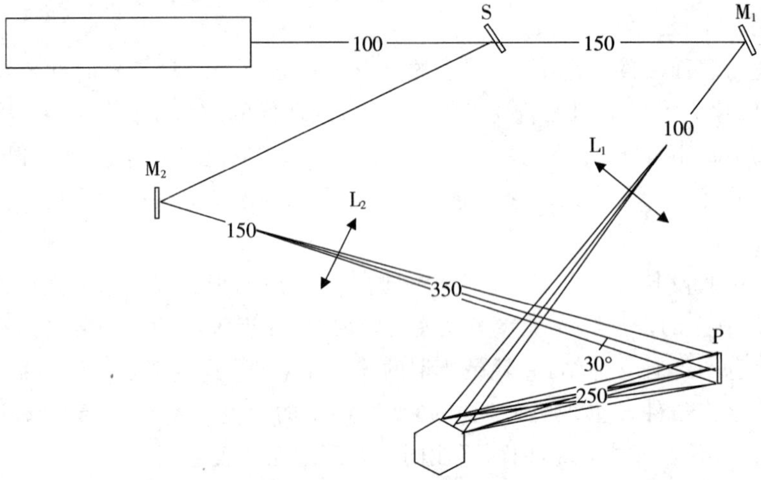

图 3 全息照相仪器摆放示意图

(2) 将物光光束与参考光光束的光程调至基本相等,光程差接近于 0,并使两者的夹角为 30°～40°。

(3) 调节平面反射镜 M_1 的倾角,使物光光束照射在物的中间位置,调节平面反射镜 M_2 的倾角,使参考光光束照射在白纸中间位置。

(4) 加入扩束镜 L_1,调节其上下、左右、前后的位置,使光团刚好照射全物体,然后加入扩束镜 L_2,调节其上下、左右、前后的位置,使光团照射在毛玻璃屏上,并使其与物光的光强比在 2∶1～5∶1 范围内。

(5) 关上照明灯,用黑纸挡住激光器的出光口。把干版底片夹到干版架上,应使乳胶面对着光入射的方向。静置激光器 2～3 min 后移开黑纸,对干版进行曝光,曝光时间为 3～10 s,然后,在弱绿光下进行显影和定影,显影时间为 2～3 min,定影时间为 3～5 min,晾干。显影时间和定影时间应依照显影液和定影液的浓度和温度而定,此时的干版就是全息图。

2.投射式全息图的重现

(1) 用扩束镜透镜将激光扩束后照明全息图,使光照方向沿原参考光的方向,仔细观察虚像的变化情况。

(2) 平移全息底片,使其向光源靠近或远离,仔细观察像的变化情况。

(3) 用一张带有直径为 5 mm 小孔的黑纸贴近全息底片,人眼通过小孔观察全息虚像,看到的是再现像的全部还是局部?

五、数据记录及处理

请自拟表格记录相关测量数据并进行处理,简要分析实验结果。

二、综合性实验部分

实验 13　固体和液体折射率的测定

一、实验目的

(1) 掌握读数显微镜的使用方法。

(2) 学会用读数显微镜测量固体和液体的折射率。

二、实验仪器

本实验使用的实验仪器主要有玻璃砖、读数显微镜、白纸、烧杯、清水、滴管、游标尺等。

三、实验原理

当光线从绝对折射率为 n_1 的媒质 1 射向绝对折射率为 n_2 的媒质 2 时，在分界面上要发生折射，且入射角 i_1、折射角 i_2 和绝对折射率 n_1、n_2 的关系为

$$n_1 \sin i_1 = n_2 \sin i_2 \tag{1}$$

若光线从空气($n_2 = 1$)进入媒质(如玻璃 $n_1 = n_G$)，则

$$n_G = \frac{\sin i_2}{\sin i_1} \tag{2}$$

如图 1 所示，在分界面的下方是折射率为 $n_1 = n$ 的媒质(如玻璃、水)，上方是折射率为 $n_2 = 1$ 的空气。在分界面下实际“深度”为 t_1 处有一物点 P_1，通过显微镜从上向下看 P_1 的像 P_2 的“视深” t_2 比物 P_1 的实际深度 t_1 小。根据折射原理可以证明，当接近垂直方向观察时，折射率 n 和物的实际深度 t_1、视深 t_2 之间的关系为

$$n = \frac{t_1}{t_2} \tag{3}$$

只要测出物的实际深度 t_1 和视深 t_2，即可求得此媒质的折射率 n。

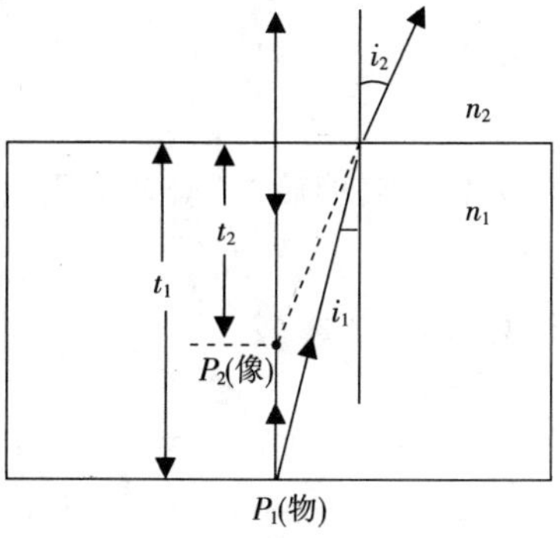

图 1　显微镜法测折射率 n 的示意图

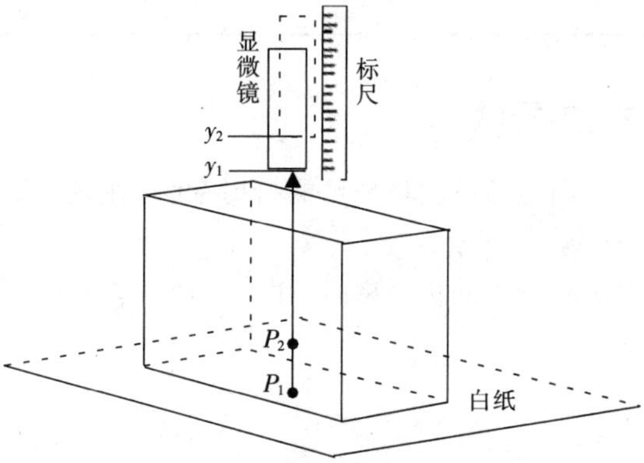

图 2　用读数显微镜测量媒质的折射率的示意图

四、实验内容和步骤

(1) 如图 2 所示，将标有黑色记号的白纸平整地放在显微镜的平板玻璃上。此黑色记号就代表物点 P_1。

(2) 调节显微镜的目镜，使从目镜中能清楚地看到物点 P_1。测出参考点到显微镜目镜上沿的距离 y_1。如果测量的是水的折射率，则应在这一步放上空杯。

(3) 在显微镜正下方放上玻璃砖或装满水的小烧杯，调节显微镜镜筒的高低，再次看到黑色记号的像 P_1，测出参考点到显微镜目镜上沿的距离 y_2。

(4) 根据上述测量可知，$|y_1-y_2|$ = 实际深度 − 视深 $=t_1-t_2$，测量出玻璃砖或水的高度即 t_1，算出 t_2。

注意：在测量水的折射率时，为了消除玻璃杯底部产生的误差，测量 y_1 时应放上空杯才可进行，两次都有玻璃杯底部产生的折射，因此，两次相减后就可以消除玻璃杯底部产生的误差。

五、数据记录及处理

(1) 测量玻璃的折射率，将测量的数据及数据处理后的结果填入表 1 中。

表 1 测量玻璃折射率的实验数据

次数	y_1/mm	y_2/mm	t_1/mm	$n_G=\frac{t_1}{t_2}$
1				
2				
3				

(2) 测量水的折射率，将测量的数据及数据处理后的结果填入表 2 中。

表 2 测量水的折射率的实验数据

次数	y_1/mm	y_2/mm	t_1/mm	$n_G=\frac{t_1}{t_2}$
1				
2				
3				

六、思考题

(1) 用显微镜测量玻璃的折射率时，观察一下玻璃砖，为什么玻璃砖要“竖放着”测量而不能“平躺着”测量？

(2) 测量水的折射率时，往小烧杯中装多少水比较合适？为什么？

实验 14　用迈克尔逊干涉仪测量空气折射率

一、实验目的

(1) 学习在光学平台上组装迈克尔逊干涉仪。

(2) 掌握用迈克尔逊干涉仪测量气体折射率的原理及其方法。

二、实验仪器

He-Ne 激光器 L(632.8 nm)、扩束镜 L_1($f=6.2$ mm)、二维调整架、分束镜 G(半透射半反镜)、平面反射镜 M_1、玻璃气室 R、气压表、吹气球、可变口径二维架、平面反射镜 M_2、白屏 H、通用底座、一维底座、三维底座等。

三、实验原理

迈克尔逊干涉仪的典型光路如图 1 所示，光源 S 射出的光经过分光板 G_1 后被分成强度大致相等、沿不同方向传播的两束相干光束(1)和(2)，它们分别经固定反射镜 M_2 和移动反射镜 M_1 反射后，返回分光板，射向观察系统，在一定的条件下，观察系统(屏，望远镜，或人眼)中将呈现出特定的干涉图样。由于分光板的玻璃基板有一定的厚度，其折射率随波长而异，因此，需要在光路(2)中放入一块与分光板材料和厚度完全相同的平行玻璃补偿 G_2，这样就可以使(1)(2)两束光的光程差始终相等，且与入射光波长完全无关。当入射光为单色光而不需要确定零光程位置时，补偿板可以省略(本实验就是这种情况)，但对于需要确定两路光程相等时的位置(又称零光程差位置)的某些实验，如观测白光干涉实验时，补偿板是必不可少的。

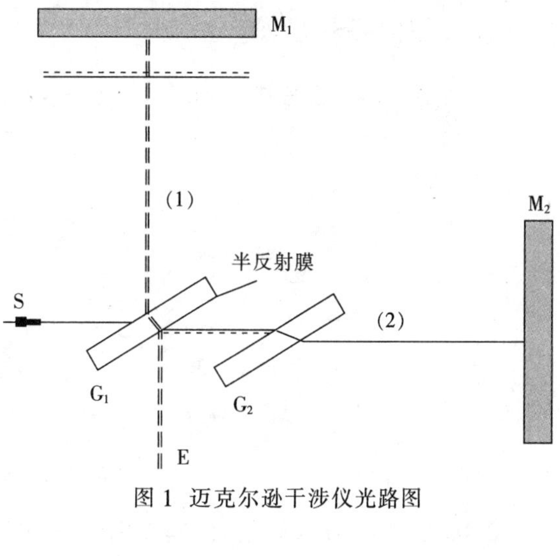

图 1　迈克尔逊干涉仪光路图

若将短焦距的发散激光束入射至迈克尔逊干涉仪，经 M_1、M_2 反射后，相当于由两个相干性极好的虚光源 S_1 和 S_2 发出的球面波前形成的干涉。

由于在 M_2 与接收屏之间的空间中传播的光波处处相干，故干涉图像的形状与接收屏的位置和取向有关。当 M_1 平行于 M_2'，接收屏垂直于 $\overline{S_1S'_2}$ 时，条纹为同心圆环；当接收屏不垂直 $\overline{S_1S'_2}$ 时，条纹为椭圆簇或直线簇。此外，干涉环的“吞吐”、移动的规律与等倾干涉时相同。

在调出非定域圆条纹的基础上，将小气室插入如图 1 所示的光路(2)中。给小气室加压，使气压变化 Δp_1，从而使气体的折射率改变 Δn。当气室内压逐渐升高时，气室所在范围内光程差变化为 $2D\Delta n$(D 为气室长度)，在白屏上可观察到干涉条纹也在不断变化，记下干涉条纹变化的总数 N，则有

$$2D|\Delta n| = N\lambda \tag{1}$$

即

$$\Delta n = \frac{N\lambda}{2D} \tag{2}$$

由理论可以证明，当温度一定且气压不太高时，气体折射率的变化量 Δn 与气压的变化量 Δp 成正比，即

$$\frac{n-1}{p} = \frac{\Delta n}{\Delta p} = \text{常数} \tag{3}$$

所以

$$n = 1 + \left|\frac{\Delta n}{\Delta p}\right| \cdot p \tag{4}$$

将式(2) 代入式(4)，可得

$$n = 1 + \frac{N\lambda}{2D} \cdot \frac{p}{\Delta p} \tag{5}$$

式(5) 给出了气压为 p 时的空气折射率 n。例如，令 $p = 760$ mmHg(1.01×10^5 Pa，即一个大气压)，代入式(5)，就可求出一个大气压下的空气折射率 n_1。

四、实验内容和步骤

(1) 将全部器件按照图 2 的顺序摆放好，靠拢，目测调至共轴。

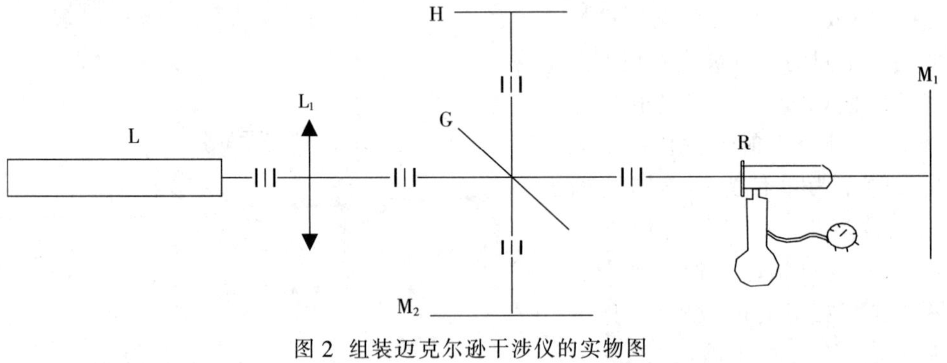

图 2 组装迈克尔逊干涉仪的实物图

(2) 调激光器 L 的倾角，使其发出的光束平行于平台面，放置各元件(扩束镜 L_1 暂不放)。

(3) 将分光镜 G 大致调成 45°，并调节其倾角，使光束(2)平行于实验平台面。

(4) 调节 M_1 使(1)光沿原路返回，调节 M_2 使(2)光沿原路返回，并使(1)(2)两束光在屏 H 上交于一点。

(5) 增加扩束镜 L_1，调节使在屏 H 上出现干涉圆环。用打气球向空气室充气，直到气压表走满刻度(300 mmHg)，用手折捏打气皮管，待读数稳定时，记下气压值 a。

(6) 缓慢放气，记录“冒”出或“缩”进的条纹数 N_a。

五、数据记录及处理

（1）自拟表格记录实验数据。

（2）根据实验测量数据，计算空气的折射率。

因为在不太高的气压条件下空气折射率与气压呈线性关系，则气室内气压变化为一个大气压时，干涉圆环变化的数应为

$$N = 760 \times \frac{N_a}{a}$$

其中，$\frac{N_a}{a}$ 为条纹随压强的变化率$\left(\frac{\Delta N}{\Delta p}\right)$，则一个大气压下的空气折射率为

$$n = 1.000\,00 + \frac{N\lambda}{2D}$$

其中：D 是空气室的长度(200.00 mm)；λ 是激光波长(6 328 Å)。

实验 15 用菲涅耳双面镜干涉测光波波长

一、实验目的

观察双平面干涉现象及测量光波波长。

二、实验仪器

本实验使用的实验仪器主要有钠光灯(可加圆孔光阑)、凸透镜、二维调整架、单面可调狭缝、菲涅耳双面镜、测微目镜(去掉其物镜头的读数显微镜)、读数显微镜架、三维底座、二维底座、一维底座、He-Ne 激光器(632.8 nm)、通用底座等。

三、实验原理

图 1 是菲涅耳双面反射镜干涉实验装置及光路图,双面镜由两块平面反射镜 M_1 和 M_2 组成,两者之间有一很小的夹角 φ。S 是与平面反射镜 M_1 和 M_2 的交线(图中以 M 表示)平行的狭缝,用单色光照射后作为缝光源。从同一光源 S 发出的光一部分在 M_1 上反射,另一部分在 M_2 上反射,所得到的两束反射光是从同一入射波波前分出来的,所以它们是相干的,在它们的重叠区将产生干涉条纹。对于观察者来说,两束相干光似乎来自 S_1 和 S_2,S_1 和 S_2 是光源 S 在两反射镜中的虚像。由简单的几何光学原理可证明,由光源 S 发出的被两反射镜反射的两束相干光在屏幕上的光程差与将 S_1、S_2 视为两相干光源发出两束相干光波到达幕上的光程差相同。与双棱镜干涉实验相似,根据双棱镜干涉的实验中推导出来的公式:$\lambda=\Delta xd/D$,亦可算出它的波长 λ。

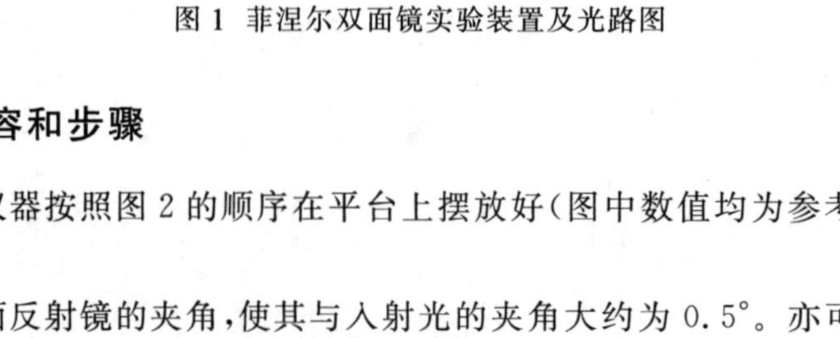

图 1 菲涅尔双面镜实验装置及光路图

四、实验内容和步骤

(1) 将全部仪器按照图 2 的顺序在平台上摆放好(图中数值均为参考数值),靠拢后目测调至共轴。

(2) 调节双面反射镜的夹角,使其与入射光的夹角大约为 0.5°。亦可用激光器替换钠灯,白屏 H 代替测微目镜,使细激光束同时打在棱边尽量靠近的双面反射镜的两个反射镜上,在远离双面反射镜交棱的白屏上,可以看到干涉条纹。

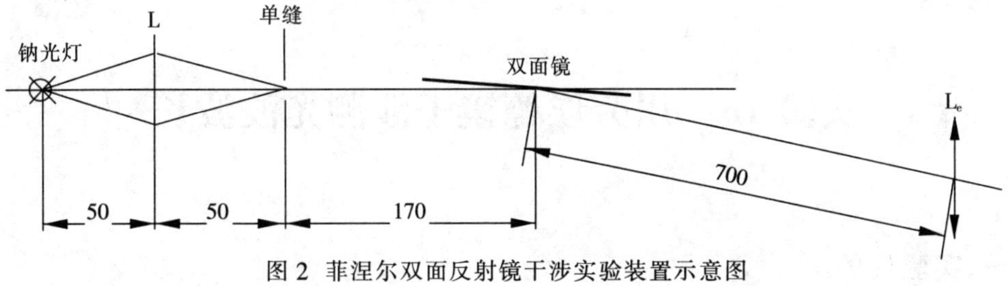

图 2　菲涅尔双面反射镜干涉实验装置示意图

(3) 放入测微目镜,找到被双面反射镜反射的光线。调节单缝的宽度并旋转单缝使它与双面反射镜的双棱平行,用测微目镜观察,双平面反射镜干涉图样是等间距的明暗相间的干涉条纹。

(4) 用测微目镜测出干涉条纹的间距 Δx 和 D,D 为双面反射镜交棱到狭缝和到测微目镜的距离之和,再用二次成像法测出两个虚光源的间距 d,由 $\Delta x = x_{k+1} - x_k = \dfrac{D}{d}\lambda$,便可求出光波的波长 λ,与钠光灯的光波波长实际值比较,分析产生误差的原因。

五、数据记录及处理

利用与双棱镜相同的二次成像法测出虚光源的实像间距 d_1 及 d_2,然后计算出 d 值:

$$d = \sqrt{d_1 d_2}$$

将 d 代入公式 $\lambda = \Delta x d / D$,即可求出光波的波长 λ。

实验 16　用劳埃德镜干涉测光波波长

一、实验目的

观察劳埃德镜干涉现象及测量相应光波的波长。

二、实验仪器

本实验使用的实验仪器主要有钠光灯(可加圆孔光阑)、凸透镜、二维调整架、单面可调狭缝、反射镜、测微目镜(去掉其物镜头的读数显微镜)、读数显微镜架、三维底座、二维底座、一维底座、He-Ne 激光器(632.8 nm)、通用底座等。

三、实验原理

劳埃德镜是由一块普通平板玻璃构成的反射镜,缝光源 S 与反射镜面平行。来自缝光源的光束向反射镜掠入射(即入射角接近 90°),再从反射镜反射。这部分反射光与直接从缝光源 S 射来的光是从同一波前分出的,如图 1 所示,所以它们是相干的,两束光在重叠区将产生干涉,在屏上进行叠加,形成干涉条纹。从观察者看来,两束相干光分别来自 S 和 S′,S′是光源 S 在反射镜中的虚像。

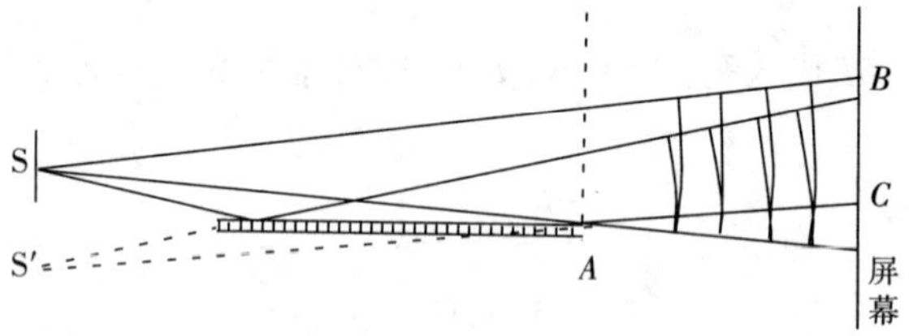

图 1　劳埃德镜干涉原理图

从图 1 中可以看出,两相干光束在屏幕上的重叠区是在 B 和 C 之间。显然,在屏幕上观察不到光程差为零的干涉条纹,除非将屏幕移到虚线所示的位置。此时,屏幕与反射镜相交处 A 离相干光源 S 和 S′的几何距离相等。但是,该处并不是亮条纹而是暗条纹(即干涉极小),这说明两相干光在 A 处的光振动具有相反的相位,这是因为光在掠入射条件下,在镜面上反射时,要产生数值为 π 的相位突变,这种相位突变相当于光波少走或多走了半个波长的光程,故称为半波损失。这样,使得屏幕上本来是亮条纹的地方变成了暗条纹。

本实验与双棱镜干涉实验相似,根据双棱镜干涉实验中推导出的公式 $\lambda=\Delta x d/D$,也可计算出它的波长 λ。

四、实验内容和步骤

(1) 把全部仪器按照图 2 的顺序在平台上摆放好(图中数值均为参考数值)。靠拢后调至共轴。

(2) 钠光灯(可加圆孔光阑)发出的光束经透镜聚焦于狭缝上,将大致处于与单缝垂直方位的劳埃德镜由狭缝一侧逐渐推向狭缝,如图 2 中箭头所示,使入射光处于掠入射状态,同时用肉眼在掠反射方向上看去,将看到实缝 S 与它对劳埃德镜的虚像 S′。随着劳埃德镜的前推，S 与 S′将逐渐靠拢，旋转时可看到的 S 与 S′平行，估计二者间距约 2 mm 的情况下，将劳埃德镜的磁座固定住。

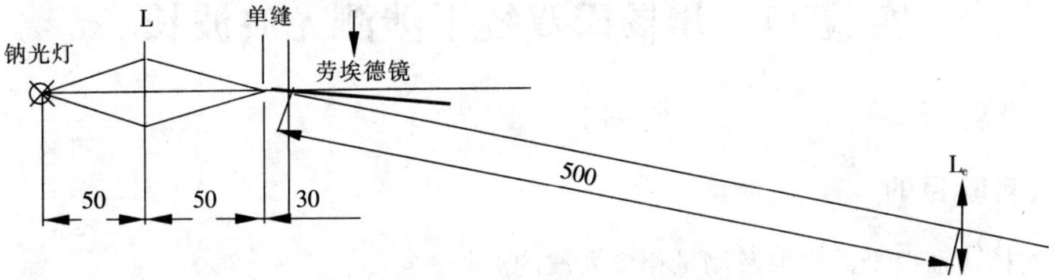

图 2　劳埃德镜干涉实验装置示意图

（3）目视或用激光器找到被劳埃德镜所反射的光路，把测微目镜放在该光路上观察劳埃德镜干涉图样，可以发现是等间距的明暗相间的干涉条纹。

（4）用测微目镜测出干涉条纹的间距 Δx 和 D，D 为狭缝到测微目镜的距离，再用二次成像法测出两个虚光源的间距 d，由公式 $\Delta x = x_{k+1} - x_k = \dfrac{D}{d}\lambda$ 便可求出光波的波长 λ，并与钠灯波长的实际值比较，分析产生误差的原因。

五、数据记录及处理

利用与双棱镜相同的二次成像法测出虚光源的实像间距 d_1 及 d_2，然后计算出 d 值：

$$d = \sqrt{d_1 d_2}$$

将 d 值代入公式 $\lambda = \Delta x d / D$，即可求出波长 λ。

实验 17 用杨氏双缝干涉测光波波长

一、实验目的

观察杨氏双缝干涉现象及测量相应光波的波长。

二、实验仪器

本实验使用的实验仪器主要有钠光灯(可加圆孔光阑)、凸透镜 L($f=50$ mm)、二维调整架、单面可调狭缝、双缝(使用多缝板代替)、测微目镜 L_e(去掉其物镜头的读数显微镜)、读数显微镜架、三维底座、二维底座、一维底座等。

三、实验原理

用两个点光源做光的干涉实验的典型代表是杨氏双缝干涉实验。杨氏双缝干涉实验以简单的装置和巧妙的构思实现了用普通光源来做光干涉实验,它是许多其他光学的干涉装置的原型,在理论上给我们提供了许多重要的概念和启发,无论从经典光学还是从现代光学的角度来看,杨氏双缝干涉实验都具有十分重要的意义。

杨氏双缝实验的原理如图 1 所示,在普通单色光源(如钠光灯)前面放一个开有小孔 S 的遮光板,作为单色点光源。在 S 照明的范围内的前方,再放一个开有 2 个小孔 S_1 和 S_2 的屏。S_1 和 S_2 两孔彼此相距很近,且到 S 等距。根据惠更斯原理,S_1 和 S_2 将作为 2 个次波源向前发射次波(球面波),从而形成交叠的波场。这两个相干的光波在距离屏为 D 的接收屏上叠加,形成干涉图样。为了提高干涉条纹的亮度,实验中 3 孔 S、S_1 和 S_2 用 3 个互相平行的狭缝来代替,而且可以不用接收屏,而代之以目镜直接观测,这样还可以测量数据。在激光出现以后,利用它的相干性和高亮度,可以用氦氖激光束直接照射双孔,在屏幕上同样可以获得一套相当明显的干涉条纹,以供许多人同时观看。

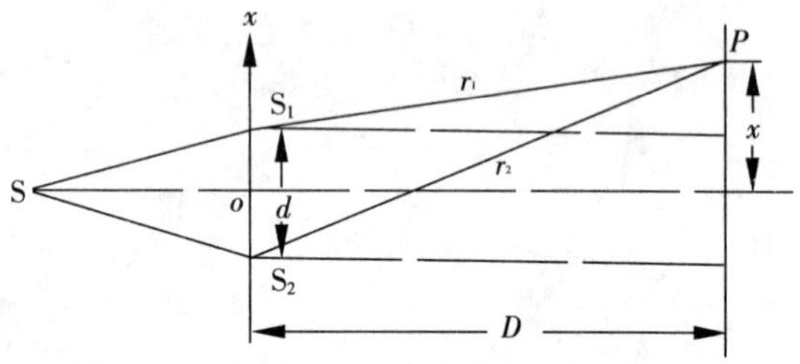

图 1 杨氏双缝干涉实验原理图

设双缝 S_1 和 S_2 的间距为 d,它们到屏幕的垂直距离为 D(屏幕与两缝连线的中垂线相垂直)。假定 S_1 和 S_2 到 S 的距离相等,S_1 和 S_2 处的光振动就具有相同的相位,屏幕上各点的干涉强度将由光程差 δ 决定。为了确定屏幕上光强极大和光强极小的位置,选取直角坐标系 $o\text{-}xyz$,坐标系的原点 o 位于 S_1 和 S_2 连线的中心,x 轴的方向为 S_1 和 S_2 连线方向,假定屏幕上任意点 P 的坐标为(x,y,D),那么 S_1 和 S_2 到 P 点的距离 r_1 和 r_2 分别写为

$$\begin{cases} r_1 = S_1P = \sqrt{(x-\dfrac{d}{2})^2 + y^2 + D^2} \\ r_2 = S_2P = \sqrt{(x+\dfrac{d}{2})^2 + y^2 + D^2} \end{cases} \tag{1}$$

由上两式，可以得到

$$r_2^2 - r_1^2 = 2xd \tag{2}$$

若将整个装置放在空气中，则相干光到达 P 点的光程差为

$$\delta = r_2 - r_1 = \frac{2xd}{r_1 + r_2} \tag{3}$$

在实际情况中，$d \ll D$，这时如果 x 和 y 也比 D 小得多(即在 z 轴附近观察)，则有 $r_1 + r_2 \approx 2D$。在此近似条件下，上式可以改写为

$$\delta = \frac{xd}{D} \tag{4}$$

再由光程差判据：

$\delta(p) = m\lambda_0 \quad (m = 0, \pm 1, \pm 2, \cdots)$，$P$ 点为光强极大处。

$\delta(p) = (m + \frac{1}{2})\lambda_0 \quad (m = 0, \pm 1, \pm 2, \cdots)$，$P$ 点为光强极小处。

可知在屏幕上各级干涉极大的位置为

$$x = \frac{mD\lambda}{d} \quad (m = 0, \pm 1, \pm 2, \cdots) \tag{5}$$

各级干涉极小的位置为

$$x = (m + \frac{1}{2})\frac{D\lambda}{d} \quad (m = 0, \pm 1, \pm 2, \cdots) \tag{6}$$

相邻两极大或相邻两极小之间的间距为干涉条纹间距，用 Δx 来表示，它反映了条纹的疏密程度。由式(5) 可知，相干条纹的间距为

$$\Delta x = \frac{D}{d}\lambda \tag{7}$$

因此，可得

$$\lambda = \frac{\Delta x d}{D} \tag{8}$$

式中：d 为两个狭缝中心的间距，λ 为单色光波波长，D 为双缝屏到观察屏(测微目镜焦平面)的距离。从实验中测得 D、d 及 Δx，即可算出 λ。

四、实验内容和步骤

(1) 将全部仪器按照图 2 的顺序在平台上摆放好(图中数据均为参考数据)，并调成共轴系统。钠光灯(可加圆孔光阑)发出的光束经透镜聚焦于狭缝上。使单缝和双缝平行，而且由单缝射出的光束射在双缝的中间。

(2) 直接用眼睛观测到干涉条纹后，再放入测微目镜进行测量。使相干光束处在目镜视场中心，并调节单缝和双缝的平行度(仅调节单缝即可)，使干涉条纹最清晰。

(3) 用测微目镜测出相邻两条干涉条纹的间距 Δx，双缝到测微目镜焦平面上叉丝分化板的距离 D。

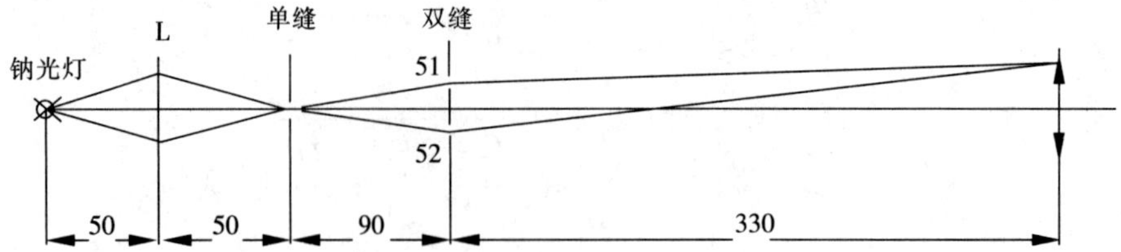

图 2 杨氏双缝干涉实验仪器装置示意图

五、数据记录及处理

利用已知双缝间距 d，把测出的 Δx 和 D 值代入公式 $\lambda=\frac{\Delta x d}{D}$ 中，求出波长 λ，并把实验值和真实值进行比较，找出产生误差的原因。

六、多缝板的规格介绍

在杨氏双缝干涉实验中，双缝一般由多缝板来提供，多缝板的规格如图 3 所示。

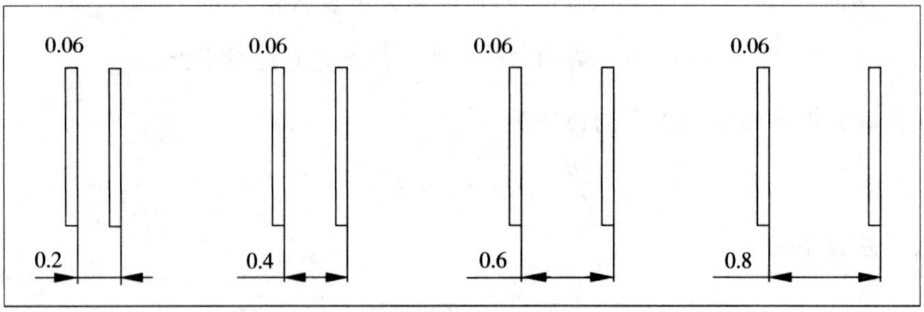

图 3 多缝板的规格

实验 18　法布里-珀罗干涉现象的观察与分析

一、实验目的

(1) 掌握简单光路的分析和调节方法。

(2) 了解法布里-珀罗干涉的原理及观察法布里-珀罗干涉现象。

二、实验仪器

本实验使用的实验仪器主要有 He-Ne 激光器、扩束镜 L_1($f=6.0$ mm)、二维调整架、法布里-珀罗标准具、可变口径架、透镜 L_2($f=190$ mm)、一维底座、通用底座等。

三、实验原理

法布里-珀罗标准具主要是由平行放置的两块平面板所组成。图 1 为这种干涉仪的结构及光路示意图。在两个相向板的表面 G 和 G′上镀有薄银膜或其他反射率较高的薄膜,要求镀膜的平面与标准样板之间的偏差不超过1/20～1/50 波长。若两平行的镀银平面的间隔固定不变(通常采用石英或铟钢作间隔),则该仪器称为法布里-珀罗标准具;若两平行的镀银平面之间的间隔可以改变,则该仪器称为法布里-珀罗干涉仪。面光源 S 放在透镜 L_1 的焦平面上,使许多方向不同的平行光束入射到干涉仪上,它们在 G 和 G′间做来回多次的反射,最后透射出来的平行光束在第二透镜 L_2 的焦平面上形成同心圆形的等倾干涉条纹。

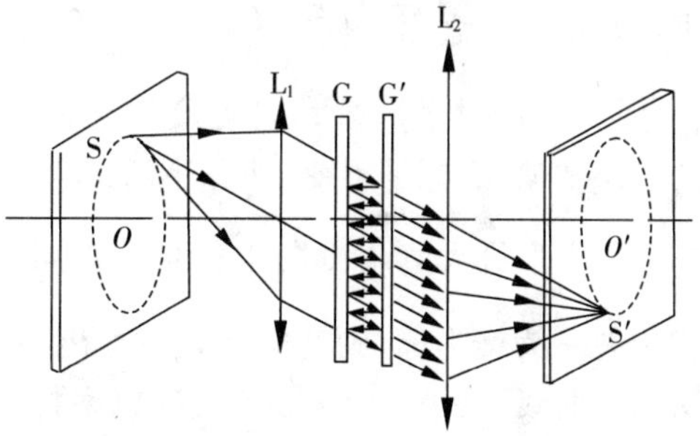

图 1　法布里-珀罗干涉仪的结构及光路示意图

图 2 表示一入射角为 i_1,折射角为 i_2 的光束经面板的多次反射和透射光路图。设镀银面的反射率为 $\rho=\left(\dfrac{A'}{A_0}\right)^2$,其中:$A_0$ 为入射光第一次射到前表面 G 时的振幅,A' 为反射光的振幅,则透射光的振幅为 $\sqrt{1-\rho}A_0$。第一次在后表面 G′ 反射的振幅为 $\sqrt{\rho(1-\rho)}A_0$,透射的振幅为 $(1-\rho)A_0$。那么从后表面 G′ 相继透射出来的各光束的振幅依次为 $(1-\rho)A_0$,$\rho(1-\rho)A_0$,$\rho^2(1-\rho)A_0$,$\rho^3(1-\rho)A_0$,…。

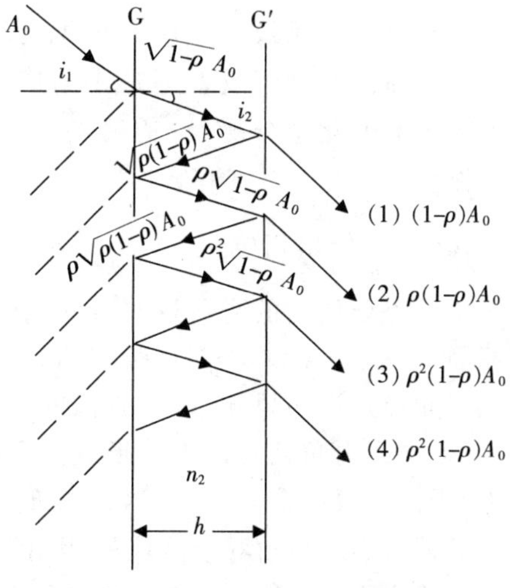

图 2　入射光经过多次反射和透射的光路图

这些透射光束都是相互平行的，如果它们一起通过透镜 L_2，则在透镜的焦平面上会形成薄膜干涉条纹。相邻两光束在到达透镜 L_2 的焦平面上的同一点时，彼此的光程差值都相等，其值为

$$\delta = 2n_2 d_0 \cos i_2 \tag{1}$$

由此引起的相位差为

$$\varphi = \frac{2\pi}{\lambda}\delta = \frac{4\pi}{\lambda}n_2 d_0 \cos i_2 \tag{2}$$

若第一束透射光的初相位为零，则各光束的相位依次为 0，φ，2φ，3φ，…，振幅以等比级数（公比为 ρ）而依次减小（因 $\rho<1$），相位则以等差级数（公差为 φ）而依次增加。多束透射光叠加的合振幅 A 的平方可表示为

$$A^2 = A_0^1 / \left[1 + \frac{4\rho}{(1-\rho)^2}\sin^2\left(\frac{\varphi}{2}\right)\right] \tag{3}$$

式中，$1/\left[1 + \frac{4\rho}{(1-\rho)^2}\sin^2\left(\frac{\varphi}{2}\right)\right]$称为艾里函数，其中，$F = \frac{4\rho}{(1-\rho)^2}$ 称为精细度，它反映干涉条纹的细锐程度。由式(3) 可知，对于给定的 ρ 值，A^2 随 φ 而变化。当 $\varphi = 0, 2\pi, 3\pi, 4\pi, \cdots$ 时，振幅为最大值 A_0；当 $\varphi = \pi, 3\pi, 5\pi, \cdots$ 时，振幅为最小值$\left(\frac{1-\rho}{1+\rho}\right)A_0$，透射光束光强的最小值与最大值之比为$\left(\frac{1-\rho}{1+\rho}\right)^2$。

因此，反射率 ρ 越大，可见度越显著，由式(3) 还可看到 A 与 ρ 的关系：$\rho \to 0$ 时，不论 ρ 值的大小如何，A 几乎不变，即分不清最大值与最小值；$\rho \to 1$ 时，只有 $\varphi = 0, 2\pi, 3\pi, 4\pi, \cdots$ 时，A 方才出现最大值，φ 如与上值稍有不同，则$\sin^2\frac{\varphi}{2} \neq 0$，$A$ 即接近于零。以 A^2/A_0^2 为纵坐标，相位差 φ 为横坐标，则艾里函数可给出如图 3 所示的曲线。其中，实线相当于反射率接近于 1 的情况，此时透射光干涉花样由几乎全黑的背景上一组很细的亮条纹构成。随着反射率的增加，透射光暗条纹的强度降低，亮条纹的宽度变窄，因此，条纹的锐度和可见度增大。两条虚线曲线相当于反射率很小的情况，极大到极小的变化十分缓慢，透射光条纹的可见度很差。

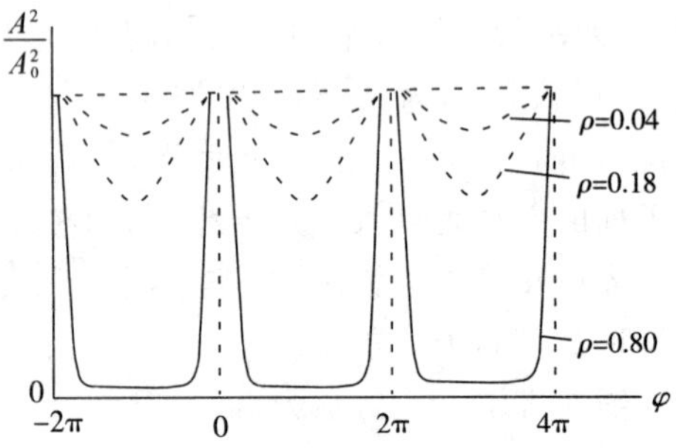

图 3 艾里函数变化曲线

式(2) 已给出相位差 $\varphi = \frac{4\pi}{\lambda}n_2 d_0 \cos i_2$，如果把单色面光源放在透镜 L_1 的焦平面上，光源上不同点处所发的光通过 L_1 后形成一系列方向不同的平行光束，以不同的入射角 i_1 射到 G 面上。由于 λ 和 d_0 都是给定的，φ 就唯一地取决于 i_2（也就是取决于 i_1）。同一入射角的入射光经过法布里-珀罗干涉仪的透镜 L_2 汇聚后，都位于 L_2 的焦平面的同一个圆周上，以不同入射角入射的光就形成同心圆形的等倾干涉条纹。镀银面 G 和 G′的反射率 ρ 越大，干涉条纹越清晰明锐，这是法布里-珀罗干涉仪比迈克尔逊干涉仪所具有的最大优点。此外，法布里-珀罗干涉仪的两相邻透射光的光程差表达式和迈克尔逊干涉仪的光程差表达式完全相同，这决定了这两种条纹的间距、径向分布等很相似。只不过前者是振

幅急剧递减的多光束干涉，后者是等振幅的双光束干涉，这一差别导致前者的亮条纹极其细锐。

四、实验内容和步骤

(1) 把全部器件在光学平台上摆放好，靠拢，目测调节至共轴。

(2) 调整激光器的倾角，使其发出的光束平行于光学平台面。

(3) 调节 $f=190$ mm 的透镜直到用眼睛可以看到清晰的非常尖锐的干涉条纹。

五、数据记录及处理

自拟表格记录实验数据及处理结果。

实验 19 夫琅禾费圆孔衍射现象的观察与分析

一、实验目的

观察夫琅禾费圆孔衍射图样。

二、实验仪器

本实验使用的实验仪器主要有钠光灯(加圆孔光阑)、多孔架(Φ=1 mm)、凸透镜 L(f=70 mm)、二维调整架、测微目镜 L_e(去掉其物镜头的读数显微镜)、读数显微镜架、三维底座、二维底座、一维底座等。

三、实验原理

把夫琅禾费单缝衍射装置中的单缝以一小圆孔代替,使用钠光灯作为光源,可以在透镜的焦平面上看到圆孔衍射图样,圆孔衍射图样是一组同心的明暗相间的圆环,可以证明以第一暗环为范围的中央亮斑的光强占整个入射光束光强的 84%,这个中央光斑称为艾里斑。经计算可知,艾里斑的半角宽度为

$$\Delta\theta_1 \approx \sin\theta_1 = 0.61\frac{\lambda}{R} = 1.22\frac{\lambda}{D} \tag{1}$$

式中,D 是圆孔的直径。

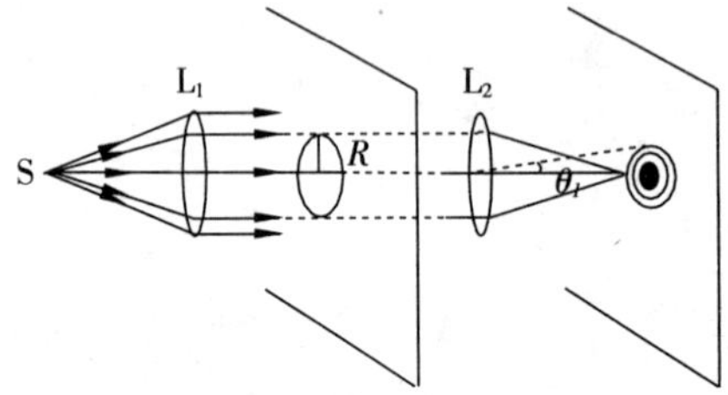

图 1 计算艾里斑线半径示意图

若透镜 L_2 的焦距为 f,则艾里斑的线半径由如图 1 所示可知,为

$$\Delta l = f \cdot \tan\theta_1 \tag{2}$$

由于 θ_1 一般很小,故 $\tan\theta_1 \approx \sin\theta_1 \approx \Delta\theta_1$,则

$$\Delta l = 1.22\frac{\lambda}{D}f \tag{3}$$

四、实验内容和步骤

(1) 将所有器件按照图 2 的顺序摆放在平台上(图中数据均为参考数据),调至共轴。其中圆孔光阑和测微目镜之间的距离必须保证满足远场条件,衍射孔的大小为 1 mm。

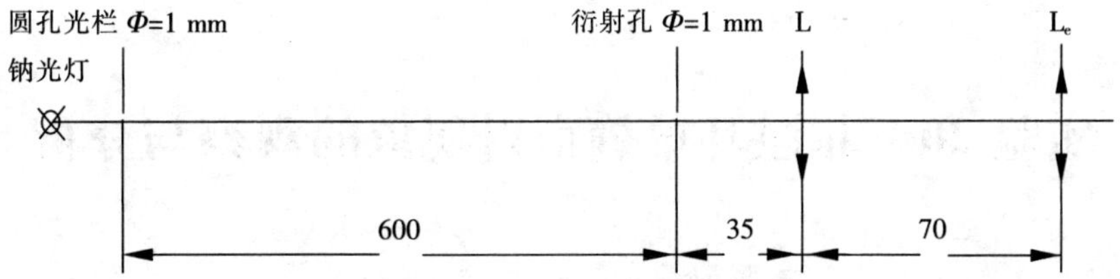

图 2　夫琅禾费圆孔衍射仪器示意图

(2) 调节透镜直至能在测微目镜中看到其中心为亮斑及衍射条纹为止。

(3) 记录下艾里斑的直径 e，并与计算值进行比较。

五、数据记录及处理

用测微目镜测出艾里斑的直径 e，由已知衍射小孔直径 $d=1$ mm，透镜焦距 $f=70$ mm，可验证

$$e=1.22\frac{\lambda}{a}f$$

公式的正确性，其中 a 为孔的半径。本实验要求实验环境很暗。

实验 20　菲涅耳单缝衍射现象的观察与分析

一、实验目的

观察菲涅耳单缝衍射现象。

二、实验仪器

本实验使用的实验仪器主要有 He-Ne 激光器(632.8 nm)、小孔径扩束镜 L($f=6.2$ mm)、二维调整架、单面可调狭缝、白屏 H、公用底座、一维底座等。

三、实验原理

菲涅耳衍射和夫琅禾费衍射是研究衍射现象的两种方法,前者是不需要用任何仪器就可以直接观察到衍射现象,在这种情况下,观察点和光源(或其中之一)与障碍物(或孔)间的距离有限,在计算光程和叠加后的光强等问题时,都难免遇到烦琐的数学运算。而后者研究的是观察点和光源距障碍物都是无限远(平行光束)时的衍射现象,在这种情况下,计算衍射图样中的光强分布时,数学运算就比较简单。所谓光源无限远,实际上就是把光源置于第一个透镜的焦平面上,得到平行光束;所谓观察点无限远,实际上就是在第二个透镜的焦平面上观察衍射图样。

四、实验内容和步骤

(1) 将所有器件按照图 1 的顺序摆放在平台上(图中数据均为参考数据),调至共轴。

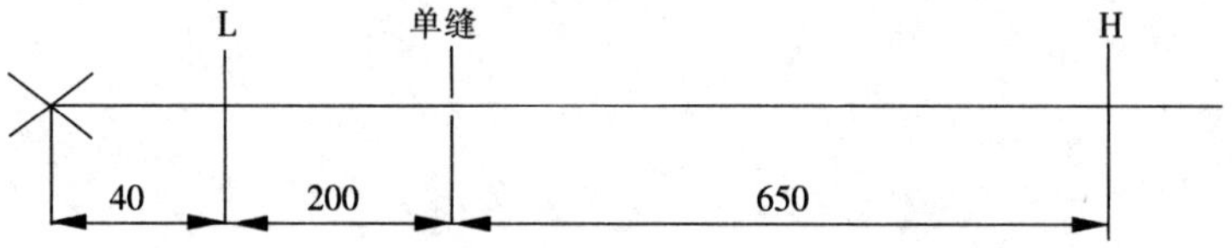

图 1　菲涅耳单缝衍射实验仪器放置示意图

(2) 激光器发出的光束通过小孔径扩束镜 L 以不满足远场条件而投射到单缝上,如图 1 所示,即可在屏幕上出现衍射条纹。

(3) 缓慢连续地将单缝由窄变宽,同时注意屏幕上的图样变化情况,即可观察到与理论分析结果一致的由夫琅禾费单缝衍射图样过渡到菲涅耳单缝衍射图样的现象。另外,实验过程也可不加扩束镜。

五、数据记录及处理

自拟表格记录测量数据并进行相关数据处理。

实验 21　菲涅耳圆孔衍射现象的观察与分析

一、实验目的

观察菲涅耳圆孔衍射现象。

二、实验仪器

本实验使用的实验仪器主要有 He-Ne 激光器(632.8 nm)、小孔径扩束镜 L(f=6.2 mm)、二维调整架、多孔架(0.5 mm)、白屏 H、公用底座、一维底座等。

三、实验原理

如图 1 所示，S 为单色光源，P 为光场中任一点。S 与 P 之间有一带圆孔的光屏 M，圆孔中心位于 SP 连线上。这时，S 对 P 的作用就只是圆孔露出的那一部分波面上的那些次波源在 P 点所产生的光振动的叠加。按照波带法，分别以 P 为中心，$r+\frac{\lambda}{2}$，$r+\lambda$，… 为半径，将露出的波面分成若干个波带，各波带在 P 点产生振动的振幅为

$$A_j = \frac{a_1}{2} \pm \frac{a_i}{2} \tag{1}$$

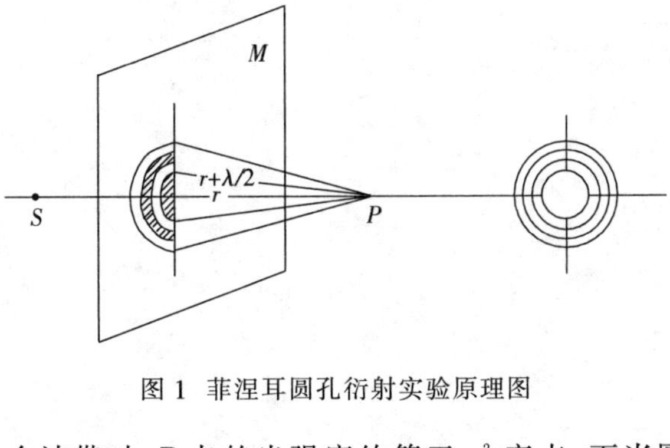

图 1　菲涅耳圆孔衍射实验原理图

当圆孔露出奇数个波带时，P 点的光强度约等于 a_1^2 亮点，而当圆孔露出偶数个波带时，P 点是光强度接近于零的暗点。改变圆孔的大小时，P 点周围呈现出明暗相间的圆形条纹，会发生亮暗交替变化。若将 P 点处的白屏沿轴向移动时，中心点也会产生明暗交替变化。

四、实验内容和步骤

(1) 将所有器件按照图 2 的顺序摆放在平台上(图中数据均为参考数据)，调至共轴。

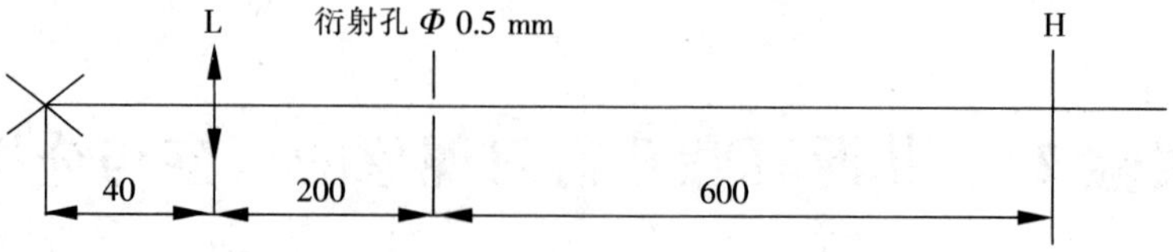

图 2 菲涅耳圆孔衍射实验仪器放置示意图

(2) 将衍射单缝换成直径 0.5 mm 的衍射圆孔，屏幕逐渐远离圆孔，将看到中心点亮—暗—亮的衍射结果，当距离为 400 mm 时，中心点是一个暗点，距离为 210 mm 和600 mm时它为亮点。

(3) 去掉小孔扩束镜 L，找到合适的圆孔大小，观察艾里斑的变化情况。

五、数据记录及处理

自拟表格记录测量数据并进行相关数据处理。

实验 22　菲涅耳直边衍射现象的观察与分析

一、实验目的

观察菲涅耳直边衍射现象。

二、实验仪器

本实验使用的实验仪器主要有 He-Ne 激光器(632.8 nm)、小孔径扩束镜 L(f=6.2 mm)、二维调整架、刀片、白屏 H、公用底座、一维底座等。

三、实验原理

如图 1 所示,S 为发散光源(垂直于图面的相干光源),D 为直边屏(不透明,平行于线光源),P 为白屏 H 上的任一点。对于白屏上的 P 点,直边屏 D 将下半部的波面全部遮拦,只有上半部的波面对 P 点发生作用,所以 P 点的振幅为不遮拦时的一半,而光强度为不遮拦时的 1/4。当 P''到 P 的距离逐渐增大时,P''的光强度将单调减少。P''足够远时,光强度趋于零。

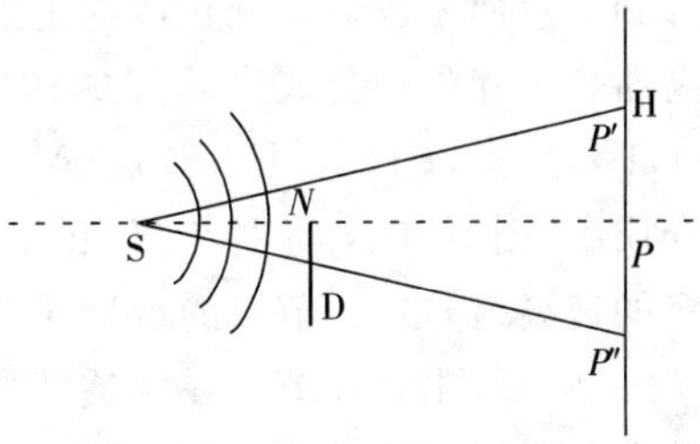

图 1　菲涅耳直边衍射原理图

四、实验内容和步骤

(1) 将所有器件按照图 2 的顺序摆放在平台上(图中数据均为参考数据),调至共轴。

(2) 把装置中的单缝换成刀片,即可看到直边衍射图样,当观察点从几何阴影边界向外移动时,衍射光强是以类似于衰减振荡形式分布的,最后它将趋于无障碍自由传播的光强,光强的最大值并不在几何阴影边界上,而是在直接照明区内稍微靠外的亮区内,衍射条纹的强度单调减小,一直减小到零。

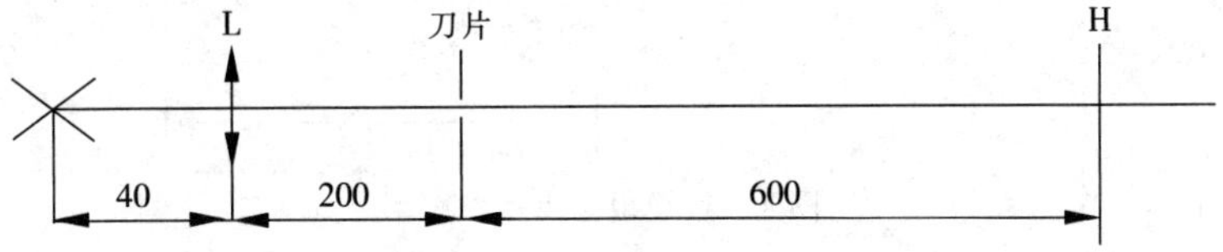

图 2　菲涅耳直边衍射实验仪器放置示意图

五、数据记录及处理

自拟表格记录测量数据并进行相关数据处理。

实验 23　透镜组基点的测定

一、实验目的

(1) 了解透镜组节点的特性。

(2) 掌握测透镜组节点的方法。

二、实验仪器

本实验使用的实验仪器主要有光源、平面镜、物屏、像屏、测节器、凸透镜 3 个。

三、实验原理

常把光学仪器中的共轴球面系统、厚透镜、透镜组作为一个整体来研究。常用 3 对特殊的点和 3 对面来表征系统在成像上的性质。若已知这 3 对点和 3 对面的位置，则可用简单的高斯公式和牛顿公式来研究成像的规律。1 个透镜组的 3 对基点分别为：1 对主点（H、H'）、1 对焦点（F、F'）、1 对节点（N、N'）。注意基点是物方和像方各 1 个。如果系统处于同一介质中，则节点 N 与主点 H 重合，对于薄透镜，主点基本上与透镜光心重合。对于一个给定的透镜组，主点、节点的位置主要与透镜之间的距离 d 和每个透镜的焦距有关，当 d 小于 f_1+f_2 时，主点和节点在两透镜之间某一位置（如图 1 所示），当 d 大于 f_1+f_2 时，主点和节点在两透镜的两侧。其中，P'为透镜组像方焦点 F'到透镜 L_2 主点（即透镜 L_2 的光心）之间的距离，f'为像方主点 H'到像方焦点 F'之间的距离。P'和 f'的值可以用公式法和实验直接测量法得到。下面先介绍实验直接测量法。

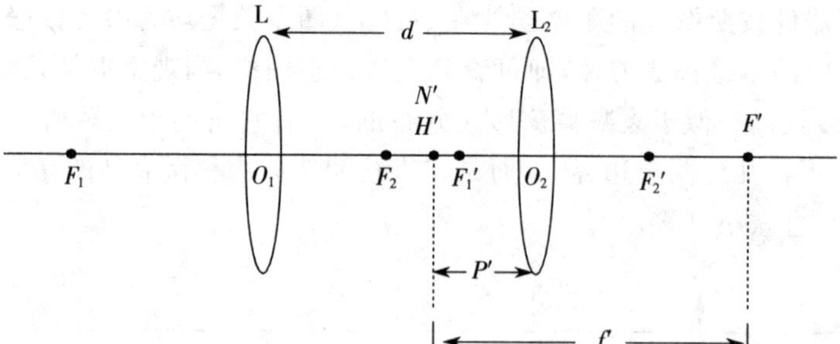

图 1　透镜组基点示意图

平行于主光轴的平行光线，经过透镜组折射后，一定会汇聚在像方的焦点 F'上，如图 2 所示。根据节点定义，当透镜组绕节点 N'微微转动一个角度时，主光轴和焦点 F' 随之转动，如图 3 所示，但像点 Q 不移动，还是在焦平面上，其中有一根特殊的光线，即经过第一节点 N 的光线 PN，折射后必须通过第二节点 N' 且出射光线 $N'Q$ 平行于原入射光线 PN。

综上所述，节点应具有下列性质：当平行光入射透镜组时，如果绕透镜组的第二节点 N' 顺时针微微转过一个小角 α，则平行光经透镜组后的汇聚点 Q 在屏上的位置将不横移（但焦

点 F' 随着向下转动)，这是因为转动透镜组后入射于节点 N 的光线并没有改变原来入射的平行光的方向，即 PN 的方向不改变，又因为透镜组是绕 N' 点转动，所以 $N'Q$ 线也不移动，而像点始终在 $N'Q$ 线上，故 Q 点不会有横向移动。反之，如果透镜组绕 N' 点以外的点转动，则像点 Q 会有横向移动，利用节点的这一特性构建了下面的测量方法。

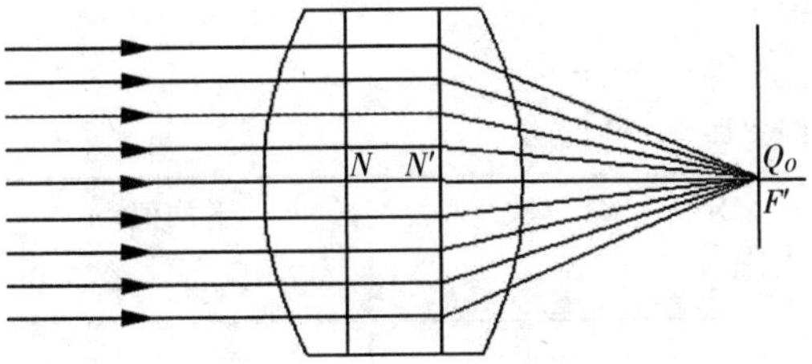

图 2　测节点光路图 1

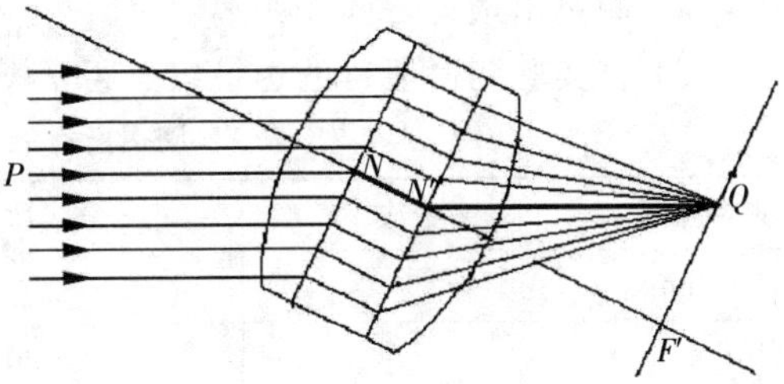

图 3　测节点光路图 2

使用一个能够转动的导轨，导轨侧面装有刻度尺，这个装置就是节点架。把透镜组装在可以旋转的节点架导轨上，节点架前是一束平行光，平行光射向透镜组。接着使透镜组在节点架上前后移动，同时使节点架做微小的转动。两个动作配合进行，直到能得到清晰的像，且不发生横移为止。这时转动轴必通过透镜组的像方节点 N'，它的位置就被确定了。当 N' 与 H' 重合时，从转动轴到屏的距离为 $N'F'$，即为透镜组的像方焦距 f'，如图 4 所示。把透镜组转 180°，使光线由 L_2 进入，由 L_1 射出。利用同样的方法可测出物方节点 N 的位置。

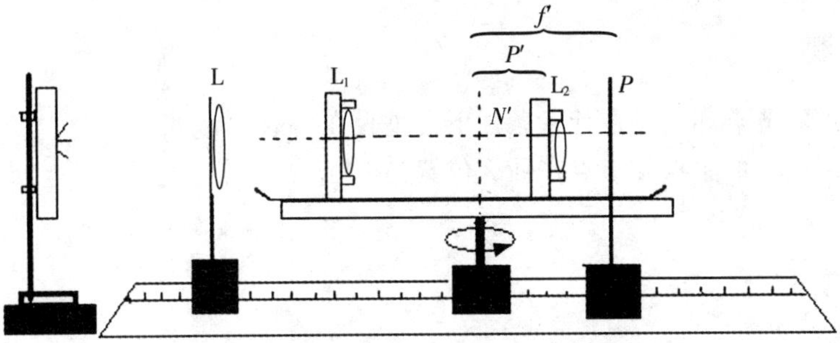

图 4　测量透镜组基点的仪器装置图

对于薄透镜，因为节点和光心是重合的，所以也可以用同样的方法测量单个薄透镜的焦距 f。

如果知道了每个薄透镜的焦距 f_1、f_2，则可以用以下公式求出 P' 和 f'。

$$f' = \frac{-f'_1 \cdot f_2'}{d-(f'_1+f_2')};\quad P' = \frac{f_2' \cdot d}{d-(f'_1+f_2')} \tag{1}$$

当 P' 为正值时，像方主点 H' 在 L_2 右；当 P' 为负值时，像方主点 H' 在 L_2 左。

四、实验内容和步骤

(1) 将平行光管、待测透镜组、测微目镜，按图 4 的顺序摆放在平台上，目测调至共轴。

(2) 在测节器上，调节 L_1、L_2 之间的距离，并测量出它们之间的距离 d。

(3) 用自准直法调节 L，使从透镜 L 中透射出来的是平行光。

(4) 用节点法分别测出 L_1、L_2 的焦距 f_1、f_2。

(5) 使透镜组在节点架上前后移动，同时使节点架做微小的转动，两个动作配合进行，直到能得到清晰的像，且像不发生横移。此时转轴的位置就是节点 N' 的位置。测量出 f' 和 P'。

五、数据记录及处理

(1) 测量出透镜之间的距离 $d=$________mm。

(2) 将实验测量所得的透镜组焦距 f_1 和 f_2 值填入表 1 中。

表 1 测量所得的透镜组焦距 f_1 和 f_2 值

测量项目	第一次	第二次	第三次	平均值
f_1/mm				
f_2/mm				

(3) 将实验测量所得的透镜组的 f' 和 P' 值填入表 2 中。

表 2 测量所得的透镜组的 f' 和 P' 值

测量项目	第一次	第二次	第三次	平均值
f'/mm				
P'/mm				

(4) 用理论公式(1)计算 f' 和 P'，并和实验中测出的数值进行比较。

六、思考题

(1) 透镜组的节点和主点在什么条件下是重合在一起的？

(2) 单个薄透镜的主点和节点在什么位置？

实验24　物质的旋光性研究

一、实验目的

(1) 了解旋光仪的基本结构、基本原理及使用方法。

(2) 观察旋光物质的旋光现象。

(3) 学会使用旋光仪测量糖溶液的旋光率和浓度。

二、实验仪器

本实验使用的实验仪器主要有旋光仪、试管、糖溶液等。

三、实验原理

线偏振光通过某些物质时，其振动面将旋转一定的角度，这种现象称为旋光现象，能产生旋光现象的物质称为旋光物质。旋光仪是测定旋光物质旋光度的仪器，通过对旋光度的测定可确定物质的浓度、纯度、比重、含量等，可用于一般的成分分析，广泛应用于石油、化工、制药、香料、制糖及食品、酿造等工业。平面偏振光通过旋光物质时其振动面将发生旋转(有左旋的，也有右旋的)，其转角的大小与物质本身和光的波长有关，并与偏振光所透过的物质的厚度成正比。单色偏振光通过液态旋光物质时，振动面的旋转角度 $\Delta\Phi$ 与旋光物质的性质、液体厚度 L、浓度 c 有关，其关系为

$$\Delta\Phi = \alpha c L \tag{1}$$

式中：$\Delta\Phi$ 为用波长为 λ 的偏振光测得的旋转角度，称为旋光度，单位为度(°)；α 为比例系数，称物质的旋光率，若溶液浓度 c 的单位为 kg/m^3，溶液厚度 L 的单位为 m，则 α 的单位为 $°m^3/(kg \cdot m)$，数值上等于偏振光通过浓度为 1 kg/m^3，厚度为 1 m 的溶液后，振动面旋转的角度。工业上给出的 α 单位为 $°cm^3/(g \cdot dm)$。

旋光率 α 标志着溶质的特性，它与波长和温度都有关，且当溶剂改变时，它也随之发生复杂的变化。通常给出的某物质的 α 值，是钠光($\lambda = 5.893\times10^{-7}$ m)在 20 ℃时给出的。但由于人的生理原因，不能很精确地确定最暗的情况(最亮的位置更难确定)。因而对于精密测量，在仪器上往往附加一些装置，即在起偏器后加一块长条形石英片(石英片的旋光率=21.724°/mm)，这样就成了三分视场，中间那部分的光是通过石英片的，因而相对于起偏器振动面就旋转了一个角度。在进行测量时，将三分视场的亮度调节相等，并以此位置作为测量参考位置，当在光路中放入待测旋光物质后，视场中三分光都一齐旋转一角度，这时通过检偏器的光又出现三分视场亮度不相等，重新调节检偏器，就可观察到重新出现三分视场亮度相等，即可算出待测旋光物质旋转角，从而计算出该物质的浓度或旋光率。

四、实验内容和步骤

(1) 接通电源，开启开关，预热 5 min，待钠光灯发光正常即可开始工作。

(2) 转动手轮,在出现中间明或暗的三分视场时,调节目镜使中间明纹或暗纹边缘清晰。再转动手轮,观察视场亮度变化情况,从中辨别出半明半暗位置,即为零度视场。

(3) 在仪器中放入空试管或充满蒸馏水的试管后,调节手轮找到零度视场,从左右两读数视窗分别读数,求两者平均值作为一个测量值。转动手轮离开零度视场后再转回来读数,共测两次取平均值,则仪器的真正零点在其平均值 $\bar{\Phi}_0$ 处。

(4) 将装有已知浓度糖溶液的试管放入旋光仪,注意让气泡留在试管中间的凸起部分。转动手轮找到零度视场位置,记下左右视窗中的读数 $\Phi_{左}$ 和 $\Phi_{右}$,各测两次求其平均值 $\bar{\Phi}$,则糖溶液的偏光旋转角度为 $\Delta\bar{\Phi}=\bar{\Phi}-\bar{\Phi}_0$。

(5) 将装有未知浓度的糖溶液的试管放入旋光仪,重复步骤(4),测出其偏光旋转角度。

(6) 测试完毕,关闭开关,切断电源。

五、数据记录及处理

(1) 对 3 种以上已知浓度的糖溶液进行测量,将实验测量数据及处理结果记录于表 1 中,求出糖溶液的旋光率。

(2) 测出未知浓度的糖溶液的偏光旋转角度,用上面求出的糖溶液的旋光率代入公式求出其浓度。

(3) 以 $\Delta\Phi/L$ 为纵坐标,c 为横坐标作图,求糖溶液的旋光率和未知溶液的浓度。

表 1　测量糖溶液旋光度数据表

浓度/(kg·m^{-3})		Φ/(°)				$\bar{\Phi}$/(°)	管长/m	$\Delta\Phi$/(°)
		左	右	左	右			
空管								
c_1								
c_2								
c_3								
$c_{未}$								

六、思考题

旋光角度的大小与哪些因素有关?

七、旋光仪介绍

旋光仪的结构如图 1 所示。钠光灯发出的光经起偏片后成为平面偏振光,在半波片(劳伦特石英片)处产生三分视场。检偏片与刻度盘连在一起,转动刻度盘调节手轮即转动检偏片,可以看到三分视场各部分的亮度变化情况,如图 2 所示。其中(a)(c)为大于或小于零度视场,(b)为零度视场,(d)为全亮视场。找到零度视场,从刻度盘游标处装有放大镜的视窗读数。

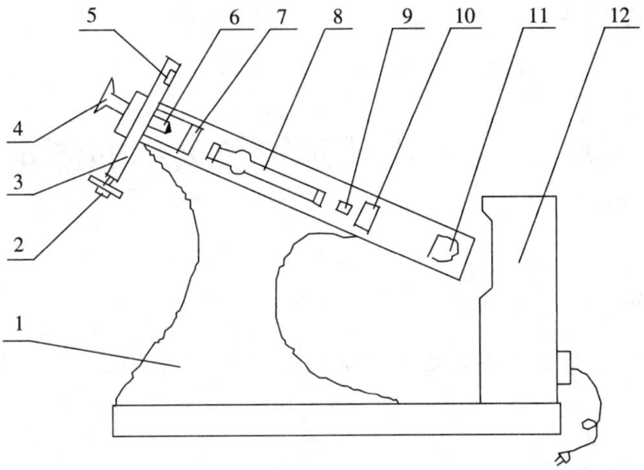

1.底座；2.刻度盘调节手轮；3.刻度盘；4.目镜；5.刻度盘游标；6.物镜；7.检偏片；
8.测试管；9.石英片；10.起偏片；11.汇聚透镜；12.钠光灯光源

图 1　旋光仪结构示意图

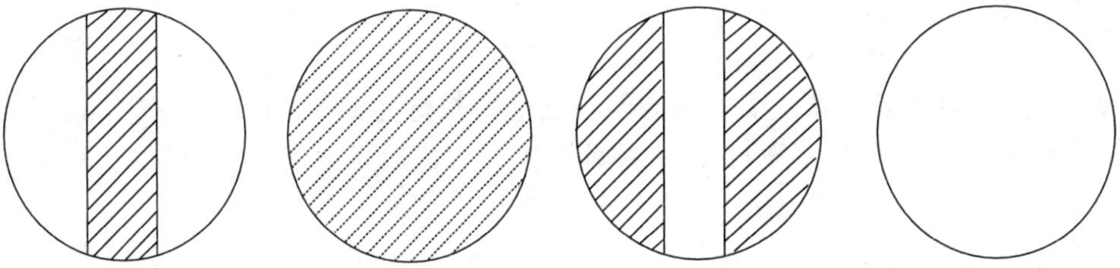

(a) 大于或小于零度视场　(b) 零度视场　(c) 大于或小于零度视场　(d) 全亮视场

图 2　三分视场各部分亮度变化情况示意图

将装有一定浓度的某种溶液的试管放入旋光仪后，由于溶液具有旋光性，使平面偏振光旋转了一个角度，零度视场便发生了变化，转动刻度盘调节手轮，使其再次出现亮度一致的零度视场，这时检偏片转过的角度就是溶液的旋光度，从视窗中的读数可求出其数值。观察到的振动面顺时针旋转时，该种物质称右旋物质，反之为左旋物质。

读数装置由刻度盘和游标盘组成，如图 3 所示，其中刻度盘与检偏镜连为一体，并在刻度盘调节手轮的驱动下可转动。刻度盘分为 720 个小格，每小格为 0.5°，小于 0.5°由游标读数，游标上有 25 个格，每小格为0.02°。为了避免刻度盘的偏心差，在游标盘上相隔 180°对称地装有两个游标，测量时两个游标都读数，取其平均值。具体读数方法如图 3 所示，当游标与刻度盘有两条线重合时，读数为两线之间。如左面读数为 7.61°，右面读数为 7.65°，该角度应取两者平均值，即平均值＝(7.65＋7.61)/2＝7.63°。该旋光仪测量范围为 ±180°，钠光灯波长 $\lambda = 5.893 \times 10^{-7}$ m，试管长度分别为 0.1 m、0.2 m和 0.22 m。

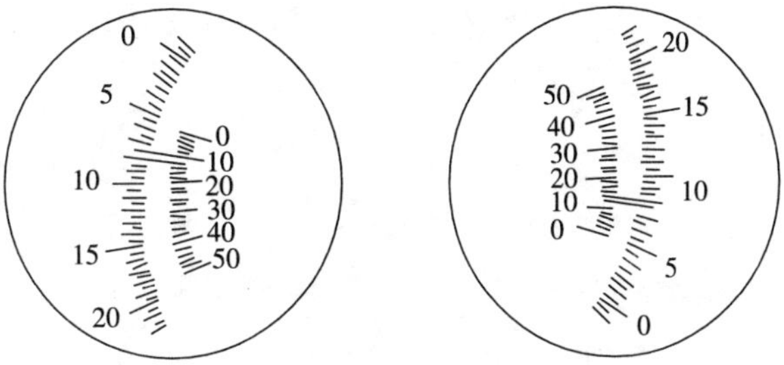

图 3　旋光仪读数示意图

三、设计性实验部分

实验25 自组望远镜放大率的测定

一、实验目的

(1) 了解望远镜的基本结构和基本原理。
(2) 学会组装一台望远镜,并测量它的放大率。

二、实验内容与要求

(1) 组装一台望远镜。
(2) 设计实验方案测量它的放大率。

三、实验仪器

本实验使用的实验仪器主要有带有毛玻璃的白炽灯光源、毫米尺($L=7$ mm)、二维调整架、物镜($f_o=225$ mm)、测微目镜(去掉其物镜头的读数显微镜)、读数显微镜架、通用底座、白屏等。

四、设计报告要求

(1) 在设计报告中,必须拟定实验方案,以及实验原理、实验内容和实验步骤。
(2) 在设计报告中,必须画出相应的光路图。
(3) 在设计报告中,要写清楚本实验所需的实验仪器。

实验 26　自组显微镜放大率的测定

一、实验目的

(1) 了解显微镜的基本结构和基本原理。

(2) 学会组装一台显微镜，并测量它的放大率。

二、实验内容与要求

(1) 组装一台显微镜。

(2) 设计实验方案测量显微镜的放大率。

三、实验仪器

本实验使用的实验仪器主要有带有毛玻璃的白炽灯光源、1/10 mm 分划板、二维调整架、物镜($f_o=15$ mm)、测微目镜(去掉其物镜头的读数显微镜)、读数显微镜架、三维底座、一维底座、通用底座、白屏等。

四、设计报告要求

(1) 在设计报告中，必须拟定实验方案，以及实验原理、实验内容和实验步骤。

(2) 在设计报告中，必须画出相应的光路图。

(3) 在设计报告中，要写清楚本实验所需的实验仪器。

实验 27　自组透射式幻灯机

一、实验目的

(1) 了解幻灯机的工作原理和聚光镜的作用。
(2) 组装一台透射式幻灯机。

二、实验内容与要求

本实验要求组装一台透射式幻灯机并检验其放映效果。

三、实验仪器

本实验使用的实验仪器主要有带有毛玻璃的白炽灯光源、透镜($f_1=50$ mm)、二维调整架、幻灯底片、透镜($f_2=190$ mm)、白屏、三维底座、一维底座、二维底座、通用底座等。

四、实验原理

幻灯机能将图片的像放映在远处的屏幕上,但由于图片本身并不发光,所以要用强光照亮图片,因此,幻灯机的构造总是包括聚光和成像两个主要部分,在透射式的幻灯机中,图片是透明的。

成像部分主要包括物镜 L、幻灯片 P 和远处的屏幕。为了使这个物镜能在屏上产生高倍放大的实像,幻灯片 P 必须放在物镜 L 的物方焦平面外很近的地方,使物距稍大于物镜 L 的物方焦距。

聚光部分主要包括很强的光源(通常采用溴钨灯)和透镜 L_1 与 L_2 构成的聚光镜。聚光镜的作用是:一方面,要在未插入幻灯片时,能使屏幕上有强烈而均匀的照度,并且不出现光源本身结构(如灯丝等)的像,一经插入幻灯片,能够在屏幕上单独出现幻灯图片的清晰的像;另一方面,聚光镜要有助于增强屏幕上的照度,因此,应使从光源发出并通过聚光镜的光束能够全部到达像面。为了实现这一目的,必须使这束光全部通过物镜 L,这可用所谓“中间像”的方法来实现,即聚光器使光源成实像,成实像后的那些光束继续前进时,不超过透镜 L 边缘范围。光源的大小以能够使光束完全充满 L 的整个面积为限。聚光镜焦距的长短是无关紧要的。通常将幻灯片放在聚光镜前面靠近 L_2 的地方,而光源则置于聚光器后两倍于聚光器焦距处。聚光镜焦距等于物镜焦距的一半,这样从光源发出的光束在通过聚光镜前后是对称的,而在物镜平面上,光源的像和光源本身的大小相等。

五、设计报告要求

(1) 在设计报告中,必须拟定实验方案,以及实验原理、实验内容和实验步骤。
(2) 在设计报告中,必须画出相应的光路图。
(3) 在设计报告中,要写清楚本实验所需的实验仪器。

六、数据记录及计算公式

(1) 请自拟表格记录相关实验测量数据。

(2) 放映物镜的焦距：

$$f_2 = \frac{M}{(M+1)^2 \times D_2}$$

聚光镜的焦距：

$$f_1 = \frac{D_1}{M+1} - \frac{D_1}{(M+1)^2}$$

其中：$D_2 = U_2 + V_2$，$D_1 = U_1 + V_1$，$M_i = \frac{V_i}{U_i}$ $(i = 1,2)$ 为像的放大率，$f_i = \frac{U_i V_i}{U_i + V_i}$ $(i = 1,2)$。

第4章

电磁学实验

一、基础性实验部分

实验 1　电源、电阻器、电表的初步使用

一、实验目的

(1) 掌握稳压电源的使用方法。

(2) 掌握滑线变阻器、电阻箱的使用方法。

(3) 掌握电压表、电流表的使用方法。

二、实验仪器

本实验使用的实验仪器主要有电源、电阻器、电表等。

三、实验原理

1. 电源

电源是将其他形式的能转换成电能的装置，分直流电源和交流电源两种。

直流电源包括直流稳压电源、蓄电池、干电池等。直流稳压电源的型号繁多，外形各异，但它们都是由变压、整流、滤波和稳压等几部分组成的。它的特点是：输出电压稳定性好，输出功率较大，输出电压连续可调，使用方便。使用时要注意不要超过它的最大输出电压和最大输出电流。干电池是将化学能转化成电能的装置。与碳棒相连的铜帽为正极，锌皮为负极，电动势为 1.5 V 左右。随着使用时间的延长，干电池的电动势逐渐下降，内阻逐渐上升。实验室用的酸性蓄电池，正极呈红褐色，负极显灰白色。酸性蓄电池内部的电解液是稀硫酸，具有腐蚀性。酸性蓄电池每单元的电动势约为 2 V。放电电流不超过其容量的 1/10。蓄电池随着使用时间的延长，内阻会逐渐增加，电动势也会逐渐下降，当电动势降低到 1.8 V左右时，不宜再放电，应及时充电。

一般常用的市电交流电源的频率为 50 Hz，线电压为 380 V，相电压为 220 V，使用时应区别清楚。由于市电交流电源电压较高，应特别注意用电安全：人体不要与带电导线的裸露部分接触，不可使用绝缘保护层已经损坏的导线，以免出事故。

为了人身安全，在做电学实验时，最好养成单手操作的习惯，即一手操作，另一手悬空。

无论使用什么电源都应避免短路。如果出现发臭、冒烟等现象，应立即将电路断开，排除故障。不能直接用电流表测量电源的输出电流，这相当于电源短路，因为电流表内阻一般很小。使用任何电源都必须在它的近处接入一个开关，此开关必须处于常开(断)状态；只有观察实验现象和读取数据时，才可以将开关闭合(通)。拆除电路之前，必须先使稳压电源的输出电压为零，再拆除电源线和其他接线。

2. 电阻器

实验室常用的电阻器有滑线电阻器、旋钮式电阻箱等。

(1) 滑线电阻器

滑线电阻器的外形如图 1 所示，接线柱 A 和 B 与整个电阻丝的两端相连，接触片 C 可在电阻丝上滑动，从而改变 A 与 C 或 C 与 B 之间的电阻。它常用于限流和分压。有时可将接触片来回滑动几次，使 C 与电阻丝接触良好，常用的滑线电阻器则不可盲目滑动，以免增加磨损。

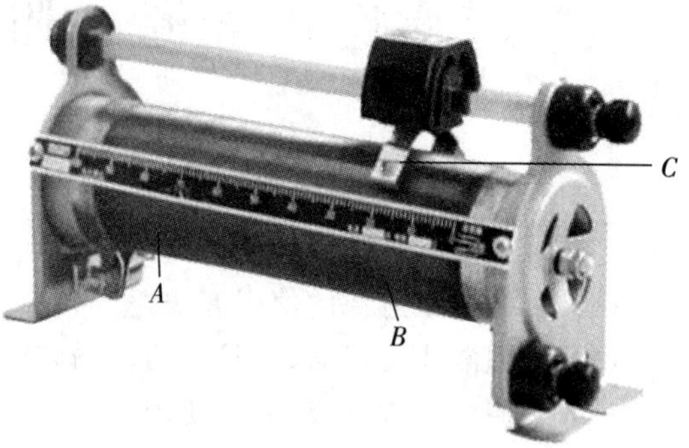

图 1 滑线电阻器示意图

① 作限流用

滑线电阻器作限流的接法如图 2 所示。固定端之一(B 端)不用，将另一固定端(A 端)和滑动端 C 与电源串联。改变滑动端 C 的位置就可以改变 A 与 C 之间的阻值 R_{AC}，从而改变通过负载 R' 的电流 I。

注意：接通电路之前，应使限流电阻 R_{AC} 具有最大值(即图中的 C 端与 B 端重合)，使通过负载的电流最小，以利安全。

② 作分压用

滑线电阻器作分压用的接法如图 3 所示。两个固定端 A 和 B 与电源相接，负载电阻 R' 的两端分别与固定端之一(如 A 端)和滑动端 C 相连。当滑动端 C 由 A 端移至 B 端时，负载电压 U_{AC} 在零到最大值的范围内变化。一般情况下，负载电压仅仅是电源端电压的一部分，所以这种电路称为分压电路。

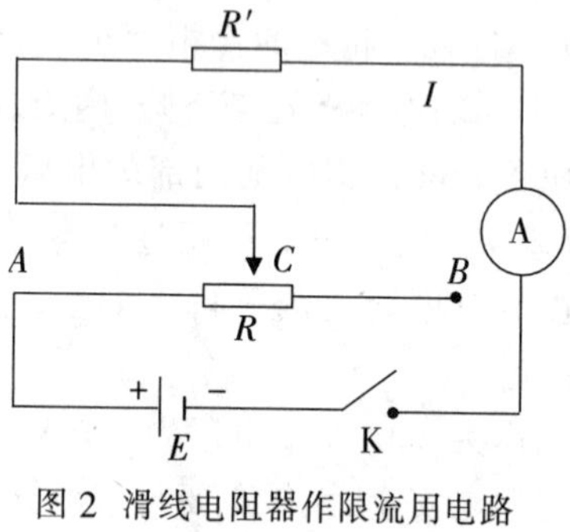

图 2 滑线电阻器作限流用电路

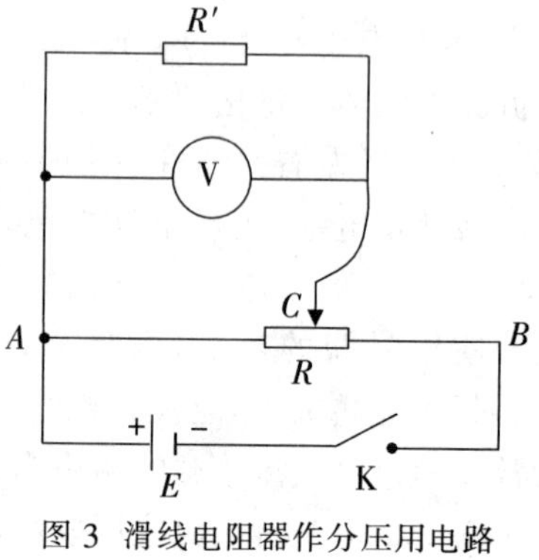

图 3 滑线电阻器作分压用电路

注意：接通电路之前，应使负载电压最小，即应使图中的 C 端与 A 端重合，以利于安全。

滑线电阻器有两个重要参数，即全电阻(整个电阻丝 A、B 之间的阻值)和允许通过的最大电流。选用滑线电阻器时，应考虑这两个参数是否合适。

(2) 旋钮式电阻箱

为了方便调节电阻的阻值，常将若干个固定电阻装在一个箱中，旋转电阻箱面板上的各个旋钮，可以得到不同的阻值。图 4 为 ZX21 型旋钮式电阻箱的内部线路图。

旋钮式电阻箱按其阻值的准确程度分为 0.02、0.05、0.1、0.2 等若干个等级，等级的数值表示电阻本身百分误差的大小。ZX21 旋钮式电阻箱为 0.1 级。

另外，旋钮式电阻箱还存在一个接触电阻的问题。不同级别的电阻箱，规定允许的接触电阻的标准也不同。电阻本身的误差与由于接触电阻而产生的误差之和，称为电阻箱的基本误差。电阻箱的基本误差可按照表 1 所列公式计算。

表 1　不同级别电阻箱的基本误差

等级	基本误差
0.02	$\pm(0.02+0.1m/R)\%$
0.05	$\pm(0.05+0.2m/R)\%$
0.1	$\pm(0.1+0.5m/R)\%$
0.2	$\pm(0.2+0.5m/R)\%$

注：m 为所用旋钮的个数，R 为电阻箱的指示值。

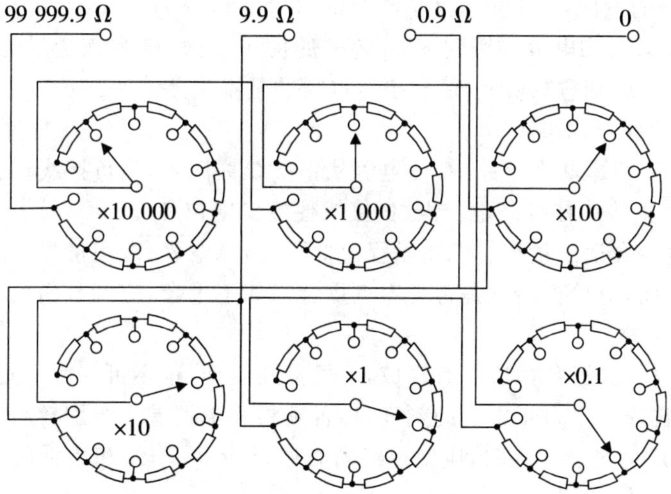

图 4　ZX21 型旋钮式电阻箱的内部线路图

例　某四旋钮电阻箱为 0.1 级，指示值为 1 024 Ω，其基本误差为

$$\pm(0.1+0.5\times4/1\,024)\%\approx\pm\,0.1\%$$

使用电阻箱时应注意如下几点：

① 实际功率不要超过它的额定值。一般电阻箱的额定功率 $P=0.25$ W。据此可以计算出当指示值为 R 时允许通过的最大电流：

$$I_{\max}=\sqrt{P/R} \tag{1}$$

允许加于该电阻两端的最高电压：

$$U_{\max}=\sqrt{PR} \tag{2}$$

譬如，当电阻值为 100 Ω 时，$I_{\max}=\sqrt{0.25/100}\ \text{A}=0.050\ \text{A}$，$U_{\max}=\sqrt{0.25\times100}\ \text{V}=5.0\ \text{V}$。

② 当所用电阻箱有多个接线柱时，应根据所需电阻值合理地选择两个接线柱。选择的原则是使接触电阻要尽可能小。图 4 中的电阻箱有“0 Ω”“0.9 Ω”“9.9 Ω”“99999.9 Ω”等 4 个接线柱，当只需 10 Ω 以下某个阻值时，应选用“0 Ω”和“9.9 Ω”两个接线柱进行接线。

③ 使用旋钮式电阻箱之前，有时可将旋钮旋转若干个来回，以使各接触点的接触稳定

可靠。经常使用的电阻箱，不应随便乱拨，以免增加磨损。

3. 电表

电表按结构可分为磁电式、电磁式、电动式和感应式等。在电磁学实验中，磁电式电表应用最广。磁电式电表的表头允许通过的电流是很微弱的，为 $10^{-9} \sim 10^{-3}$ A，因此，可用它来检验电路中是否有电流通过，所以这种电流表又称检流计，常用符号"G"表示。如果给磁电式电表并联一个分流电阻，就成了可量度较大电流的安培表；如果给磁电式电表串联一个降压电阻，就成了可量度较高电压的伏特表。电气仪表的主要技术指标都是用一定的符号来表示，并标记在表盘上，各符号的含义可查阅电表的使用说明。

当电表在规定条件下工作时，可能出现的最大基本误差的百分数，称为电表的准确度等级，有 0.1，0.2，0.5，1.0，1.5，2.5，5.0 等 7 个级别。电表级别的定义公式为

$$\beta = (\Delta M / M) \times 100\% \tag{3}$$

式中：M 表示电表的量限，ΔM 表示该量限范围内可能出现的最大绝对误差。由电表级别的定义公式可知，如果已知电表的级别，又知该表的使用量限，则在该量限范围内的最大绝对误差为$M \cdot \beta$。显然，级别愈高（即 β 值愈小），电表的基本误差愈小。

使用电表时应注意的事项：

① 直流电流表应串联在电路中，使电流从正接线柱流入，从负接线柱流出；直流电压表应并联在电路中，正接线柱接高电位点，负接线柱接低电位点。

② 应选用电表合适的量程。选用量程过低，会损坏电表；选用量程过高，会增大误差。

③ 使用电表前，应检查指针是否与零点重合。如不重合，应调节面板上的零调节螺丝，否则会增大系统误差。

④ 电表的结构比较精密，应轻拿轻放，不可强烈震动，也不可在太阳光下曝晒。

⑤ 读数时，视线应垂直于电表的刻度盘，否则将产生视差。级别较高的电表，在刻度线旁装有一条平面反射镜。读数时，应使视线同时通过指针、刻线和指针的虚像，这样就能保证视线与刻度盘垂直。

4. 电路的连接方法

(1) 接线前应将所用的仪器和仪表作合理的布局，要符合安全可靠、互不干扰、接线简短、操作方便、读数容易、便于检查等原则。一般来说，将经常需要调节或者经常需要读数的仪表放在近处，将高压电源、标准电池等危险、怕震的仪器放在远处。对初学者来说，也可以按照电路图进行布局。

(2) 在理解实验原理、了解各个部件作用的基础上，把电路图记在脑海中，然后按一定的顺序进行接线，不要养成"看一下电路图，连接一根导线"的坏习惯。对于简单电路，可以从电源正极开始，顺着电流的路径依次接线，直至电源的负极。当线路比较复杂时，可把线路图分为若干个回路，先接电源回路，再由近及远地顺次接其他回路。

(3) 接线时，应注意利用不同颜色的导线。一般用红色或浅色导线接正电位，用蓝色或深色导线接负电位，黑色导线常用于接零电位或接地、接机壳等。

(4) 接线时，应充分利用电路中的等位点，避免在同一个接线柱上集中过多的接线。接线应牢固可靠，以便减小接触电阻；但也不可过紧，以免损坏接线柱。

四、实验内容和步骤

(1) 认真观察本实验所用仪器的外观结构，如有可能，最好也观察内部结构，阅读各个

仪器上的铭牌或仪器使用说明书，观察电表表盘上的各个符号，扼要记录观察结果。

(2) 按图 2 连接电路。接好电路后，首先自己检查连接是否正确，再检查各仪器的状态是否正确。例如，开关是否断开，电源和电表的极性是否接错，量程是否合适，滑线电阻器的滑动端的位置是否符合要求，电阻箱所指的阻值是否恰当，等等。然后再请指导教师检查，经同意后，将开关接通，同时观察电表指针的转动是否正常。

将滑线变阻器滑动端 C 自 B 端向 A 端缓慢滑动，观察电流数值的变化情况，并且任意选取 3 个位置读取电流数值。在读数时，应注意电表最小分度值是多少，有效数字应该是几位。

(3) 按图 3 连接电路，经自己和指导教师检查无误后方可接通电源，将滑线变阻器滑动端 C 自 A 端缓慢移向 B 端，观察输出电压的变化情况，并且读取 3 个不同的电压值，根据电表的级别和量程分别计算这 3 个值的相对误差。

(4) 记录所用仪器的名称、型号和主要规格。

五、思考题

(1) 旋钮式电阻箱的阻值分别为 500 Ω 和 50 Ω，级别为 0.1，那么，它们的绝对误差和相对误差分别是多少？它们的有效数字各有几位？

(2) 旋钮式电阻箱的阻值分别为 500 Ω 和 50 Ω，额定功率 0.25 W，那么，允许通过的最大电流分别是多少？允许的最高电压分别是多少？

(3) 在图 3 中，如果输出电压不从 A、C 两端引出而是从 B、C 两端引出，这样做可以吗？为什么？此时哪一端电势较高？

(4) 使用电源时应注意哪些问题？

实验 2　万用电表的使用

一、实验目的

(1) 了解万用电表的结构和工作原理。

(2) 学会正确使用万用电表的方法。

(3) 学习使用万用电表检查电路故障的方法。

二、实验仪器

本实验使用的实验仪器主要有万用电表、直流电源、滑线电阻器、旋钮式电阻箱、开关等。

三、实验原理

各种各样的万用电表的结构和工作原理基本相同。下面以实验室常用的 MF30 型袖珍式万用电表为例，定性分析其各部分的线路结构和工作原理。MF30 型万用电表的整体电路如图 1 所示。

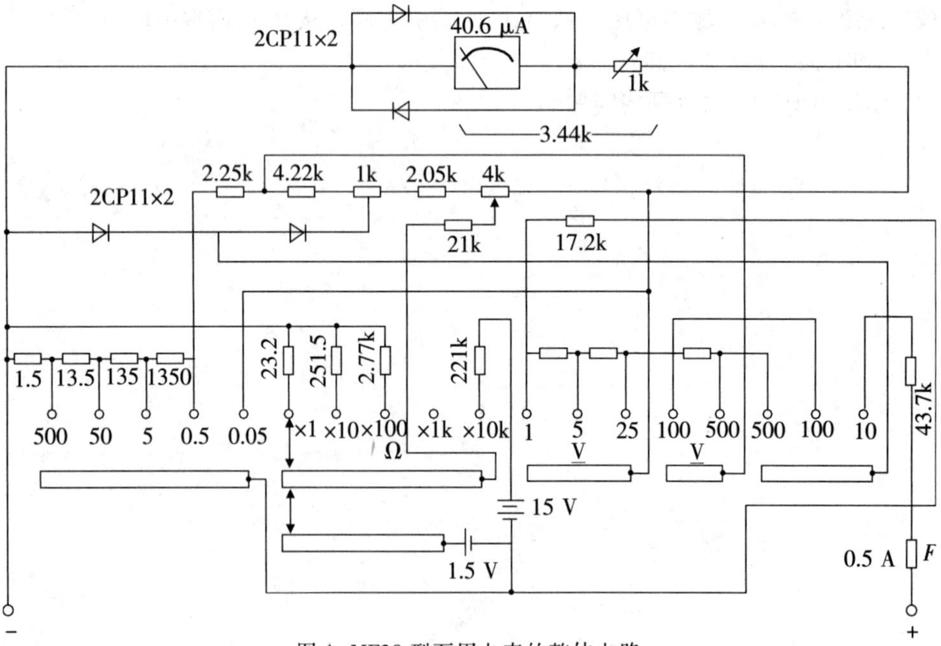

图 1　MF30 型万用电表的整体电路

1. 测量直流电流的线路

万用电表的表头是一只灵敏度很高的微安表，用并联分流电阻的办法扩大它的电流量程，在总分流电阻中引出若干个抽头，就可获得多个电流量程，各个分流电阻的阻值可以计算，图 2 是 MF30 型万用电表测直流电流部分的电路图。

2. 测量直流电压的线路

表头本身只能量度很低的电压，串联降压电阻可扩大其量程。但是在万用电表中，直流电流的分流电阻是固接在表头上的，测量电压时它们同样起分流作用，因此，在这里说的电压挡表头指的是并联分流电阻后的等效表头。图 3 是 MF30 型万用电表测直流电压部分电路图，图中的虚线框为等效表头，R_6，R_7，R_8 和 R_9 为各个电压量程的降压电阻，它们的阻值可以计算，不过，该表头中的 R_g 在这里应理解为等效表头的内阻。

在使用万用电表的电压挡测量电路中某两端的电压时，由于万用电表本身存在内阻 R_V，就必然会改变原电路的电流及两端的电压值，因而电表所指示的电压，并不是未并入电表前的实际值。这种因电表接入而带来的误差称为接入误差。显然，R_V 愈小，接入误差愈大；反之，如果 R_V 远远大于被测电阻 R，则接入误差可忽略不计。

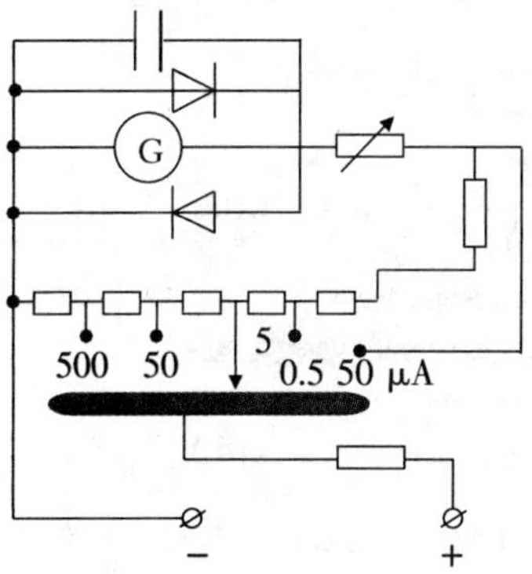

图 2　MF30 型万用电表测量直流电流的电路

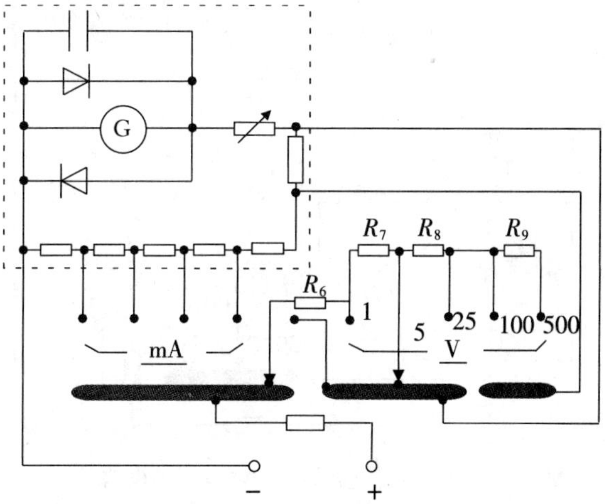

图 3　MF30 型万用电表测量直流电压的电路

为了估计接入误差的大小，必须知道被测量部分的阻值大小和所用电表内阻 R_V 的大小。值得注意的是，同一电压表，不同的电压量程，其内阻是不一样的。在一般万用电表的面板上都标明了电压挡的每伏欧姆数，如 MF30 型万用电表，当量程为 1 V、5 V 和 25 V 时，每伏欧姆数为 $2\times10^4\ \Omega/V$。这个数字告诉我们：当使用 5 V 挡时，不论指针是否偏转满刻度，其内阻均为 $2\times10^4\ \Omega/V\times5\ V=10^5\ \Omega$；当使用 25 V 挡时，其内阻 $R_V=5\times10^5\ \Omega$，其他依此类推。

3. 测量交流电压的线路

万用电表中所用的磁电式表头，只能用来测直流电，不能用来测交流电。为了使万用电表也能测量交流电压，必须附加整流装置，常用的整流装置有半波整流和全波整流两种，MF30 型万用电表使用的是半波整流，其原理如图 4 所示。在 A 为正，B 为负的半周期内，D_1 导通、D_2 截止，电流的路径为 A→D_1→G→B；当 A 为负，B 为正时，D_1 截止、D_2 导通，电流的路径为 B→ D_2→A（不经过表头 G）。可以证明，半波整流时，电表指示值是交流电压有效值的0.441倍。

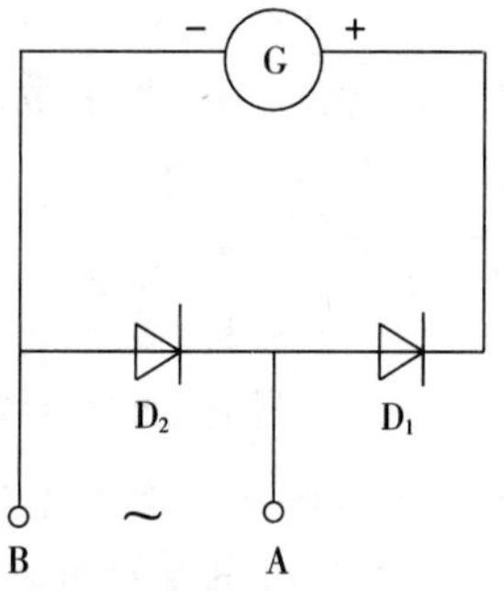

图 4　半波整流电路原理图

万用电表交流电压挡的各个降压电阻的计算方法与直流电压挡相同，只是在计算等效表头的内阻时，必须将二极管的正向电阻包括在内。

采用 MF30 型万用电表测量交流电压部分的电路如图 5 所示，该万用电表电压挡的每伏欧姆数为 5 000 Ω/V，图中的虚线框为交流电压挡的等效表头。

4. 测量电阻的线路

采用 MF30 型万用电表测量电阻的电路如图 6 所示，图中有一个电阻挡特有的调零电位器。当倍率为"×1 k""×100""×10"" ×1"时，所用电源为 1.5 V；当倍率为"×10 k"时，由于被测电阻的阻值很高，为了提高表头的灵敏度，减小测量误差，所以改用 15 V 的层叠电池。

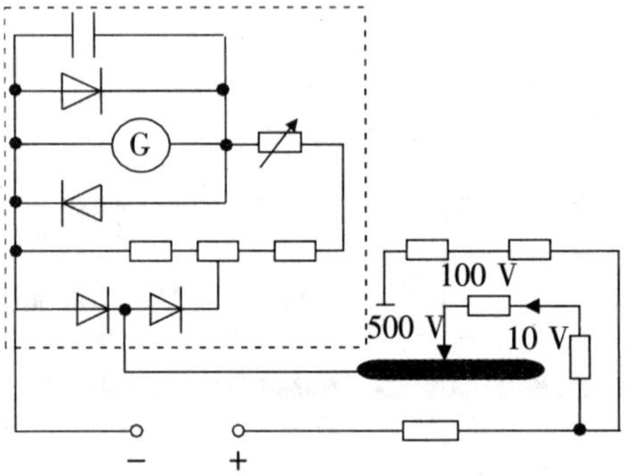

图 5 MF30 型万用电表测量交流电压的电路

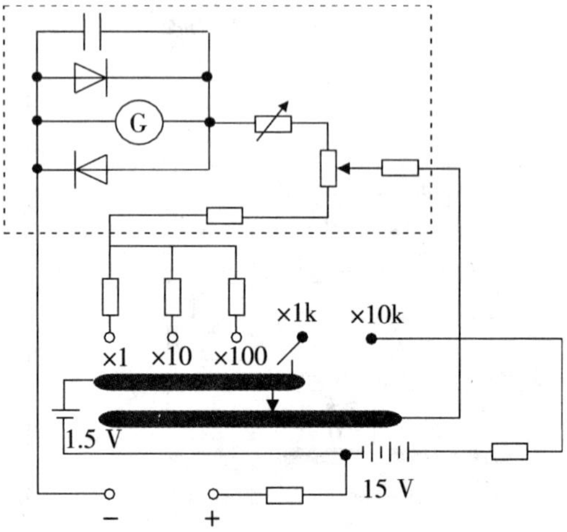

图 6 MF30 型万用电表测量电阻的电路

5. 万用电表的使用方法

在 MF30 型万用电表的刻度上有 4 条弧形刻度尺。最上面的一条是欧姆线，测量电阻时从这条刻度尺上读数；第二条是直流电流、直流电压和 10 V 以上交流电压共用的刻度尺；第三条是 10 V 交流专用线，测量 10 V 以下的交流电压时从这条刻度尺上读数；第四条是音频电平刻度线。

万用电表的测试棒分红、黑两根，使用时应分别插在正(＋)、负(—)两个插口上。

(1) 直流电压的测量

先把范围选择开关旋至直流"V"的合适挡位上，红表笔搭高电位点，黑表笔搭低电位点，如果估计不出被测电压的大致数值和待测两端电位的高低时，可把范围选择开关旋至"500 V"挡，将两根表笔在被测电压的两端瞬时接触一下，观察指针偏转的方向是否正确，然后根据指示值的大小，改用合适的量程进行测量。

(2) 交流电压的测量

根据待测电压的估计数值把范围选择开关调至交流"$\underset{\sim}{\mathrm{V}}$"的合适挡位上。如果待测电压大于 10 V，则用第二条共用刻度读数；如果小于 10 V，则用第三条 10 V 交流专用刻度线读数。

(3) 直流电流的测量

先把范围选择开关旋至"mA"或"μA"范围内的合适挡位上，再把万用电表串联在待测电路中，应使电流从正表笔流入，从负表笔流出。切勿将范围选择开关已经调在电流挡的万用电表与被测电路并联，否则会损坏电表。

(4) 电阻的测量

首先估计待测电阻值的大小，将范围选择开关旋至"Ω"范围内的合适挡位上。将两表笔短接，指针立即顺时针偏转，调节电阻挡特有的调零旋钮，使指针指在电阻刻度尺的零位上。再把表笔搭在待测电阻的两端，将指针所指的读数乘以该挡的倍率，就可以得到所测电阻的阻值。

为减少误差，倍率应选择合适，以便尽可能在中值电阻 R_Z 附近读数，一般认为电阻挡的有效量程为 $R_Z/5$ 至 R_Z 的范围。值得注意的是，每次改变倍率挡，都应重新调零。

测量电阻的电阻值时，两手不要和表笔同时搭在被测电阻的两端，以免因人体作为电阻的并入而致使测量结果的准确度降低。

利用"×1"挡测量电阻时，应尽量缩短测量时间，以减小电表内电池的电能消耗。测量电路中的电阻时，应先切断电路电源，同时电阻的一端必须从电路中断开。电阻挡调零时，如调不到零点，说明电池内阻太大，需要换新电池。

注意：万用表使用完毕，应将选择开关旋至高压挡位上。

四、实验内容和步骤

1. 测量直流电压

按图 7 连接电路，电路闭合后，用万用电表的直流电压挡分别测量电源 E、电阻 R_1 和 R_2 两端的电压，假定该图中 R_1 和 R_2 分别为 100 Ω 和 1 000 Ω 左右。

2. 测量直流电流

用万用电表的直流电流挡分别测量电路中的电流 I_1、I_2 和 I，如图 8 所示。用不同量程再重新测一次。观察用不同量程测定同一电流时，它们的数值是否相同。

3. 测量电阻

按图 8 连接电路。

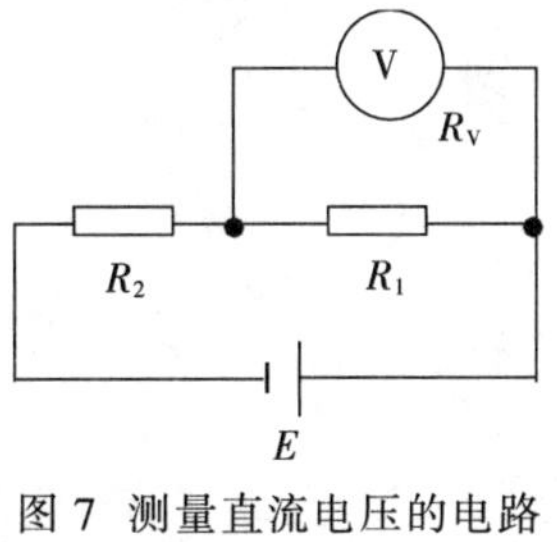

图 7　测量直流电压的电路

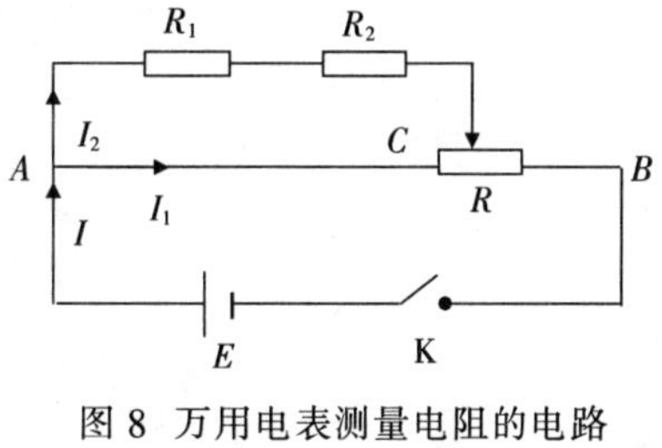

图 8　万用电表测量电阻的电路

(1) 用万用电表的欧姆挡分别测量滑线电阻器 R 和电阻箱 R_1、R_2 的阻值，再测量 A、B 两点间和 A、C 两点间的阻值，应特别注意有效数字的位数。最后变换倍率再将上述阻值测量一遍。

(2) 用旋钮式电阻箱分别检验万用电表各倍率挡的中值电阻。

(3) 用万用电表 $R\times100$ Ω 电阻挡判断二极管的正、负极。

4. 测量交流电压

用万用电表的交流电压挡测量低压交流电源的输出电压；再测市电的线电压和相电压。

注意：高压危险！人体切勿与导电部位接触。

5．用万用电表检查电路故障

在做电学实验时，可能会遇到电路连接正确但电路不通的反常情况，这说明电路存在故障。这可能是某个元件内部已损坏，或者某根导线内部已经断开，或者某个接线柱接触不良。对于这类属于断路的简单故障，用万用电表检查起来非常方便，检查方法有下述两种：

(1) 电阻法。用万用电表的欧姆挡(如“×1 k”)，在切断电路电源的条件下，依次检查电路各段的通、断情况，不通之处就是电路断开之所在。但应注意，不能随便用万用电表的欧姆挡检查量程较小的电流表(如微安表、灵敏电流计等)的通断情况，也不能用它来检查不允许通过较大电流的其他元器件(如标准电池)；当电路有并联支路时，被检查支路应先从电路中断开。

(2) 电压法。在电源接通的情况下，用万用电表的电压挡依次检查电路各点的电位的高低，电位反常的点，就是电路故障之所在。

实验时，相邻两组同学互设故障，分别让对方用上述两种方法加以检查。在实践中不断总结经验，提高检查速度。在以后的实验中，如发现电路有故障，不要轻易请指导老师解决，应根据理论知识自己设法排除。

五、思考题

(1) 为什么万用电表的欧姆挡的有效量程只是中值电阻附近的一段？

(2) 在不切断电源的情况下能否用欧姆表测量电路中的电阻？为什么？

(3) 为什么在万用电表上要注明每伏欧姆数？

(4) 能否用欧姆表测量电源的内阻？为什么？

实验 3　伏安法测电阻

一、实验目的

(1) 掌握用伏安法测电阻的方法。

(2) 学会使用直流稳定电源、直流伏特表及直流安培表。

(3) 学会用作图法处理数据。

二、实验仪器

直流稳压电源、直流伏特表、直流安培表、滑动变阻器、开关、导线、电阻。

三、实验原理

伏安法测电阻的原理——用电表测得电阻的电压、电流后，通过欧姆定律

$$R = U/I$$

即可计算出电阻值。

伏安法测电阻有两种接线方法，分别如图 1 和图 2 所示。

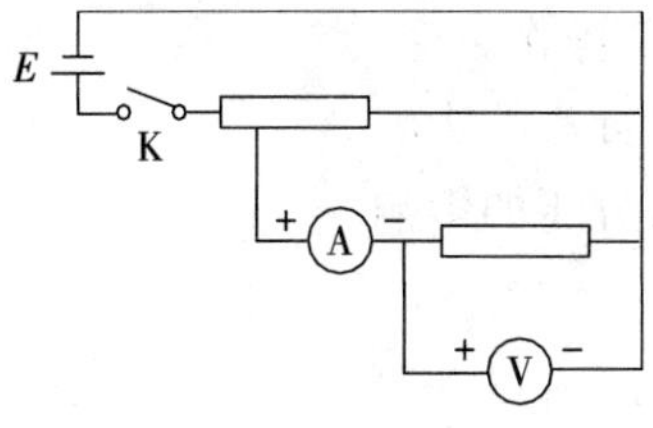

图 1　电流表外接法

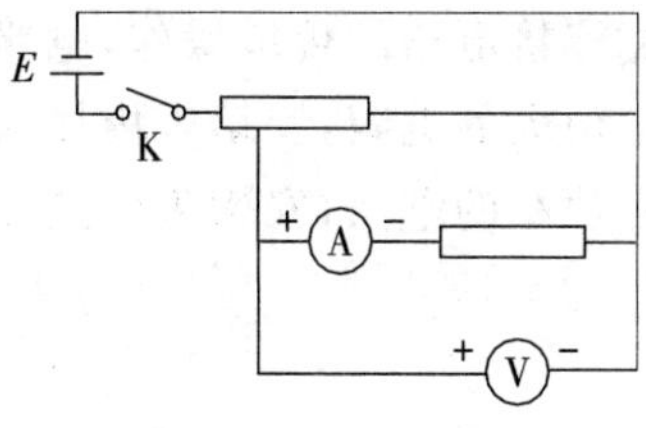

图 2　电流表内接法

1. *电流表外接法*

图 1 为电流表外接法。在外接法中，电压表和待测电阻 R_x 并联后再与电流表串联，故电压表指示值就是 R_x 上的电压 U_x，而电流表的指示值 I 却包含了通过电压表的电流 I_V，即

$$I = I_x + I_V = U(1/R_x + 1/R_V) \tag{1}$$

由式(1) 可得 R_x 的测量值为

$$R = U/I = R_x \cdot R_V/(R_x + R_V) \tag{2}$$

由式(2) 可知测量值比实际电阻 R_x 的值偏小，只有当 $R_x \ll R_V$ 时，$R \approx R_x$，即电阻阻值较小时，可采用电流表外接法测量。

2. *电流表内接法*

图 2 为电流表内接法。内接法中电流表和待测电阻 R_x 串联后与电压表并联，故电流表指示值等于通过 R_x 的电流 I_x，而电压表的指示值 U 却包含了电流表上的电压降 U_A，即

$$I = I_x, \quad U = U_x + U_A \tag{3}$$

由式(3) 可得 R_x 的测量值为

$$R = U/I = (U_x + U_A)/I = R_x + R_A = R_x(1 + R_A/R_x) \tag{4}$$

由式(4) 可知，测量值比实际电阻 R_x 的值偏大，只有当 $R_x \gg R_A$ 时，$R \approx R_x$，即电阻阻值较大时，可采用电流表内接法。

四、实验内容和步骤

(1) 将电路按图 1 接好，断开开关 K，电流表和电压表置于适当的量程挡，滑动变阻器滑片置于最右端。

(2) 开启直流电源，将其输出电压调为合适的值。

(3) 闭合开关 K，将滑动变阻器滑片从最右端渐次向左端滑动，读出相应的电压、电流值。

(4) 断开开关 K 和直流电源，将电路按图 2 接好，电流表和电压表置于适当的量程挡，滑动变阻器滑片置于最右端。

(5) 开启直流电源，将其输出电压调为合适的值。

(6) 闭合开关 K，将滑动变阻器滑片从最右端渐次向左端滑动，读出相应的电压、电流值。

五、注意事项

(1) 电流表和伏特表的量程怎样选择？确定电源输出电压的依据是什么？

(2) 注意连接电路的规范操作，电路开关的规范操作。

(3) 对阻值大的电阻，安培表内接，减小伏特表分流的影响。

(4) 对阻值小的电阻，安培表外接，减小安培表分压的影响。

实验 4　灵敏电流计特性的研究

一、实验目的

(1) 了解灵敏电流计的基本结构和工作原则。

(2) 观察灵敏电流计线圈的 3 种运动状态。

(3) 掌握测定电流计内阻和灵敏度的方法。

二、实验仪器

本实验使用的实验仪器主要有灵敏电流计、直流电源、滑线电阻器、标准电阻、直流电压表、换向开关、单刀开关等。

三、实验原理

灵敏电流计是一种灵敏度很高的电流计。可以用它来测量微弱电流,如光电流、生理电流等;也可用它测量微弱电压,如温差电动势;也常常用它作检流计用,如电桥、电位差计的示零器。因此,它是电磁测量常用仪器之一。

1. 光斑式检流计的基本结构和工作原理

灵敏电流计形式多种多样,常见的有指针式、壁挂式和光斑式等。本实验采用 AC15 型光斑式检流计,其结构示意图如图 1 所示。

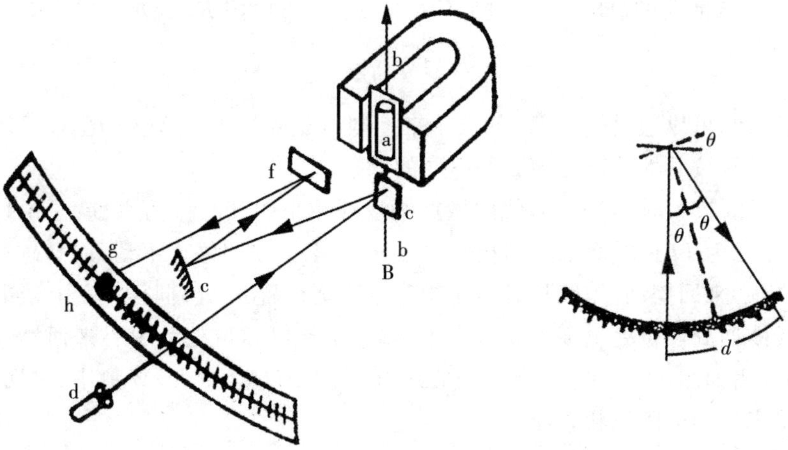

图 1　AC15 型光斑式检流计示意图

在永久磁铁之间有一圆柱形软芯 a,使缝隙中的磁场呈均匀辐射状分布。被上、下悬丝 b 绷紧的用细绝缘导线绕成的矩形线圈,竖直地悬挂在缝隙处,一轻质小平面镜 c 固定在一线圈下端。从光源 d 发出的光线首先投射到小镜上,反射后射到凸面镜 e 上,再反射到长条平面镜 f 上,最后反射到弧形标度尺 g 上,形成一个中间有一竖直线的方形光斑 h。当有微弱电流通过线圈时，此线圈(连同小镜)在磁力矩作用下以悬线为轴而偏转，于是小镜的反射光也改变方向，这个反射光起了电流计指针的作用。由于这种装置没有转轴和轴承，消除了难以避免的机构摩擦；又由于反射光线多次来回反射，增加了"光指针"的长度，使在同样转角下，"光指针针尖"(光斑)所扫过的弧长增加，所以这种电流计的灵敏度得到较大提高。

由以上的结构简介可知，灵敏电流计是磁电式电表的一种，因此，通过电流计线圈的电流 I_g 与线圈的偏角 θ 成正比。所以，通过线圈的电流 I_g 与光斑位移 d 成正比，即

$$I_g = Kd \tag{1}$$

式中的比例系数 K 称为电流计的特性常数。它的倒数为

$$S = 1/K = d/I_g \tag{2}$$

称为电流计的灵敏度。它表示单位电流所引起的光斑位移的大小。显然，S 愈大，电流计愈灵敏。

为了能定量地量度电流，事先必须知道 K 值或 S 值的大小。一般在电流计的铭牌上会标明 K 值或 S 值。但由于长期使用、检修等原因，其数值往往有所改变，所以使用电流计定量测量之前，必须先测定 K 值或 S 值。

AC15 型光斑式检流计的面板如图 2 所示。图中 M 为零点调节旋钮(粗调)；N 为固定在标度尺上的手柄，左右移动它可使光斑准确对准零点(细调)。面板的左上部有一转换旋钮 Q，当它指"×1"挡时，灵敏度最高；指"×0.1"和"×0.01"挡时，灵敏度分别降低到 1/10 和 1/100。当光斑晃动不止或搬动检流计时，应将旋钮 Q 指向"短路"位置，以便保护检流计的悬丝。

2. 电流计线圈的 3 种运动状态

由电磁感应定律可知，闭合线圈在磁场中转动时因切割磁力线而产生感应电动势和感应电流。这个感应电流也要受磁场作用，即线圈受到一个阻碍线圈转动的电磁阻尼力矩 M 作用，M 与闭合回路的总电阻(由电流计内阻 R_g 和外电阻 R_w 组成)成反比：

$$M \propto \frac{1}{R_g + R_w} \tag{3}$$

由此可知，可以通过改变 R_w 的大小来控制电磁阻尼力矩 M 的大小。M 不同，线圈的运动状态也不同。按其性质可分为 3 种不同的状态：

(1) 当 R_w 较大时，M 较小，线圈做振幅逐渐减小的衰减振荡。也就是说，当通过电流计的电流由零变为 I 时，线圈偏转到相应位置 θ_0 处不会立即停止不动，而是越过此位置，并以此位置为中心来回摆动，需较长时间才能停在平衡位置 θ_0 处；同样地，当线圈的电流由 I 变为零时，线圈回到零位处也不会立即停止不动，而是以零位处为中心来回摆动。这两种运动情况分别可用如图 3(a) 和(b) 所示的曲线 ① 来表示。R_w 愈大，M 愈小，来回振荡的时间愈长，这种状态称为欠阻尼状态。

(2) 当 R_w 较小时，M 较大，线圈缓慢地趋向平衡位置。R_w 愈小，M 愈大，到达平衡位置的时间愈长。线圈的这种运动状态称为过阻尼状态，这两种运动情况分别可用如图 3(a) 和(b)所示的曲线③来表示。

(3) 当 R_w 阻值适当时，线圈既能较快地到达平衡位置，又不至于来回振荡，处于欠阻尼与过阻尼的中间状态，如图 3 所示的曲线②，这种状态称为临界状态。此时，回路的总电阻称为电流计的临界电阻 R'，其中，R_w 称为外临界电阻 R''。R''的数值一般标明在铭牌上或说

明书中。

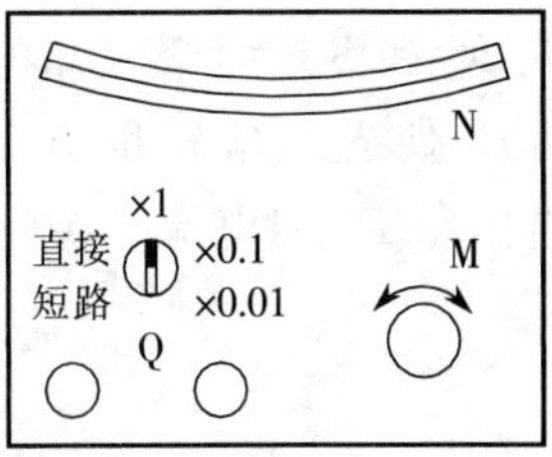

图 2　AC15 型光斑式电流计的面板

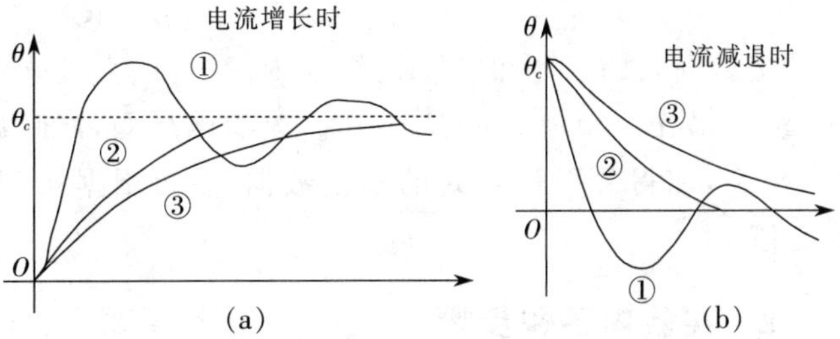

图 3　电流计线圈的运动状态

当电流计电路断开时，R_w 无限大，M 为零，若线圈处在运动中，线圈便会长时间地在零点附近来回振荡（欠阻尼）。为了使它尽快地停在零点，可用一个电阻为零的按钮开关 K 并联在电流计两端，如图 4 所示。当线圈运动到零点的瞬间，立即将此开关闭合，就能使线圈停在零点（过阻尼），所以这个开关称为阻尼开关。

3. 测定电流计的灵敏度和内阻的方法

测量电流计灵敏度 S 和内阻 R_g 的电路如图 5 所示。直流电源 E 的输出经滑线电阻器 R_0 第一次分压后，输出电压由伏特表量度。该电压经阻值较高的电阻 R_b（几百到几千欧姆）和 1 Ω 标准电阻 R_a 作第二次分压。再经换向开关 K_2、限流电阻 R 和被测电流计 G 组成的简单闭合回路。

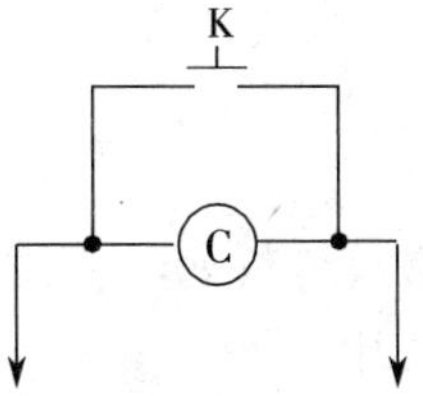

图 4　阻尼开关连接图

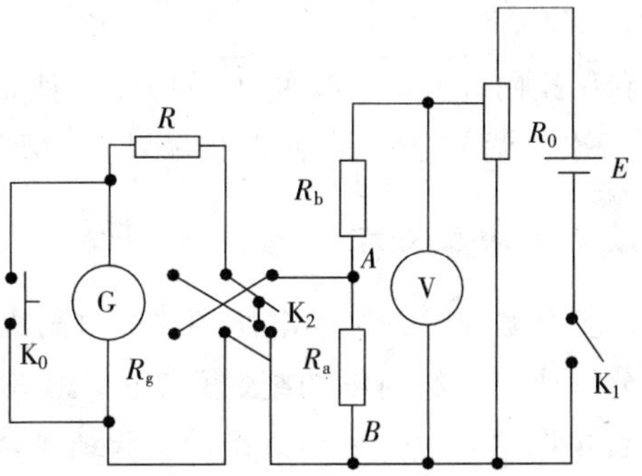

图 5　测定电流计灵敏度 S 和内阻 R_g 电路图

由图可知，流过电流计的电流为

$$I_g = \frac{U_{AB}}{R_g + R} \tag{4}$$

式中：U_{AB} 为 R_a 与 $(R_g + R)$ 并联后 A、B 两点间的等效电阻 R_{AB} 上的电压，其值为

$$U_{AB} = \frac{R_{AB} \cdot U}{R_b + R_{AB}} \tag{5}$$

式中：U 为图中伏特表的读数。注意到 $R_g + R \gg R_a$，所以 $R_{AB} \approx R_a$，因此，式(5)可简化为

$$U_{AB} = \frac{R_a \cdot U}{R_b + R_a}$$

将此式代入式(4)，得

$$I_g = \frac{1}{R_g + R} \cdot \frac{R_a U}{R_b + R_a} \tag{6}$$

或者
$$S=\frac{d}{I_g}=\frac{d(R_g+R)(R_b+R_a)}{R_aU} \tag{7}$$

实验时，式(7)中的U、R、R_a和R_b是可以直接读数的，只有R_g和S是两个未知的被测量。如果在实验中固定R_a和R_b，改变电压U，同时调节电阻R，使光斑偏转量恒定不变，那么，测得关于U和R的多组数据，就可根据式(7)计算出内阻R_g和电流计灵敏度S的值。

四、实验内容和步骤

1. 观察灵敏电流计线圈的3种运动状态

按照图5的电路图连接电路。合上开关K_1和K_2，调节滑线电阻器R_0，使光斑有50 mm左右的偏转量。迅速断开K_1，观察光斑回到零点时的运动状态。分别令电阻R等于0、$R''/4$、R''、$4R''$和无限大，按同样步骤，观察线圈回到零点时的运动状态。

2. 测定电流计的灵敏度和内阻

(1) 调节电流计上的零点调节器，使光斑指零，并将旋钮Q指向"×1"挡。

(2) 调节滑线电阻器R_0使电压表的指示值为1.000 V，R_b为1 000 Ω，开关K_2合向上侧，调节电阻R，使光斑偏转量d=50.0 mm，记录此时的R值。

(3) 在不改变R_a和R_b的前提下，调节滑线电阻器R_0，相继使电压表读数为1.000 V、1.200 V、1.300 V、1.400 V和1.500 V，同时相应地增大R，使光斑偏转量d为50.0 mm不变，记录各次的R值。

(4) 利用换向开关K_2改变I_g的方向，使电压表读数依次为1.500 V，1.400 V，…，1.000 V，每次都调节电阻R，使偏转量d为50.0 mm，记录各次的R值。

五、数据记录及处理

(1) 计算与实验过程中各电压相对应电阻R的平均值$\bar{R}$。

(2) 分别取第一组与第四组、第二组与第五组、第三组与第六组数据，代入式(7)，解出R_g和S值，再取这3次的平均值作为实验结果，将数据填入表1中。

表1 电流计上的灵敏度和内阻测量数据

U/V	1.000	1.100	1.200	1.300	1.400	1.500
$R_{左}$/Ω						
$R_{右}$/Ω						
$\bar{R}$/Ω						

六、注意事项

(1) 为了减少测量时间，每当光斑回到零位的瞬时接通阻尼开关K_0，使光斑在很短的时间内就能停在零点处。

(2) 当电流计工作于过阻尼状态时，光斑缓慢移向平衡位置，尤其是接近平等位置时移动更为缓慢，因此，读数时不要操之过急，应耐心等待光斑完全停止运动后再读数。

(3) 扳动电路中的开关和调节电阻 R 时，动作要快，且手要尽快移开，以免光斑的偏转量因此而受影响。

(4) 电压 U 和偏转量 d 的读数，必须尽可能准确，否则所测得的 R_g 的误差将是较大的。

七、思考题

(1) 换向开关 K_2 的接法有何特点？它是怎么将电流方向改变的？

(2) 为什么图 5 要做两级分压？

(3) 图 3 中曲线的物理含义是什么？

实验5　霍尔效应

一、实验目的

(1) 巩固霍尔效应产生的机理及霍尔元件有关参数的含义和作用。
(2) 学习利用霍尔效应研究半导体材料性能的方法及消除副效应影响的方法。
(3) 学习利用霍尔效应测量磁感应强度 B 及磁场分布。

二、实验仪器

FD-HL-5 型霍尔效应实验仪。

三、实验原理

1. 霍尔效应

如图1所示,霍尔电势差是这样产生的:当电流 I_H 通过霍尔元件(假设为P型)时,空穴有一定的漂移速度 v,垂直磁场对运动电荷产生一个洛伦兹力,即

$$F_B = q(v \times B) \tag{1}$$

式中,q 为电子电荷。洛伦兹力使电荷产生横向的偏转,由于样品有边界,所以有些偏转的载流子将在边界积累起来,产生一个横向电场 E,直到电场对载流子的作用力 $F_E = qE$ 和磁场作用的洛伦兹力相抵消为止,即

$$q(v \times B) = qE \tag{2}$$

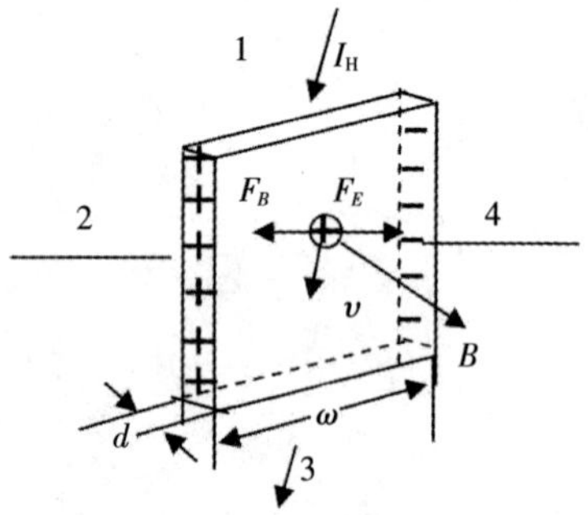

图1　霍尔效应简图

这时,电荷在样品中流动时将不再偏转,霍尔电势差就是由这个电场建立起来的。

如果是N型样品,则横向电场与前者相反,所以N型样品和P型样品的霍尔电势差有不同的符号,据此可以判断霍尔元件的导电类型。

设P型样品的载流子浓度为 p,宽度为 ω,厚度为 d,通过样品的电流

$$I_H = pqv\omega d$$

则空穴的速度 $v = I_H/pq\omega d$,代入式(2)有

$$E = |v \times B| = I_H B/pq\omega d \tag{3}$$

上式两边各乘以 ω,便得到

$$U_H = E\omega = I_H B/pqd = R_H \times I_H B/d \tag{4}$$

$R_H = 1/pq$,称为霍尔系数,在应用中一般写成

$$U_H = I_H K_H B \tag{5}$$

比例系数 $K_H = R_H/d = 1/pqd$,称为霍尔元件灵敏度,单位为mV/(mA·T),一般要求 K_H 愈大愈好。K_H 与载流子浓度 p 成反比,半导体内载流子浓度远比金属载流子浓度小,所

以都用半导体材料作为霍尔元件。K_H 与厚度 d 成反比，所以霍尔元件都做得很薄，一般只有 0.2 mm 厚。

由式(5) 可以看出，知道了霍尔片的灵敏度 K_H，只要分别测出霍尔电流 I_H 及霍尔电势差 U_H 就可算出磁场 B 的大小，这就是霍尔效应测磁场的原理。

2. 用霍尔元件测磁场

磁感应强度的计量方法很多，如磁通法、核磁共振法及霍尔效应法等。其中霍尔效应法具有能测交直流磁场，简便、直观、快速等优点，应用最广。

如图 2 所示。直流电源 E_1 为电磁铁提供励磁电流 I_M，通过变阻器 R_1，可以调节 I_M 的大小。电源 E_2 通过可变电阻 R_2(用电阻箱) 为霍尔元件提供霍尔电流 I_H。当 E_2 电源为直流时，用直流毫安表测霍尔电流，用数字万用表测量霍尔电压；当 E_2 为交流时，毫安表和毫伏表都用数字万用表测量。

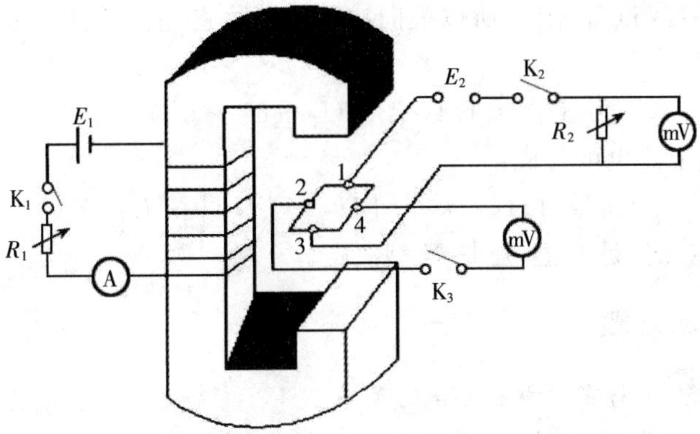

图 2　测量霍耳电势差电路

半导体材料有 N 型(电子型) 和 P 型(空穴型) 两种。前者载流子为电子，带负电；后者载流子为空穴，相当于带正电的粒子。由图可以看出，若载流子为电子，则 4 点电位高于 3 点电位，$U_{H3\cdot4} < 0$；若载流子为空穴，则 4 点电位低于 3 点电位，$U_{H3\cdot4} > 0$。如果知道载流子类型则可以根据 U_H 的正负定出待测磁场的方向。

由于霍尔效应建立电场所需时间很短($10^{-12} \sim 10^{-14}$ s)，因此通过霍尔元件的电流用直流或交流都可以。若霍尔电流 $I_H = I_0 \sin\omega t$，则

$$U_H = I_H K_H B = I_0 K_H B \sin\omega t \tag{6}$$

霍尔电压也是交变的。在使用交流电情况下式(5) 仍可使用，只是式中的 I_H 和 U_H 应理解为有效值。

3. 消除霍尔元件副效应的影响

在实际测量过程中，还会伴随一些热磁副效应，它使所测得的电压不只是 U_H，还会附加另外一些电压，给测量带来误差。

这些热磁效应有：埃廷斯豪森效应，是由于在霍尔片两端有温度差，从而产生温差电动势 U_E，它与霍尔电流 I_H、磁场 B 方向有关；能斯特效应，是由于当热流通过霍尔片(如 1,2 端) 在其两侧(3,4 端) 会有电动势 U_N 产生，只与磁场 B 和热流有关；里吉 勒迪克效应，是当热流通过霍尔片时两侧会有温差产生，从而又产生温差电动势 U_R，它同样与磁场 B 热场有关。

除了这些热磁副效应外，还有不等位电势差U_0。它是由于两侧(3,4)的电极不在同一等势面上引起的。当霍尔电流通过1,2端时，即使不加磁场，3和4端也会有电势差U_0产生，其方向随电流I_H方向而改变。

因此，为了消除副效应的影响，在操作时需要分别改变I_H的方向和B的方向，记下4组电势差数据(K_1,K_2换向开关"上"为正)：

当I_H正向，B为正向时，$U_1 = U_H + U_0 + U_E + U_N + U_R$，

当I_H负向，B为正向时，$U_2 = -U_H - U_0 - U_E + U_N + U_R$，

当I_H负向，B为负向时，$U_3 = U_H - U_0 + U_E - U_N - U_R$，

当I_H正向，B为负向时，$U_4 = -U_H + U_0 - U_E - U_N - U_R$，

$U_1 - U_2 + U_3 - U_4$取平均值，有

$$1/4(U_1 - U_2 + U_3 - U_4) = U_H + U_E \tag{7}$$

由于U_E方向始终与U_H相同，所以换向法不能消除它，但一般$U_E \ll U_H$，故可以忽略不计，于是

$$U_H = 1/4(U_1 - U_2 + U_3 - U_4) \tag{8}$$

在实际使用时，上式也可写成：

$$U_H = 1/4(|U_1| + |U_2| + |U_3| + |U_4|) \tag{9}$$

其中U_H符号由霍尔元件是P型，还是N型决定。

四、实验内容和步骤

1. 测量霍尔电流I_H与霍尔电压U_H的关系

将霍尔片置于电磁铁中心处，按图2接好电路图。霍尔元件的1,3脚接工作电压，2,4脚测霍尔电压。励磁电流$I_M = 0.400$ A。调节霍尔元件工作电源的电压，使通过霍尔元件的电流分别为0.5 mA, 1.0 mA,1.5 mA,2.0 mA,3.0 mA，测出相应的霍尔电压，每次消除副效应。作U_H-I_H图，验证I_H与U_H的线性关系。

2. 测量砷化镓霍尔元件的灵敏度K_H

学会数字式特斯拉计的使用。特斯拉计是利用霍尔效应制成的磁感应强度测试仪。本数字式特斯拉计由极薄的半导体砷化镓材料制成，较脆，请勿用手折碰，操作时须小心。

霍尔电流I_H取1.00 mA。由1,3端输入。励磁电流I_M分别取0.05 A,0.1 A,0.15 A,0.20 A,…,0.55 A，测出磁感应强度B的大小和样品霍尔元件的霍尔电压U_H，用式(5)算出该霍尔元件的灵敏度(N型霍尔元件灵敏度为负值)。

3. 用砷化镓霍尔元件测量矽钢片材料磁化曲线

在测得砷化镓霍尔元件灵敏度后，用该霍尔元件测电磁间隙中磁感应强度B。霍尔电流保持在$I_H = 1$ mA。改变励磁电流，从$0 \sim 0.5$ A每隔0.1 A测1点B和I_M值，作B-I_M曲线。测得霍尔电压时要消除副效应。

选做实验：交流霍尔电流I_H测磁场

1. 测量电磁铁磁场沿水平方向分布

调节支架旋钮，使霍尔元件从电磁铁左端移到右端。固定励磁电流$I_M = 0.4$ A，霍尔电流$I_H = 1$ mA，磁铁间隙中磁感应强度由数字式特斯拉计测量，X位置由支架上水平标尺读

得，测量磁场随水平 X 方向分布的 B-X 曲线（磁场随方向分布不必考虑消除副效应）。

2. 用函数发生器中正弦波替代直流稳压电源

使 $f = 500$ Hz，保持霍尔电流 $I_H = 4$ mA，电磁铁励磁电流依次为交流电流 0.1 A，0.2 A，0.3 A，0.4 A，0.5 A，霍尔元件直流电压由 1，3 端输入，测量霍尔电压 U_H，算出相应的磁场，作 B-I_M 图。

五、注意事项

(1) 注意接线时防止直流稳流源和直流稳压源短路或过载，以免损坏电源。

(2) 实验时注意不等位效应的观察，设法消除其对测量结果的影响。

(3) 判断霍尔元件是否为 N 型半导体，可根据实验电路的电源正负和数字电压表极性判断。当已知加在 1，3 脚两电极间电位差的正负符号时，观测 2，4 脚电极正负。从判断中加深对霍尔效应的理解。

(4) 霍尔元件通过的电流 I_H 不得超过 5 mA，磁化电流 I_M 不得超过 0.5 A，以保证元件不会损坏及电磁铁升温较小。

(5) 测量实验数据时，待测样品和数字式毫特仪探头应放在均匀磁场区。

(6) 仪器应预热 15 min，待电路接线正确，方可进行实验。霍尔元件易碎，引线也易断，不可用手折碰。砷化镓元件通过的电流应小于 5 mA，使用时应细心。

(7) 电磁铁磁化线圈通电时间不宜过长，否则线圈易发热，影响实验结果。励磁电流 I_M 不得超过 0.5 A，外接其电流电源时须注意。

二、综合性实验部分

实验6　中值电阻的测量

一、实验目的

(1) 掌握用惠斯登电桥测量电阻的原理。
(2) 学会用电桥测量电阻的方法。
(3) 了解电桥灵敏度的概念及其测量方法。

二、实验仪器

本实验使用的实验仪器主要有滑线式电桥、箱式电桥、直流电源、滑线电阻器、电阻箱、被测电阻、检流计、开关等。

三、实验原理

用伏安法测电阻时，除了因所用的电流表和电压表准确度不高而带来误差外，还有线路本身(如电流表内接或外接)所带来的方法误差。电桥电路却不存在这些弱点，因为它无须使用电流表和电压表，而是直接将被测电阻与已知电阻相比较。由于已知电阻的误差可以很小，所以用电桥法测电阻可以达到较高的精确度。

电桥是电磁测量的重要仪器之一。它的优点是灵敏度和准确度都较高，因此应用相当广泛。电桥分直流电桥和交流电桥两大类。直流电桥又分为单电桥和双电桥。前者称为惠斯登电桥，主要用来精确测量中等阻值的电阻(简称中值电阻，阻值范围 $1\sim10^7\ \Omega$)；后者称为凯尔文电桥，适用于低值电阻(100 Ω 以下)的测量。

惠斯登电桥的电路如图1所示。图中的电阻 R_1、R_2 和 R_0 是已知的，它们称为桥臂电阻；接有检流计G的支路 BD 称为“桥”。接通电源和检流计支路，调节桥臂电阻，能使检流计支路的电流 $I_g=0$，此时，我们称电桥处于平衡状态。因为 $I_g=0$，所以 B、D 两节点的电位相同，因此 $I_1R_1=I_2R_2$，$I_4R_x=I_3R_0$，而且 $I_1=I_4$，$I_2=I_3$，由此可得

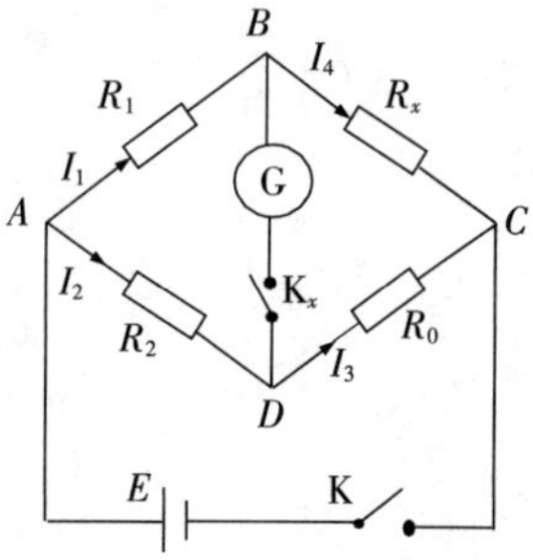

图1　惠斯登电桥的电路

$$\frac{R_x}{R_1}=\frac{R_0}{R_2}\quad 或者\quad R_x=\frac{R_1}{R_2}R_0 \tag{1}$$

如果 R_1、R_2 和 R_0 可直接读数，则由上式可算出被测电阻 R_x 的阻值。R_1/R_2 称为比率系数，又称为倍率；R_0 称为比较臂；R_x 称为测量臂。式(1)称为电桥的平衡条件。可以证明，如果将检流计支路与电源支路对调位置，平衡条件并不改变。

1. 滑线式(板式)惠斯登电桥

图1中的电阻 R_1 和 R_2 如用一根粗细均匀的电阻丝 AB 代替，触点 C 可在电阻丝 AB 上

左右滑动，则这种电桥称为滑线式惠斯登电桥，如图 2 所示。接通电源后，调节滑动点 C 的位置或改变可调电阻 R_0 的阻值，使电桥处于平衡状态，记电阻 AC 段的长度为 L_1，CB 段的长度为 L_2，它们的阻值分别为 R_1 和 R_2。因为

$$\frac{R_1}{R_2} = \rho\frac{L_1}{S}/(\rho\frac{L_2}{S}) = \frac{L_1}{L_2} \tag{2}$$

将式(2) 代入式(1)，得

$$R_x = R_0 L_1 / L_2 \tag{3}$$

因为长度 L_1 和 L_2 可利用附在电阻丝旁的米尺直接读出，R_0 又是已知的，所以利用式(3) 就可计算出 R_x 的值。

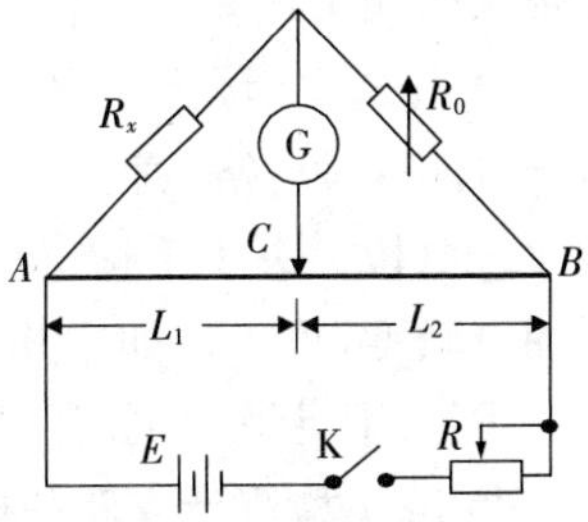

图 2　滑线式惠斯登电桥的电路

2. 箱式惠斯登电桥

除被测电阻 R_x 外，将电桥的其余元件及其连接导线均装入便于携带的箱内，这就构成了箱式惠斯通电桥。箱式电桥虽然型号很多，但基本结构和使用方法是一样的。下面，以 QJ23 型携带式直流单电桥为例加以说明。由图 3 可以看出：

(1) 已知电阻是由 4 个可调电阻(×1 Ω、×10 Ω、×100 Ω、×1 000 Ω)组成，最小步进是 1 Ω，调节这 4 个电阻，可使 R_0 在 1～9 999 Ω 范围内变化。

(2) R_1 和 R_2 由 8 个固定电阻组成，旋转旋钮 S 可使倍率 R_1/R_2 为 0.001、0.01、0.1、1、10、100 和 1 000 等 7 个数中的任何一个数。

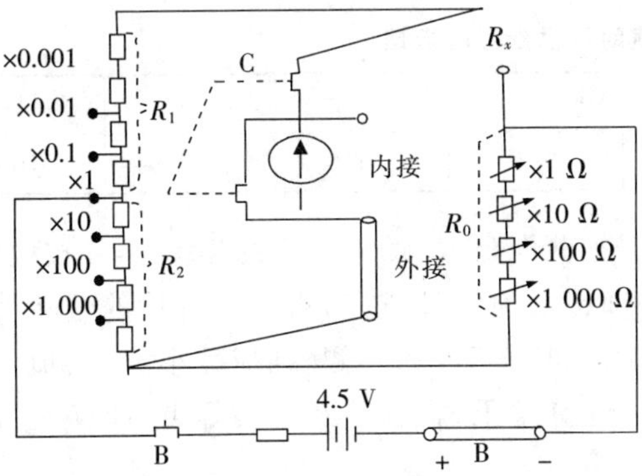

图 3　QJ23 型携带式直流单电桥的电路

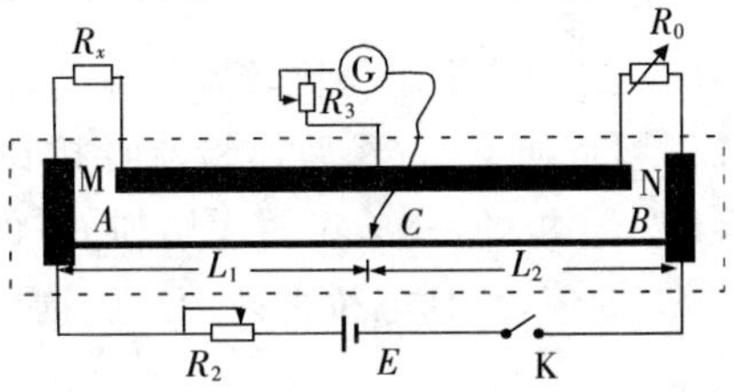

图 4　检流计判断电桥是否平衡的电路

3. 电桥的灵敏度

式(1)是当电桥平衡时推导出来的，而电桥是否平衡，是靠观察检流计 G 的指针有无偏转来判断的，如图 4 所示。值得注意的是，任何检流计的灵敏度总是有限的。假设电桥倍率 $R_1/R_2 = 1$ 时，检流计指针指零，此时 $R_x = R_0$，如果将 R_0 增加或减少一个微量 ΔR_0，电桥便失去平衡，从而有相应的电流 I_g 通过检流计。但是，如果 I_g 小到难以觉察的程度，那么我们仍然认为 $R_x = R_0 \pm \Delta R_0$，这个 ΔR_0 就是由于检流计的灵敏度有限而带来的测量误差。不同的检流计有不同的灵敏度，因而由它装配起来的电桥也有不同的灵敏度，所测得的结果便有不同的误差。为此，引入一个电桥灵敏度 S 的概念，它的定义表达式为

$$S = \frac{\Delta n}{\Delta R_x / R_x} \tag{4}$$

式中，ΔR_x 是电桥平衡时 R_x 的微小改变量。实际上，被测电阻 R_x 是不能改变的，改变的是已

知电阻 R_0。不难证明，在不改变 R_1 和 R_2 的情况下，$\Delta R_x/R_x=\Delta R_0/R_0$，而 Δn 是由于 R_x 改变为 $(R_x\pm\Delta R_x)$ 后检流计指针的偏转格数。当电桥灵敏度 S 已知时，就可知道因灵敏度有限而带来的测量误差的数值。

设当 R_x（实际上是 R_0）的相对改变量 $\Delta R_x/R_x=1\%$ 时，$\Delta n=1.0$ 格，则 $S=1.0/0.01$ 格 $=1.0\times10^2$ 格，通常我们能觉察出检流计 1/10 的偏转，因而只要 R_x 改变 0.1%，我们就能发现电桥失去了平衡。也就是说，此时因灵敏度有限而带来的误差为 0.1%。为了提高电桥的灵敏度，可采用如下几个主要办法：

① 采用灵敏度更高的检流计。

② 减小检流计支路的电阻。

③ 提高电源的电动势，但不能因此而烧坏电路中的电阻。

④ 减小电源支路的电阻。

四、实验内容和步骤

1. 用 QJ23 型电桥测电阻

(1) 准备阶段。如果使用内部电源和检流计，则将被测电阻 R_x 接在面板的相应位置上，调节检流计的调零旋钮，使检流计指针指零；估计被测电阻的阻值，将倍率旋钮旋至适当的位置上，务必使测量时 R_0 有 4 位数。选择倍率值时可参考以下数据，具体如表 1 所示。

表 1　选择倍率值时可供参考的数据

R_x 的估值/Ω	1～10	10～100	100～1 000	$10^3\sim10^4$	$10^4\sim10^5$	10^5 以上
倍率 R_1/R_2 的指示值	0.001	0.01	0.1	1	10	100

(2) 测量阶段。将比较臂的 4 个旋钮置于被测电阻 R_x 的估计值的位置上，先按电源按钮“B”，即接通电源，然后按检流计按钮“G”，即接通检流计支路，观察检流计的偏转情况。如偏向“+”极的一侧，说明应增加 R_0 的值；如偏向“−”极的一侧，则应减小 R_0 的值，反复调节 R_0 的值，直到电桥平衡为止。读取数据，计算结果，根据箱式电桥等级，计算 R_x 的绝对误差。

(3) 注意的问题。在使用 QJ23 型电桥测电阻时，应注意以下几个问题：

① 为了保护检流计，每次按下按钮时，都应先按“B”、后按“G”；而每次松开按钮时，应将次序反过来，即先松开“G”，后松开“B”。

② 按钮开关“B”和“G”应断续使用（即跃接法）。尤其是检流计指针偏转急速时，按钮“G”只能瞬时接触，否则有损坏检流计的危险。

③ 调节比较臂的 4 个旋钮时，应先调节高倍挡（×1 000 Ω）后调节低倍挡，即按照“先高后低”的原则进行。如果某旋钮转过一格，检流计指针便从一侧越过零点摆向另一侧，这说明 R_0 的值变化太大了，应改用调节倍数较低的旋钮。

(4) 测量完毕，应将检流计短接，即用连接片连接检流计的两端。

2. 测量箱式电桥的灵敏度

(1) 当电桥处于平衡状态时，使电阻 R_0 增加或减少一个微小量 ΔR_0，读出检流计指针偏离零点的格数 Δn，按照式(4)计算电桥灵敏度 S 的值。

（2）设检流计对指针偏转的分辨能力为 0.2 格，计算被测电阻 R_x 因灵敏度有限而带来的绝对误差和相对误差。

五、数据记录及处理

（1）请自拟表格记录相关实验数据。

（2）计算相关电桥灵敏度 S 的值。

（3）计算被测电阻 R_x 因灵敏度有限而带来的绝对误差和相对误差。

六、思考题

（1）能否用惠斯登电桥测量伏特表的内阻？如果能，请画出测量用的电路图。此时，能否省略检流计？

（2）箱式电桥选择倍率的原则是什么？假如 $R_x=200\ \Omega$，倍率应选哪一挡？能否选 R_1/R_2 为 $\times 1$ 或 $\times 0.01$ 挡？为什么？

（3）能否用惠斯登电桥准确测量一段粗导线或 $10^7\ \Omega$ 以上的电阻？

实验 7　低值电阻的测量

一、实验目的

(1) 掌握使用双电桥测量低电阻的原理。

(2) 学会使用双电桥测量低电阻的方法。

二、实验仪器

本实验使用的实验仪器主要有直流电源、电阻箱、检流计、待测低值电阻、标准电阻、箱式双电桥、千分尺、米尺、滑线电阻、开关等。

三、实验原理

金属棒、电表分流器、电机和变压器的绕组等都属于低值电阻(100 Ω 以下)的范围,测量这种低电阻时,连接导线的电阻和接头处的接触电阻($10^{-4}\sim10^{-2}$ Ω)将给测量的结果带来不能允许的误差。惠斯登电桥虽然准确度高,但被测低值电阻作为一个桥臂时,该桥臂中的接线电阻和接触电阻的阻值可能与被测低值电阻有相同的数量级,甚至还要高一些,因此,测量结果将是极不可信的。凯尔文电桥(又称为双电桥)就是为了减小或避免接线电阻和接触电阻对测量结果的影响而设计的。

图 1 为凯尔文电桥的工作原理图。图中 R_1、R_2、R_3、R_4 为低阻值的标准电阻,R_n 作为电桥的比较臂、R_x 为被测低值电阻,是电桥的测量臂。R_n 和 R_x 各有两对接头:其中的一对为“电流接头”,如 R_n 的 C_{n1} 和 C_{n2},R_x 上的 C_{x1} 和 C_{x2};另一对为“电压接头”,如 R_n 上的 P_{n1} 和 P_{n2},R_x 上的 P_{x1} 和 P_{x2}。接线时要特别注意:一定要使电压接头的引出线之间只包含被测电阻 R_x,而让电流从外侧两个较粗的电流接头 C_1 和 C_2 流进或流出。电阻 R_n 和 R_x 用一根粗导线 R_0 连接起来,并和电源组成闭合回路。桥臂电阻 R_1、R_2、R_3 和 R_4 分别与各电压接头(较细)相接,它们的阻值不得低于 10 Ω。当电桥达到平衡状态时,$I_G=0$,检流计两端的电位相等。根据基尔霍夫第二定律,可以写出下列方程组:

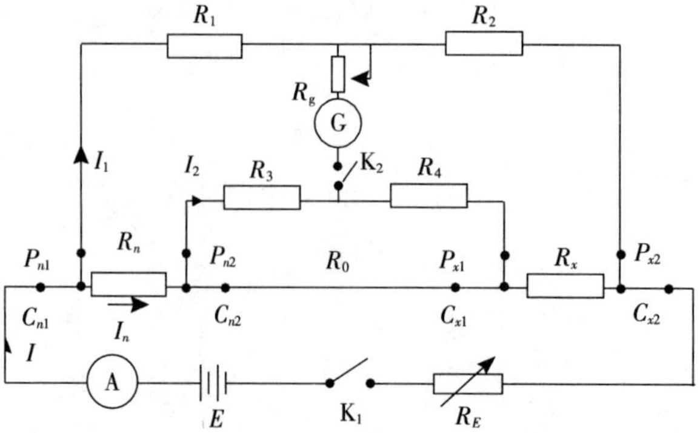

图 1　凯尔文电桥的工作原理图

$$\begin{cases} I_1R_1 = I_nR_n + I_2R_3 \\ I_1R_2 = I_nR_x + I_2R_4 \\ (I_n - I_2)R_0 = I_2(R_3 + R_4) \end{cases} \tag{1}$$

求解此方程组，可得

$$R_x = \frac{R_2}{R_1}R_n + \frac{R_0R_2}{R_0 + R_3 + R_4}\left(\frac{R_3}{R_1} - \frac{R_4}{R_2}\right) \tag{2}$$

在调节凯尔文电桥平衡的过程中，如果始终使 $R_3/R_1 = R_4/R_2$，那么式(2) 包含 R_0 的第二项总是等于零，被测电阻 R_x 仅由式(2) 的第一项决定，即

$$R_x = \frac{R_2}{R_1}R_n \tag{3}$$

下面，论述采用如图 1 所示的双电桥测低电阻时，为什么能够排除或减小接线电阻和接触电阻对测量结果的影响。

(1) 被测电阻 R_x 和标准电阻 R_n 之间的接线电阻以及接头 C_{n2} 和 C_{x2} 处的接触电阻，都包含在 R_0 的支路内，可视为 R_0 的一部分。而从式(2) 可以看出，只要能保证 $R_3/R_1 = R_4/R_2$，那么不管 R_0 的数值如何，等式右边的第二项总等于零，被测电阻 R_x 总是按式(3) 计算，即 R_x 与这一部分接线电阻和接触电阻无关。但实际上，由于受到桥臂电阻精度的限制，不能完全保证 R_3/R_1 准确地等于 R_4/R_2，R_0 的数值对测量结果多少有些影响。因此，在双电桥中，R_0 的数值应尽可能小，一般都采用粗导线。

(2) R_x 与 R_n 跟电源连接的接线电阻，以及 C_{x1} 和 C_{n1} 两接头处的接触电阻，只是对总的工作电流 I 略有影响，而工作电流的大小与平衡条件无关，所以无须考虑。

(3) 电位接头 P_{n1}、P_{n2}、P_{x1} 和 R_{x2} 处的接触电阻，以及与它们相接的导线电阻都包括在相应的桥臂支路内，由于桥臂电阻 R_1、R_2、R_3 和 R_4 都在 10 Ω 以上，接触电阻与接线电阻同 10 Ω 以上的电阻比较起来是微不足道的。所以，这一部分接触电阻和接线电阻对测量结果的影响极小。

由以上论述可得出结论：采用双电桥测低值电阻时，如果能保证 $R_3/R_1 = R_4/R_2$，同时使 R_1、R_2、R_3 和 R_4 都大于 10 Ω，而且 R_x 和 R_n 按电流接头和电位接头正确连接，那么就可以排除或大大减小所有接线电阻和接触电阻对测量结果的影响。

由电桥平衡关系式(3) 可知，既可以选择一定阻值的标准电阻 R_n，通过调节倍率 R_2/R_1 的比值来实现电桥的平衡；也可以选择一定的倍率 R_2/R_1，通过调节标准电阻 R_n 来实现电桥的平衡。下面以 QJ42 型双电桥为例，说明双电桥的结构。

QJ42 型双电桥电路如图 2 所示。标准电阻 R_n 可在 0.01 ～ 11 Ω 范围内连续调节，倍率分成 $\times 1$、$\times 10^{-1}$、$\times 10^{-2}$、$\times 10^{-3}$ 和 $\times 10^{-4}$ 等 5 挡，因此，它的测量范围为 $10^{-6} \sim 11$ Ω，基本误差为2%。图 2 中 C_1 和 C_2 为被测电阻的电流接头，P_1 和 P_2 是其电位接头。

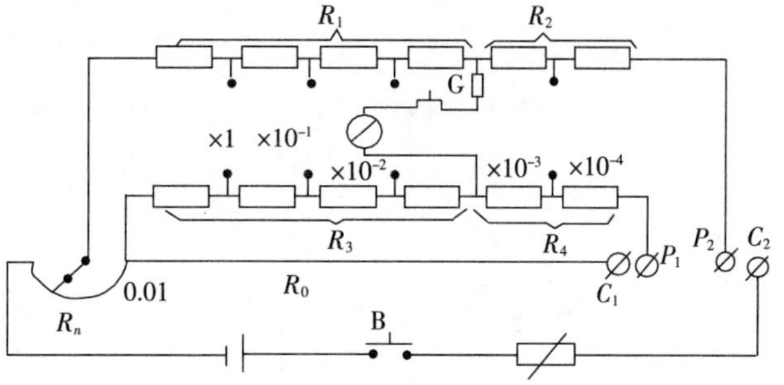

图 2　QJ42 型双电桥电路

四、实验内容和步骤

采用 QJ42 型箱式双电桥测量金属棒的电阻率。

(1) 调节检流计的零点调节旋钮,使检流计指零,根据被测金属线的阻值范围,合理地选择 R_2/R_1 的比值。将金属线的 4 根线正确地接在 C_1、P_1、P_2、C_2 接线柱上。

(2) 先按电源按钮"B"、后按检流计按钮"G",观察检流计的偏转情况。调节标准电阻的阻值,使电桥达到平衡状态。值得注意的是,电路中的电流较大,按钮"B"和"G"只能短时接通。使用两个按钮开关的次序是,接通时先"B"后"G",断开时先"G"后"B",不可颠倒。

(3) 重复测量多次,求出 R_x 的平均值,并计算平均值的误差。

(4) 用米尺测量金属棒在两焊点之间的长度 L,按实际情况估计其误差。

(5) 用千分尺(注意零点修正)测量被测金属棒的直径 D,在不同地方共选测 10 次,求出平均值和标准误差。

(6) 根据电阻率的计算公式:

$$\rho = R_x S/L = R_x \pi D^2/4L \tag{4}$$

计算被测金属的电阻率,并按多次间接测量物理量的误差传递公式计算 ρ 的测量误差。各量采用国际单位制,ρ 的单位是 $\Omega \cdot m$。

五、数据记录及处理

(1) 请自拟表格记录实验相关数据。

(2) 求出相应的待测物理量,并进行误差分析。

六、思考题

(1) 为什么凯尔文电桥能够大大减小接线电阻和接触电阻对测量结果的影响?

(2) 为了减小电阻率 ρ 的测量误差,在被测量 R、D 和 L 3 个直接测量的物理量中,应特别注意哪个物理量的测量? 为什么?

(3) 如果低电阻的电流接头和电位接头互相错接,这样做有什么不妥?

实验 8　模拟法描绘静电场

一、实验目的

(1) 理解静电场相关知识。

(2) 学习用模拟法研究静电场。

(3) 描绘圆柱形电容器中的等势线。

二、实验仪器

静电场描绘仪,静电场描绘仪电源,游标尺,导线,毫米尺,圆规,计算器等。

三、实验原理

1. 静电场与稳恒电流场

静电场是静止电荷周围存在的一种特殊物质。各种电子器件的研制以及化学电镀、静电喷漆等工艺,均需了解带电体或电极间的静电场分布。但是,除极简单的情况外,大部分情况下不能得到静电场的解析表达式。为了解决实际问题,一般借助实验的方法来描述电场强度或其电势的空间分布。但是由于静电场中不存在电流,无法用直流电表直接测量,而用静电式仪表测量,必须用金属探头,然而金属探头伸入静电场中将发生静电感应现象,产生感应电荷,感应电荷的电场叠加于被测的静电场中,改变了静电场原来的分布,使之发生显著的变化,导致测量误差极大。因此,一般采用间接测量的方法来描述静电场,利用稳恒电流场来模拟测绘静电场的分布,就是一种常用的测量方法。

静电场和稳恒电流场本是不同的场,但是它们都遵守高斯定理,对静电场有

$$\oiint_{(S)} \boldsymbol{E} \cdot \mathrm{d}\boldsymbol{S} = 0 \quad \text{(闭合曲面 } S \text{ 内无电荷)}$$

对稳恒电流场,则有

$$\oiint_{(S)} \boldsymbol{j} \cdot \mathrm{d}\boldsymbol{S} = 0 \quad \text{(闭合曲面 } S \text{ 内无电荷)}$$

另外,它们也都引入了电势 $\boldsymbol{U}$ 的概念,电场强度与电势又存在 $\boldsymbol{E} = -\nabla \boldsymbol{U}$ 的关系,因此描绘出 $\boldsymbol{U}$ 的分布即可利用此关系描绘出 $\boldsymbol{E}$ 的分布。

根据两种场的这种相似性,我们可将不良导体作为电介质,并使其与作为电极的良导体以及输出电压稳定的电源构成闭合电路,从而在不良导体中建立一个稳恒电流场。改变电极和介质的形状,使介质中电流场的电位分布与欲测量的静电场的电位分布完全相似,测出稳恒电流场的电势分布,即可得到相应的静电场的电势分布。根据该电势分布图,描绘出等位线(或等位面)图,再根据电力线与等位线正交的性质,作出电力线图,即可得到静电场的分布图。

2. 圆柱形电容器的模拟场

带电体周围都存在着静电场,要研究静电场,就要了解电场的分布,即要了解静电场中

每处电场强度的大小、方向及电位的高低。直接探测静电场很困难，由于稳恒电流场与静电场具有相同的性质，通常利用模拟描绘稳恒电流场的办法来模拟描绘静电场。

本实验所描绘的同轴圆柱形电容器中的静电场由于其电力线总是在垂直于圆柱轴线的平面内，如图 1 所示，所以模拟的电流场的电流线也在这个平面内。

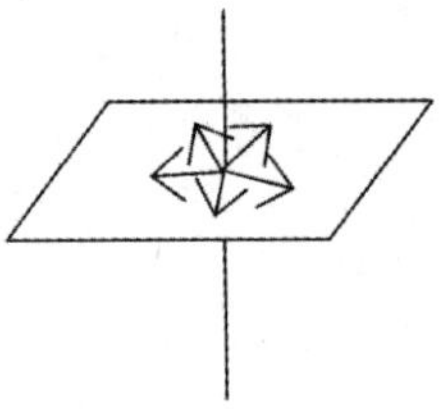

图 1 电力线示意图

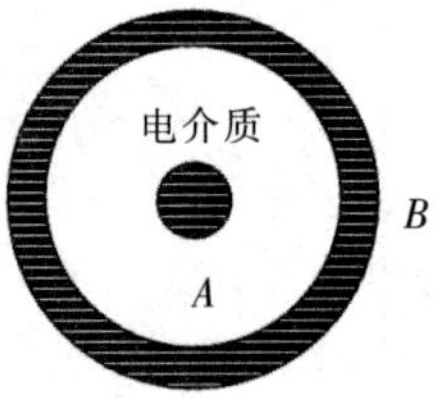

图 2 同轴圆柱形电容器示意图

图 2 中，A 和 B 分别为电容器的内极板和外极板，且它们之间充满均匀电介质，都与电介质保持良好接触。据欧姆定律知，从极板 A 经过电介质流到 B 的电流强度为

$$I = U_A/R \tag{1}$$

式中：U_A 是稳压电源的输出电压，R 是 A、B 间的等效电阻。

$$I = j \cdot 2\pi rh \tag{2}$$

式中：h 为电介质的平均厚度，r 为离开中心轴的距离，j 为 r 处的电流密度，它与该处的电场强度成正比：

$$j = \sigma E \tag{3}$$

将式(3) 中的 j 代入式(2) 得到 I，再代入式(1)，可以得到

$$E = \frac{U_A}{2\pi\sigma hR} \cdot \frac{1}{r} = c\,\frac{1}{r} \tag{4}$$

式中 c 是一个常量。(4) 式是稳恒电流场的场强分布表示式，用上述方法可以模拟真正的静电场。

稳恒电流场中各点电势可由下式计算，即

$$U = -\int E\mathrm{d}r + C \tag{5}$$

式中常数 C 由电极的形状即边界条件决定。对于圆柱形电容器，其场强可用式(4) 表示，且其边界条件 $U(R_A) = U_A, U(R_B) = 0$，故圆柱形电容器中离开中心轴距离 r 处的电势表示式为：

$$U = U_a \ln(r/R_B)/\ln(R_A/R_B) \tag{6}$$

将式(6) 化简，得：

$$\ln r = \ln R_B + [\ln(R_A/R_B)]\frac{U}{U_A} \tag{7}$$

若取 $\ln r$ 为纵坐标，U/U_A 为横坐标，则上式表示的是一条截距为 $\ln R_B$ 斜率为 $\ln(R_A/R_B)$ 的直线。

由于电场强度是矢量，电位是标量，所以描绘电势比描绘电场强度容易，我们利用描绘等电势线的方法来描绘静电场的分布。图 3 为描绘等电势线的电路图。

本实验采用的是等臂记录法，所使用的实验装置为静电场描绘仪，如图 4 所示。金属探针 D 和 C 在同一轴线上，C 是探针，D 是记录针。当探针找到某个等势点时，记录针 D 在平台

的坐标纸上可按下一针孔，该针孔就代表了下边电介质上相应的等电势点。

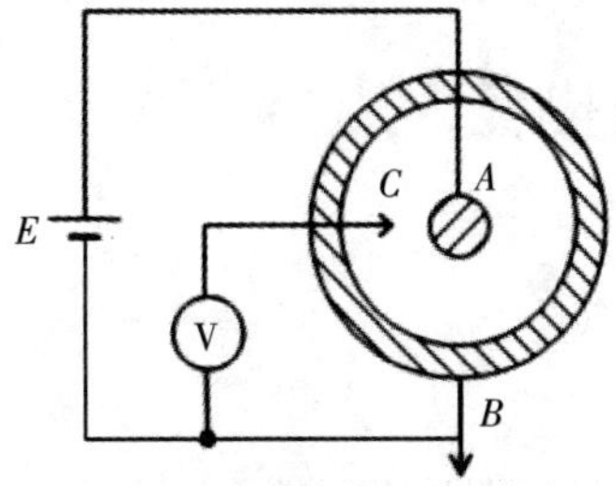

图 3　描绘等电势线的电路图

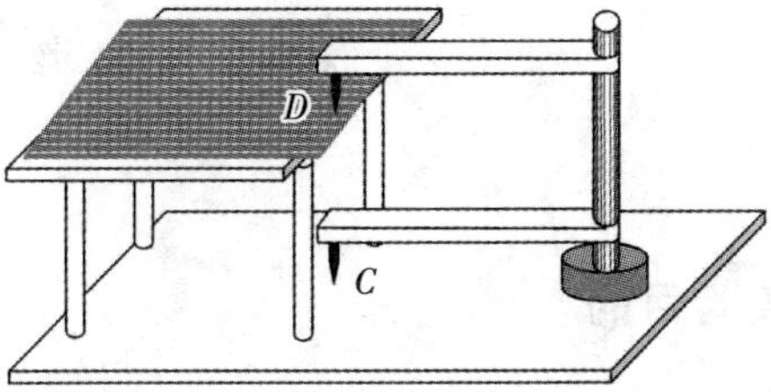

图 4　静电场描绘仪

四、实验内容和步骤

(1) 将适量自来水装入水盘并平放于水平台下。

(2) 将静电场描绘仪与静电场描绘电源以及金属探针用导线连接好。

(3) 将记录纸固定于记录平台上。

(4) 开启静电场描绘电源并将其显示调为“输出”，调节输出电压为“10 V”。

(5) 将静电场描绘电源显示调为“输入”，将探针伸到水盘中，按每条等电势线测 10 个点要求进行探测，分别测出 1 V、2 V、3 V、4 V、5 V、6 V 共 6 条等电势线所对应的点。

(6) 取下记录纸，将等电势点用光滑曲线连接起来，并标明每条等电势线的电势。

(7) 目测并确定等电势线的圆心，测算出其对应的圆的平均半径 $\bar{r}$ 并填入表中。

五、思考题

(1) 本实验的模拟模型中的导电介质为何选用水而不用导电纸？

(2) 本实验为何选用正弦交流稳压电源来建立稳恒电流场而不用直流稳压电源？

(3) 如何由测绘的各等势点的记录图，推算出 A 电极和 B 电极的半径？本实验如何估算实验的准确程度？

(4) 在圆柱形电容器中静电场的模拟实验中，若 $\ln r$-$\dfrac{U_r}{U_0}$ 图线为直线，说明了什么？为什么？

实验 9　磁场的描绘

一、实验目的

(1) 巩固毕奥-萨伐尔定律，理解载流圆线圈在轴线上某点的磁感应强度。

(2) 测亥姆霍兹线圈在轴线上的磁场分布。

(3) 比较两载流圆线圈距离不同时轴线上磁场分布情况。

二、实验仪器

FD-HM1 亥姆霍兹测定仪。

三、实验原理

1. 载流圆线圈

载流圆线圈在轴线(通过圆心并与线圈平面垂直的直线)上的磁场情况如图 1 所示。根据毕奥-萨伐尔定律，轴线上某点的磁感应强度 B 为

$$B=\frac{\mu_0 \cdot \bar{R}^2}{2(\bar{R}^2+x^2)^{3/2}}N \cdot I$$

而圆心处的磁感应强度为

$$B_0=\frac{\mu_0}{2\bar{R}}N \cdot I$$

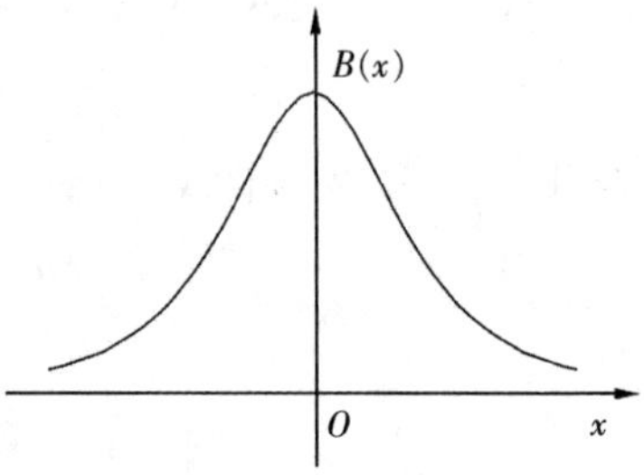

图 1　载流圆线圈轴线上磁场

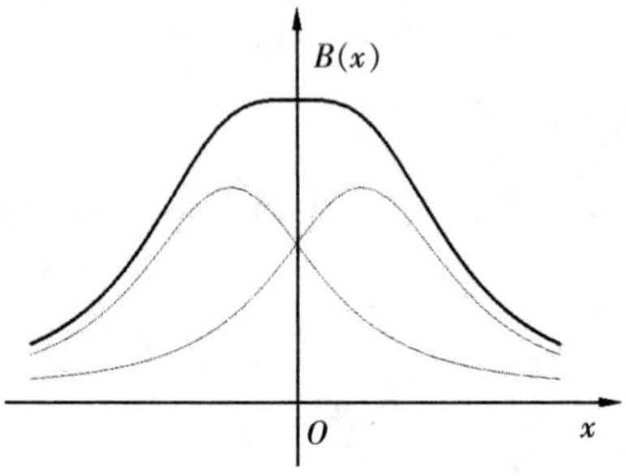

图 2　亥姆霍兹线圈轴线上磁场

2. 亥姆霍兹线圈

亥姆霍兹线圈是一对彼此平行且连通的共轴圆形线圈，每一线圈 N 匝，两线圈内的电流方向一致，大小相同，线圈之间距离 d 正好等于圆形线圈的平均半径。

设 x 为亥姆霍兹线圈中轴线上某点离中心点 O 处的距离，则亥姆霍兹线圈轴线上任一点的磁感应强度大小 B' 为

$$B'=\frac{1}{2}\mu_0 \cdot N \cdot I \cdot \bar{R}^2\left\{\left[\bar{R}^2+\left(\frac{\bar{R}}{2}+x\right)^2\right]^{-3/2}+\left[\bar{R}^2+\left(\frac{\bar{R}}{2}-x\right)^2\right]^{-3/2}\right\}$$

而在亥姆霍兹线圈轴线上中心 O 处磁感应强度大小 B'_0 为

$$B'_0=\frac{8}{5^{3/2}}\cdot\frac{\mu_0\cdot N\cdot I}{\bar{R}}$$

3. 双线圈

若线圈间距 d 不等于 $\bar{R}$。设 x 为双线圈中轴线上某点离中心点 O 处的距离，则双线圈轴线上任一点的磁感应强度大小 B'' 为

$$B''=\frac{1}{2}\mu_0\cdot N\cdot I\cdot\bar{R}^2\left\{\left[\bar{R}^2+\left(\frac{d}{2}+x\right)^2\right]^{-3/2}+\left[\bar{R}^2+\left(\frac{d}{2}-x\right)^2\right]^{-3/2}\right\}$$

4. 霍尔效应、霍尔传感器

(1) 霍尔效应

把一块宽为 b，厚为 d 的导电板放在磁感应强度为 B 的磁场中，并在导电板中通以纵向电流 I，此时，在板的横向两侧面 A、A'之间就呈现出一定的电势差，这一现象称为霍尔效应，所产生的电势差 U_H 称霍尔电压。

$$U_H=R_H\frac{IB}{d},\quad R_H\text{称为霍尔系数。}$$

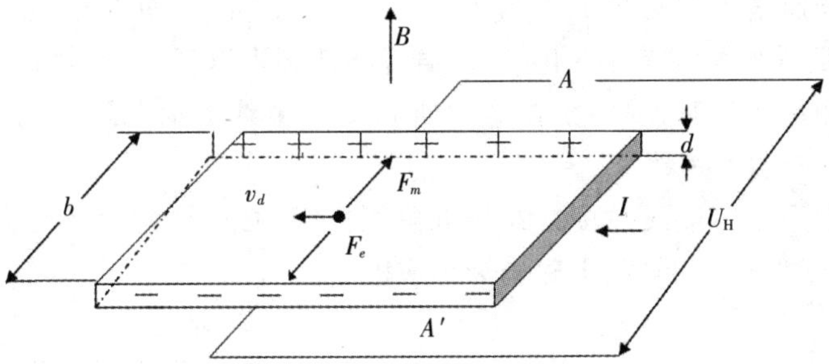

图 3　霍尔效应图

(2) 霍尔传感器

$$U_H=R_H\frac{IB}{d}=K_HIB$$

并且传感器的工作电流已设定为标准工作电流(定值)，即 $K_HI=K$(常数)，故

$$U_H=KB$$

所以由 U_H 值可得出 B 值。

四、实验内容和步骤

1. 测量前准备

(1) 连接电路，接通电源，开机预热 10 min 以上。

(2) 用铝尺和钢板尺调整两线圈位置，使两线圈共轴且轴线与台面中心横刻线重合，两线圈距离为 $R=10.00$ cm(线圈半径)，即组成一个亥姆霍兹线圈。

(3) 熟悉传感器的放置方法。

2. 单线圈轴线上各点磁感应强度的测量

按图接线(直流稳流电源中数字电流表已串接在电源的一个输出端)，只给单线圈 a 通电，旋转电流调节旋钮，令电流 I 为 100 mA。取台面中心为坐标原点 O，通过 O 的横刻线为 OX 轴。把传感器探头从一侧沿 OX 轴移动，每移动 1.00 cm 测一磁感应强度 B_a，测出一系

列与坐标 x 对应的磁感应强度 B_a。

实验中，应注意毫特计探头沿线圈轴线移动，每测量一个数据，必须先在直流电流输出电路断开时($I=0$)调零后，才测量和记录数据。

在轴线上某点转动毫特计探头，观察一下该点磁感应强度的方向。转动探头观测毫特计的读数值，读数最大时为传感器法线方向，即该点磁感应强度方向。

3. 双线圈轴线上各点磁感应强度测量

(1) 令两线圈串联，流过的电流方向一致(红黑接线柱交错相接)，组成亥姆霍兹线圈。然后，旋转电流调节旋钮，在同样电流 $I=100$ mA 条件下，测轴线上各点的磁感应强度 B_R 值，测量方法同上，得出的一系列 $X\text{-}B_R$ 数据。

(2) 分别把双线圈间距离调整为 $d=R/2$ 和 $d=2R$ 并测量电流为 $I=100$ mA 时轴线上各点磁感应强度值，测量方法同上，并作出 $X\text{-}B_{\frac{R}{2}}$、$X\text{-}B_{2R}$ 曲线。

五、注意事项

(1) 实验探测器采用配对集成霍尔传感器，灵敏度高，因而外磁场对实验影响不可忽略。移动探头测量时须注意零点变化，可以通过不断调零以消除此影响。

(2) 接线或测量数据时，要特别注意检查移动两个线圈时，是否满足亥姆霍兹线圈的条件。

(3) 两个线圈采用串接或并接方式与电源相连时，必须注意磁场的方向。如果接错线有可能使亥姆霍兹线圈中间轴线上磁场为零或极小。

实验 10　硅光电池特性研究

一、实验目的

(1) 了解硅光电池的基本结构及基本工作原理。

(2) 研究硅光电池的基本特性。

二、实验仪器

本实验使用的实验仪器主要有 YJ-TYN-1 硅光电池特性研究实验仪、光源、负载电阻箱等。

三、实验原理

硅光电池又称光生伏特电池，简称光电池。它是一种将太阳或其他光源的光能直接转换成电能的器件。由于它具有重量轻、无污染、使用安全等特点，在目前世界性能源短缺和环境保护形势日益严峻的情况下，人们对硅光电池寄予了厚望。硅光电池很可能成为未来电能的重要来源。同时，硅光电池在现代检测和控制技术中也有十分重要的地位，在卫星和宇宙飞船上都采用硅光电池作为电池。硅光电池用半导体材料制成，多为面结合 PN 结型，依靠 PN 结的光生伏特效应产生电动势。常见的光生伏特电池有硅光电池和硒光电池两种。

在纯度很高、厚度很薄(约 0.4 mm)的 N 型半导体材料薄片的表面，采用高温扩散法把硼扩散到硅片表面极薄一层内形成 P 层，位于较深处的 N 层保持不变，在硼所扩散到的最深处形成 PN 结。从 P 层和 N 层分别引出正电极和负电极，上表面涂有一层防反射膜，硅光电池的基本结构如图 1 所示。其形状有圆形、方形、长方形，也有半圆形。

1. 硅光电池的基本原理

当两种不同类型的半导体结合形成 PN 结时。由于分界层(即 PN 结)两边存在着载流子浓度的突变，必将导致电子从 N 区向 P 区和空穴从 P 区向 N 区的扩散运动，扩散结果将在 PN 结附近产生空间电荷聚集区，从而形成一个由 N 区指向 P 区的内电场。当有光照射到 PN 结上时，具有一定能量的光子会激发出电子-空穴对。这样，在光能的作用下，电子被拉向 N 区，而空穴被拉向 P 区。结果 P 区空穴数目增加而带正电，N 区电子数目增加而带负电，在 PN 结两端产生了光生电动势，这就是硅光电池的电动势。若硅光电池接有负载，电路中就有电流产生，这就是硅光电池的基本原理。单体硅光电池在阳光照射下，其电动势为 0.5～0.6 V，最佳负荷状态工作电压为 0.4～0.5 V，根据需要可将多个硅光

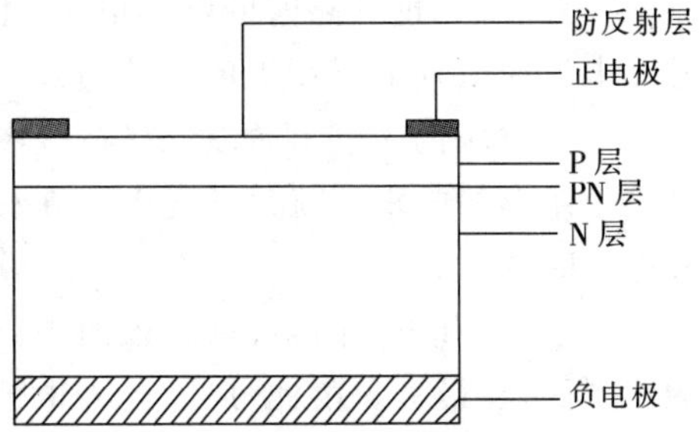

图 1　硅光电池的基本结构图

电池串并联使用。

2. 硅光电池的光电转换效率

硅光电池的光电转换效率，目前最高也仅为22%左右。其原因有多种：① 反射损失；② 波长过长的光（光子能量小）不能激发电子-空穴对，波长过短的光固然能激发电子-空穴对，但光子能量即使再大，一个光子也只能激发一个电子-空穴对；③ 在离 PN 结较远处被激发的电子-空穴对会自行重新复合，对电动势无贡献；④ 半导体内部和表面存在晶格缺陷会使电子-空穴对重新复合；⑤ 光电流通过 PN 结时会有漏电等。

3. 硅光电池的基本特性

(1) 硅光电池的开路电压与入射光强度的关系

硅光电池的开路电压是硅光电池在外电路断开时正负极两端的电压，用 U_{∞} 表示，亦即硅光电池的电动势。在无光照射时，开路电压为零。硅光电池的开路电压不仅与硅光电池材料有关，而且与入射光强有关。在相同的光强照射下，不同材料制作的硅光电池的开路电压并不相同。理论上，开路电压的最大值等于材料禁带宽度的1/2。例如，禁带宽度为 1.1 eV 的硅做硅光电池，开路电压为 0.5～0.6 V。对于给定的硅光电池，其开路电压随入射光强度变化而变化。其规律是硅光电池开路电压与入射光强度的对数成正比，即开路电压随入射光强度增大而增大，但入射光强度越大，开路电压增加得越缓慢。

(2) 硅光电池的短路电流与入射光强度的关系

硅光电池的短路电流就是它无负载时回路中的电流，用 I_{sc} 表示。对于给定的硅光电池，其短路电流与入射光强度成正比。对此，我们是很容易理解的，因为入射光强度越大，光子数越多，从而由光子激发的电子-空穴对就越多，短路电流也就越大。

(3) 在一定入射光强度下硅光电池的输出特性

在硅光电池两端连接负载而使电路闭合时，如果入射光强度一定，则电路中的电流 I 和路端电压 V 均随负载电阻的改变而改变，硅光电池的内阻也随之变化。硅光电池的输出伏安特性曲线如图 2 所示。

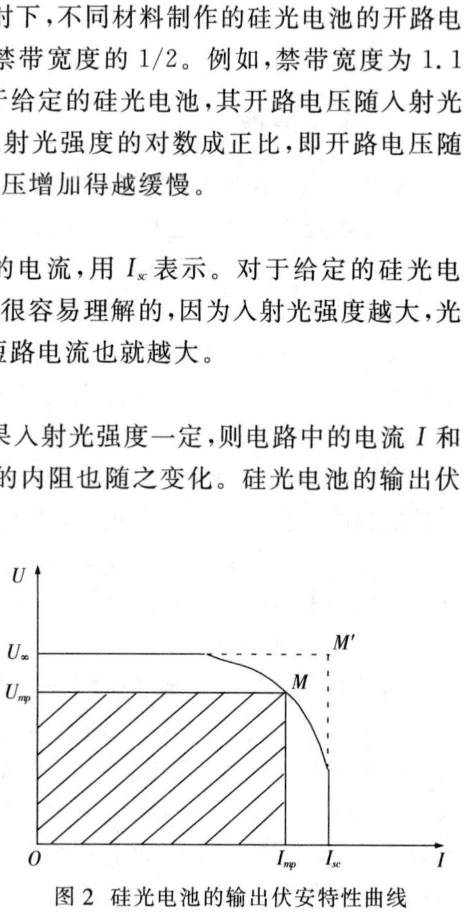

图 2 硅光电池的输出伏安特性曲线

图 2 中，I_{sc} 为 $U=0$，即短路时的电流，就是在该入射光强度下的硅光电池的短路电流；U_{∞} 为 $I=0$，即开路时的路端电压，也就是硅光电池在该入射强度下的开路电压。曲线上任一点对应的 I 和 U 的乘积（在该图中则是一个矩形的面积），就是硅光电池在相应负载电阻时的输出功率 P。曲线上有一点 M，它对应于 I_{mp} 和 U_{mp} 的乘积（即该图中画斜线的矩形面积）最大。由此可见，硅光电池仅在它的负载电阻值为 U_{mp} 和 I_{mp} 值时，才有最大输出功率。这个负载电阻称为最佳负载电阻，用 R_{mp} 表示。因此，我们通过研究硅光电池在一定入射光强度下的输出特征，可以找出它在该入射光强度下的最佳负载电阻。它在该负载电阻时工作状态为最佳状态，它的输出功率最大。

硅光电池在一定入射光强度下的曲线因子（或填充因子）$F \cdot F$ 定义式为

$$F \cdot F=(U_{mp} \cdot I_{mp})/(U_{\infty} \cdot I_{sc}) \tag{1}$$

我们知道，在一定入射光强度下，硅光电池的开路电压 U_{∞} 和短路电流 I_{sc} 是一定的。而 U_{mp} 和 I_{mp} 分别为硅光电池在该入射光强度下输出功率最大时的电压和电流。可见，曲线因子的物理意义是表示硅光电池在该入射光强度下的最大输出效率。从硅光电池的输出伏安特性曲线来看，曲线因子 $F \cdot F$ 的大小等于斜线矩形的面积（与 M 点对应）与矩形 $I_{sc} \cdot U_{\infty}$ 的面积（与 M' 点对应）之比。如果输出伏安特性曲线越接近矩形，则 M 与 M' 就越接近重合，曲线因子 $F \cdot F$ 就越接近 1，硅光电池的最大输出效率就越大。

四、实验内容和步骤

1. 硅光电池基本常数的测定

（1）测定在一定入射光强度下硅光电池的开路电压 U_{∞} 和短路电流 I_{sc}。

① 调节光源与硅光电池处于适当位置不变。

② 测出硅光电池的开路电压 U_{∞}（此时电流表不接入）。

③ 测出硅光电池的短路电流 I_{sc}。

（2）测定硅光电池的开路电压和短路电流与入射光强度的关系。

① 当光源与硅光电池正对时，测出开路电压 $U_{\infty 1}$ 和短路电流 I_{sc1}。

② 转动硅光电池一定角度 θ（如 15°），测出开路电压 $U_{\infty 2}$ 和短路电流 I_{sc2}。

③ 转动硅光电池角度为 30°、45°、60°、75°、90°角度时，测出不同位置下的开路电压 U_{∞} 和短路电流 I_{sc}。

2. 在一定入射光强度下，研究硅光电池的输出特性

保持光源和硅光电池处于适当的位置不变，即保持入射光强度不变，测量在不同负载电阻下的输出电压（路端电压）U 和负载电流 I，负载电阻分别取 0 Ω，2 Ω，4 Ω，8 Ω，16 Ω，…电阻按几何级数增加。计算在该入射光强度下，与各个 R 相对应的输出功率 $P=IU$，求出最大输出功率 $P_{\max}$，以及相应的太阳能电池的最佳负载电阻 R_{mp}、U_{mp}、I_{mp} 值，计算曲线因子 $F \cdot F=(U_{mp} \cdot I_{mp})/(U_{\infty} \cdot I_{sc})$。

3. 研究硅光电池内阻与光强的关系

4. 研究硅光电池内阻与负载电阻大小的关系

五、数据记录及处理

（1）自拟表格记录实验数据。

（2）用坐标纸画出 I_{sc}-θ、U_{∞}-θ 曲线及硅光电池的输出伏安特性曲线。

（3）分析硅光电池内阻与光强和负载电阻大小的关系。

六、思考题

（1）入射光强为什么会影响硅光电池的开路电压和短路电流？

（2）入射光强为什么会影响硅光电池的内阻？

实验 11　交流电路的谐振特性研究

一、实验目的

(1) 观察 RLC 交流电路的谐振特征。

(2) 测绘 RCL 串联电路和并联电路的谐振曲线。

二、实验仪器

本实验使用的实验仪器主要有 FB318 型 RLC 电路实验仪、数字交流毫伏表、导线若干等。

三、实验原理

改变 RLC 串联电路(或并联电路)的电源频率或保持电源频率不变,改变 L,C 元件的参数,使其满足条件:

$$\omega = 2\pi f = \frac{1}{\sqrt{LC}} \quad \text{或} \quad \omega = 2\pi f = \sqrt{\frac{1}{LC} - \left(\frac{R}{L}\right)^2} \tag{1}$$

此时,电路的等效电抗为 0,因而电流与电压同位相,电路不再与电源交换无功功率,即电路发生了谐振。

1. 串联谐振

在如图 1 所示的 RLC 串联电路中,各元件的电流、电压有效值依次为

$$I = \frac{U}{Z} = \frac{U}{\sqrt{R^2 + \left(\omega L - \frac{1}{\omega C}\right)}} \tag{2}$$

$$\left.\begin{aligned} U_R &= IR \\ U_L &= IZ_L = I\omega L \\ U_C &= IZ_C = I/(\omega C) \end{aligned}\right\} \tag{3}$$

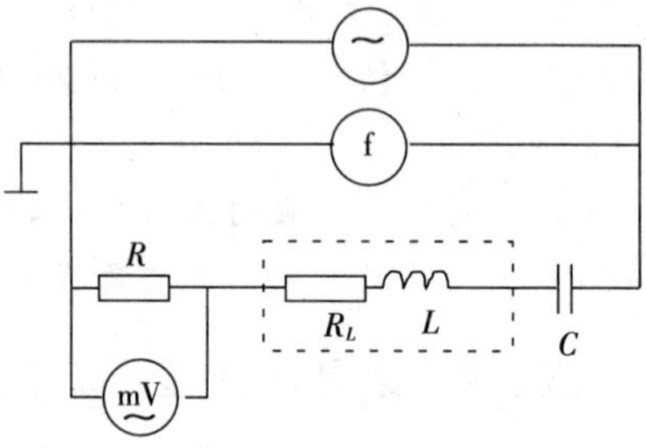

图 1 RLC 串联电路

由式(2)、式(3) 可知,电路总阻抗 Z、电流 I、各元件的电压均随电源频率的变化而变化,当 $\omega L = \frac{1}{\omega C}$,即 $\omega = \omega_0 = \frac{1}{\sqrt{LC}}$ 时,RLC 串联电路处于谐振状态,这时,

阻抗有一极小值:

$$|Z|_{\min} = R \tag{4}$$

电流有一极大值:

$$I_{\max} = \frac{U}{R} \tag{5}$$

电压谐振：

$$U_L = U_C = QU \tag{6}$$

式中

$$Q = \frac{U_L}{U} = \frac{U_C}{U} = \frac{1}{R}\sqrt{\frac{L}{C}} \tag{7}$$

即电路谐振时的 U_L（或 U_C）与总电压 U 之比，称为串联谐振电路的品质因数。

2. 并联谐振：

图 2 中，R、L 与 C 并联在电路中，电路总阻抗为

$$Z = \sqrt{\frac{R^2 + (\omega L)^2}{(1 - \omega^2 LC)^2 + (\omega CR)^2}} \tag{8}$$

当 ω 满足 $C(R^2 + \omega^2 L^2) - L = 0$，即

$$\omega = \omega_{p0} = \sqrt{\frac{1}{LC} - \frac{R^2}{L^2}} = \frac{1}{\sqrt{LC}}\sqrt{1 - \frac{R^2 C}{L}} = \omega_0\sqrt{1 - \frac{R^2 C}{L}} \tag{9}$$

时，并联电路处于谐振状态，这时，

阻抗有一极大值：

$$|Z|_{\max} = \frac{L}{RC} \tag{10}$$

电流有一极小值：

$$I_{\min} = \frac{RC}{L}U \tag{11}$$

电流谐振：

$$I_L = I_C = QI \tag{12}$$

式中，$Q = \dfrac{1}{R}\sqrt{\dfrac{L}{C}}$ 为并联电路的品质因数。

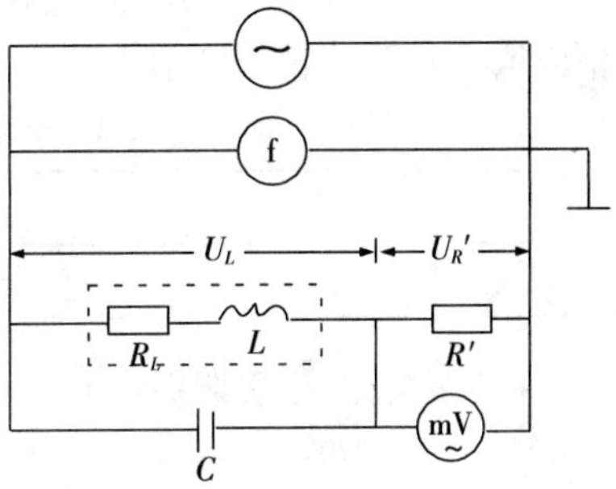

图 2 RLC 并联电路

四、实验内容和步骤

1. 测定 RLC 串联电路的谐振特征

（1）按照图 1 接好电路，开启 FB318 型 RLC 电路实验仪、晶体管毫伏表等电源开关，预热备用。其中：$R=100\ \Omega$，$L=0.1\ \mathrm{H}$，$C=0.1\ \mu\mathrm{F}$。

（2）改变电源频率并维持电源电压 U（$U=0.4\sim1\ \mathrm{V}$）不变，观察 U_R 的变化情况，找出其谐振频率 f_0 及对应的电流 $I = \dfrac{U_{R\max}}{R}$。

（3）测出电路谐振时电容两端电压 U_C 和电感两端电压 U_L。

（4）仍然维持电源电压不变，读取不同频率时的 U_R 值（注意谐振频率附近的频率间隔相应取小一些），并记录于表 1 中。取样电阻 R 换成 50 Ω 重复上述实验。

（5）描绘出串联谐振的 I（或 U_R）-f 曲线，计算出串联谐振电路的 Q 值：

$$Q = \frac{I\omega L}{U} = \frac{I}{\omega CU} = \frac{U_L}{U} = \frac{U_C}{U} \tag{13}$$

表 1　电源电压 U 不变时串联谐振电路的测量数据

f/Hz								
U_R/V	$R=100\ \Omega$							
	$R=50\ \Omega$							
I/mA	$R=100\ \Omega$							
	$R=50\ \Omega$							

2. 测定 RLC 并联电路的谐振特性

(1) 按照图 2 接好电路，开启相关实验仪器电源开关，预热备用。其中：$L=0.1$ H，$C=0.1\ \mu$F，$R'=100\ \Omega$。

(2) 改变电源频率并维持电源的电压 U 不变，观察取样电阻 R' 上电压 $U_{R'}$ 的变化，找出其并联谐振频率 f_0 及对应 R' 的电压 $U_{R'}$。

(3) 测出电路谐振时电容两端电压 U_C 和电感两端电压 U_L。

(4) 仍然维持电源电压 U 不变，读取不同频率时的 $U_{R'}$ 值(注意谐振频率附近频率间隔相应取小一些)，记录于表 2 中。

表 2　电源电压不变时并联谐振电路的测量数据

f/Hz						
U_R/mV						

(5) 描绘出并联谐振的 $U_{R'}$-f 曲线，计算出并联谐振电路的 Q 值：

$$Q=I_C/I=I_L/I=(U_C\omega_0 C)/(U_{R'}/R')=(U_L/(\omega_0 L))/(U_{R'}/R') \tag{14}$$

五、数据记录及处理

(1) 在表格中记录相应的实验数据。

(2) 绘出串联谐振的 I(或 U_R)-f 曲线和并联谐振的 $U_{R'}$-f 曲线，计算出串联谐振电路和并联谐振电路的 Q 值。

(3) 根据实验中观察的实验现象和所测得的实验数据，分析实验结果。

六、思考题

(1) 为什么串联谐振称为电压谐振，并联谐振称为电流谐振？

(2) 串联谐振时电容器两端的电压为电源总电压的 Q 倍，能否将其作为升压器使用？

(3) 本实验用的晶体管毫伏表内阻多大？试分析其做串联谐振和并联谐振实验时的接入误差。

实验 12　非线性电路混沌实验

一、实验目的

(1) 观测非线性电路振动周期发生的分岔及混沌现象。

(2) 测量非线性单元电路的电流-电压特性，从而对非线性电路及混沌现象有深刻了解。

(3) 学会自己制作一个带铁磁材料介质的电感器，以及测量非线性器件伏安特性的方法。

二、实验仪器

本实验使用的实验仪器主要有 FD-NCE-II 非线性主电路混沌实验仪、示波器、导线若干等。

三、实验原理

1. 非线性电路与非线性动力学

实验电路如图 1 所示，图 1 中只有一个非线性元件 R，它是一个有源非线性负阻器件。电感器 L 和电容器 C_2 组成一个损耗可以忽略的谐振回路。可变电阻 R_V 和电容器 C_1 串联将振荡器产生的正弦信号移相输出。本实验所用的非线性元件 R 是一个三段分段线性元件。图 2 为该电阻的伏安特性曲线，可以看出加在此非线性元件上电压与通过它的电流极性是相反的。由于加在此元件上的电压增加时，通过它的电流却减小，因而将此元件称为非线性负阻元件。

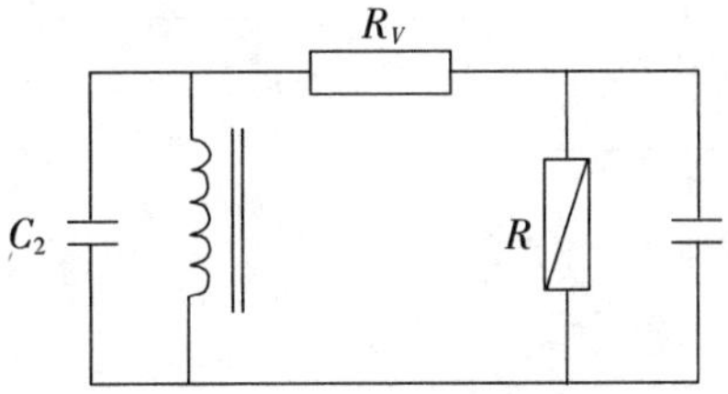

图 1　非线性电路

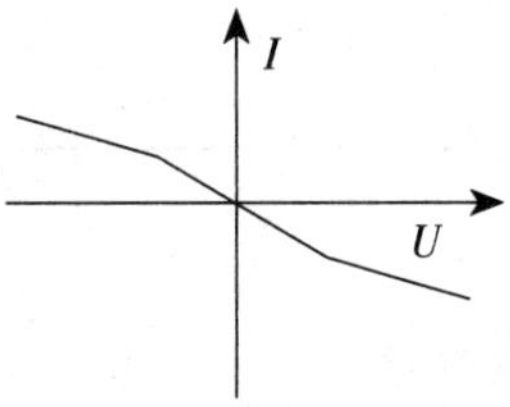

图 2　非线性元件 R 的安特性曲线

$$
\begin{cases}
C_1 \dfrac{\mathrm{d}U_{C_1}}{\mathrm{d}t} = G(U_{C_2} - U_{C_1}) - gU_{C_1} \\
C_2 \dfrac{\mathrm{d}U_{C_2}}{\mathrm{d}t} = G(U_{C_1} - U_{C_2}) - i_L \\
L \dfrac{\mathrm{d}i_L}{\mathrm{d}t} = -U_{C_2}
\end{cases}
\tag{1}
$$

式中：导纳 $G = 1/R_V$，U_{C_1} 和 U_{C_2} 分别表示加在电容器 C_1 和 C_2 上的电压，i_L 表示流过电感器 L 的电流，g 表示非线性电阻的导纳。

2. 有源非线性负阻元件的实现

有源非线性负阻元件实现的方法有多种，这里使用的是一种较简单的电路，采用两个运算放大器（双运放 LF353）和 6 个配制电阻来实现，其电路如图 3 所示，它的伏安特性曲线如图 4 所示。实验所要研究的是该非线性元件对整个电路的影响，而非线性负阻元件的作用是使振动周期产生分岔和混沌等一系列非线性现象。

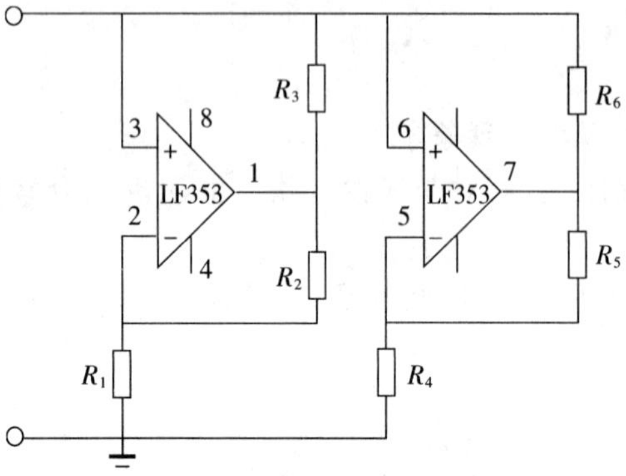

图 3 有源非线性电路

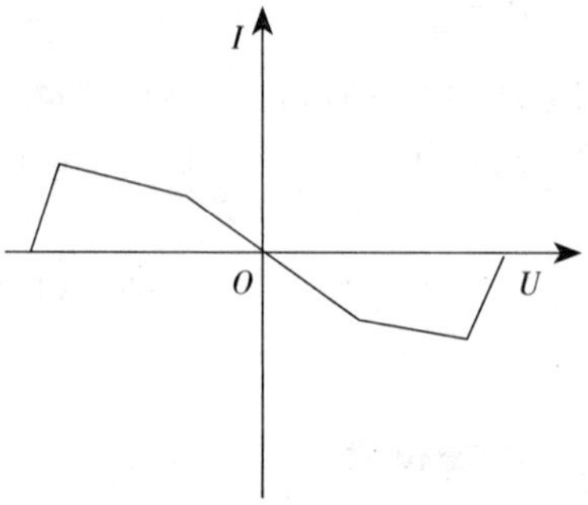

图 4 双运放非线性元件的伏安特性曲线

实际非线性混沌实验的电路如图 5 所示。非线性电路和混沌实验仪由 4 位半电压表（量程 0～20 V，分辨率 1 mV）、−15 V～0～+15 V 稳压电源和非线性电路混沌实验线路板 3 部分组成。观察倍周期分岔和混沌现象用双踪示波器。

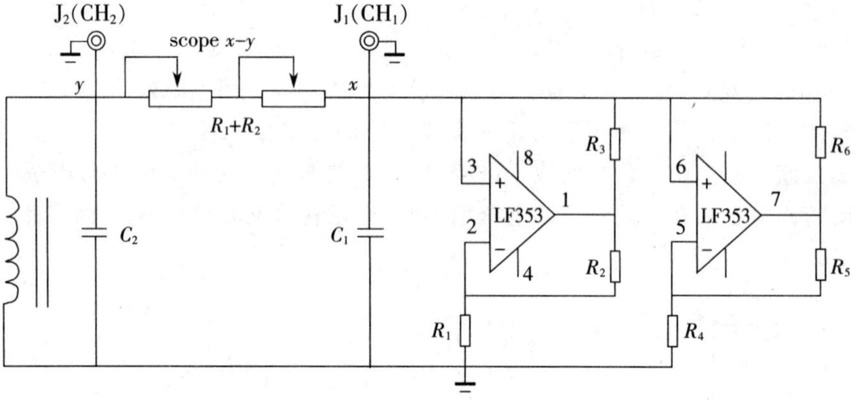

图 5 非线性电路混沌实验电路

3. 名词解释

(1) 分岔：在一族系统中，当一个参数值达到某一临界值以上时，系统长期行为的一个突然变化。

(2) 混沌：① 完全混沌表征一个动力系统的特征，在该系统中大多数轨道显示敏感依赖性；② 有限混沌，表征一个动力系统的特征，在该系统中某些特殊轨道是非周期的，但大多数轨道是周期或准备周期的。

四、实验内容和步骤

1. 必做内容

测量一个铁氧体电感器的电感量，观测倍周期分岔和混沌现象。

(1) 按照图 5 电路接线。其中电感器 L 由实验者用漆包铜线手工缠绕。可在线框上绕 70～75 圈，然后装上铁氧体磁芯，并把引出漆包线端点上的绝缘漆用刀片刮去，使两端点导电性能良好。也可以用仪器附带的铁氧体电感器。

(2) 串联谐振法测电感器电感量。将自制电感器、电阻箱(取 30.00 Ω)串联，并与低频信号发生器相接。用示波器测量电阻两端的电压，调节低频信号发生器正弦波频率，使电阻两端电压达到最大值。同时，测量通过电阻的电流值 I。要求达到 $I=5$ mA(有效值)时，测量电感器的电感量。

(3) 把自制电感器接入如图 5 所示的电路中，调节 R_1+R_2 电阻值。在示波器上观测图 5 的 CH_1-地和 CH_2-地所构成的相图(李萨如图)，调节 R_1+R_2 电阻值由大至小时，描绘相图周期的分岔混沌现象。将一个环形相图的周期定为 P，那么要求观测并记录 $2P$、$4P$、阵发混沌、$3P$ 单吸引子(混沌)、双吸引子(混沌)共 6 个相图和相应的 CH_1-地和 CH_2-地 2 个输出波形。

2. 选做内容

把有源非线性负电阻元件与 RC 移相器连接线断开。测量非线性单元电路在电压 $U<0$ 时的伏安特性，作 I-U 关系图，并进行直线拟合。

五、数据记录及处理

1. 倍周期分岔和混沌现象的观测及相图描绘

(1) 按图 5 接好实验面板图，将方程(1)中的 $1/G$(即 $R_{V1}+R_{V2}$)值放大到某值，这时示波器出现李萨如图，如图 6(a)所示，用扫描挡观测为两个具有一定相移(相位差)的正弦波。

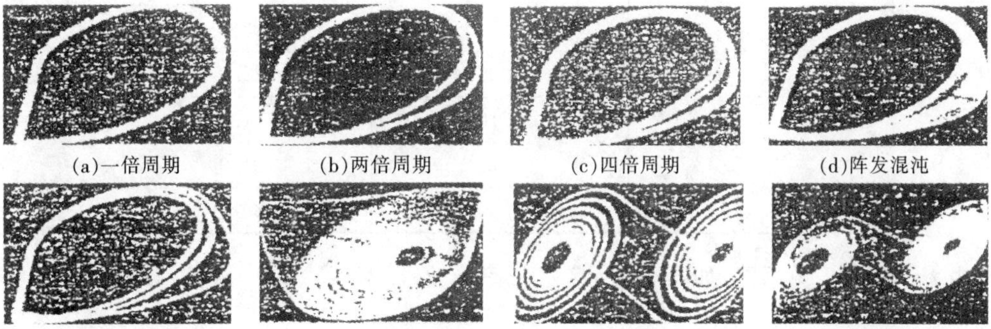

(a)一倍周期　(b)两倍周期　(c)四倍周期　(d)阵发混沌

(e)三倍周期　(f)奇异吸引子　(g)双吸引子　(h)双吸引子

图 6　倍周期分岔系列照片

(2) 逐步减小 $1/G$ 值，开始出现两个"分列"的环图，出现了分岔现象，即由原来一倍周期变为两倍周期，示波器上显示李萨如图，如图 6(b)所示。

(3) 继续减小 $1/G$ 值，出现四倍周期(如图 6(c)所示)、八倍周期、十六倍周期与阵发混沌交替现象，阵发混沌如图 6(d)所示。

(4) 再减小 $1/G$ 值，出现了三倍周期，如图 6(e)所示，图像十分清楚稳定。根据 Yorke 的著名论断"周期三意味着混沌"，说明电路即将出现混沌。

(5) 继续减小 $1/G$ 值，出现奇异吸引子，如图 6(f)所示。

(6) 再减小 $1/G$ 值，出现双吸引子，如图 6(g)所示。

2. 电感量与工作电流的关系

由于在本实验中制作线圈时使用了磁芯，因而线圈的电感对电流的变化非常明显，以下测量到的数据可以很清楚地说明这一点，但由于本实验对混沌现象只用于定性半定量的观察，因而对实验影响并不大。

3. 测量电感器特性的方法

按图 7 连接电路。CH_2 测量 R 两端电压。保持信号发生器输出电压不变，调节频率，当 CH_2 测得的电压最大时，LC 串联电路达到谐振。

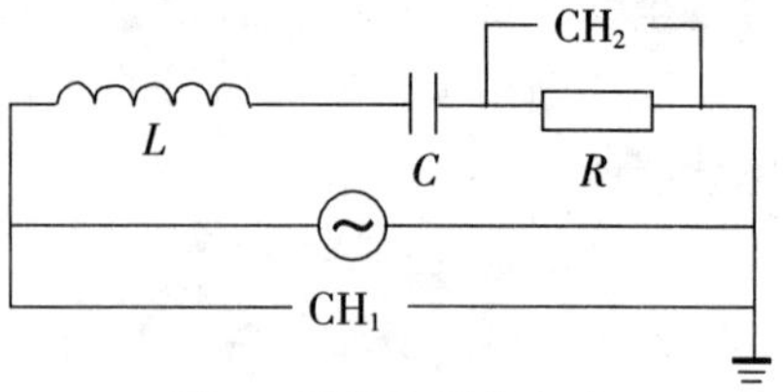

图 7 测量电感的电路

电感谐振时有 $\omega L = 1/(\omega C)$，$f_0 = 1/(2\pi\sqrt{LC})$，$L = 1/(4\pi^2 C f_0{}^2)$，$U_R = U_{CH2}/(2\sqrt{2})$，回路中电流的有效值 $I = U_R/R$。其中：f_0 为谐振频率，U_{CH2} 表示 CH_2 波形的峰谷间距，U_R 表示电阻 R 两端输出的电压的有效值。

本实验要求掌握测量电感器的 RLC 电路和记录数据的方法。

(1) 样品 A

测量的实验数据如表 1 所示。

表 1 电感量 L 随电流 I 变化的数据表

f_0/kH$_Z$	I/mA	L/mH
3.14	19.7	25.7
3.19	16.0	24.9
3.23	12.2	24.3
3.30	8.29	23.3
3.39	4.26	22.0
3.44	2.16	21.4
3.47	1.74	21.0
3.49	1.10	20.8

由表 1 作 L-I 关系图，如图 8 所示。

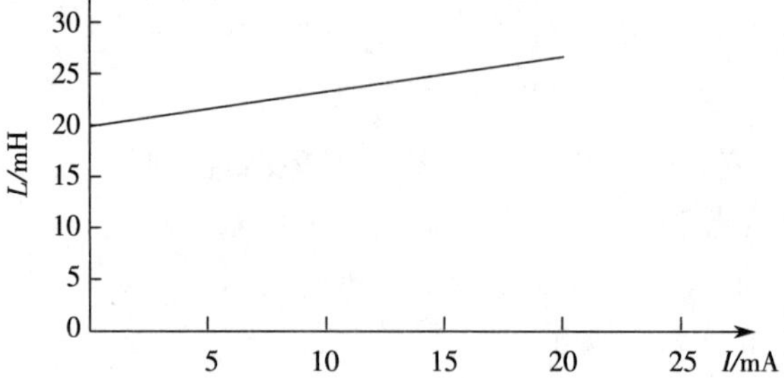

图 8 电感量 L 与电流 I 的关系

由图 8 可见，由电感量 L 随着电流 I 的增大而增加，由此得出电感中有铁芯，因为电流越大，铁磁效应越明显。

(2) 样品 B

测量的实验数据如表 2 所示。

表 2　电感参量的测量数据

参数	数值
R/Ω	100.0
U_{CH2}/V	12.0
I/mA	42.4
f_0/kHz	1.995
L/mH	29.6
R_L/Ω	33.3

改变信号发生器输出电压后得到如表 3 所示的数据。

表 3　电感参量的测量数据

参数	数值
R/Ω	100.0
U_{CH2}/V	4.00
I/mA	14.1
f_0/kHz	2.038
L/mH	28.3

电感量 L 随电流 I 变化数据如表 4 所示。

表 4　电感量 L 随电流 I 变化的数据表

U_{CH2}/V	I/mA	f_0/kHz	L/mH
12.0	42.4	1.995	29.6
10.0	35.5	1.980	30.1
8.00	28.3	1.982	30.0
6.00	21.2	2.000	29.5
4.00	14.1	2.038	28.3
2.00	7.07	2.110	26.5

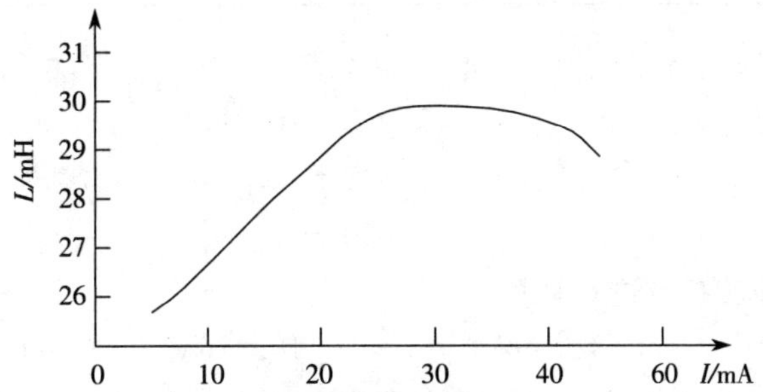

图 9　电感量 L 与电流 I 关系

由表 4 作 L-I 关系图，如图 9 所示，电感量 L 随电流 I 的增加而增大，由此得出电感中有铁芯。当电流增加到 25 mA 以后，电感量就基本饱和了，再随着电流的继续增大，电感量在渐渐减小，这是因为电感中通过的电流越大，其磁环的磁导率 μ 就会下降，所以电感量就会随之减小。

4. 有源非线性负阻元件的伏安特性

双运算放大器中两个对称放大器各自的配置电阻相差 100 倍，这就使得两个放大器输出电流的总和在不同的工作电压段，输出总电流随电压变化关系不相同(即其中一个放大器达到电流饱和，另一个尚未饱和)，因而出现了非线性的伏安特性，测量结果如表 5 所示，实验电路如图10所示。

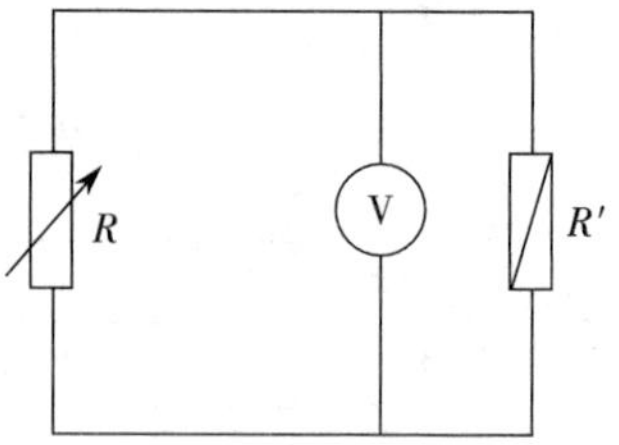

图 10 有源非线性负阻元件的伏安特性电路

5. 有源非线性电路的伏安特性曲线测量

有源非线性负阻元件一般满足“蔡氏电路”的特性曲线。实验中，将电路的 LC 震荡部分与非线性电阻直接断开，伏特表用来测量非线性元件两端的电压。由于非线性电阻是有源的，因此，回路中始终有电流流过，R 使用的是电阻箱，其作用是改变非线性元件的对外输出。使用电阻箱可以得到很精确的电阻，尤其可以对电阻值做微小的改变，进而微小地改变输出。

本实验测得相关数据如表 5 所示(仅供参考)。

表 5 非线性电路伏安特性

电压/mV	电流/mA	电压/V	电流/mA	电压/V	电流/mA
−100.000	0.015	−1.800	1.331	−10.600	4.089
−100.060	0.081	−2.000	1.415	−10.800	3.685
−200.020	0.155	−3.000	1.819	−11.000	3.266
−400.900	0.304	−4.000	2.222	−11.200	2.839
600.000	0.451	−5.000	2.626	−11.400	2.408
801.600	0.600	−6.000	3.303	−11.600	1.969
−1 005.000	0.751	−7.000	3.434	−11.800	1.528
−1 195.500	0.893	−8.000	3.839	−12.000	1.085
1 395.700	1.042	−9.000	4.243	−12.200	0.635
−1 608.200	1.197	−10.000	1.648	−12.400	0.146

把表 5 数据分 3 段进行线性拟合，同时，根据方程 $I=AV+B$，可得如下所示参数：

$A_1=-7.406\times10^{-4}$ A/V，　$B_1=7.042\times10^{-3}$ mA，　$r=0.999\ 96$；

$A_2=4.042\times10^{-4}$ A/V，　$B_2=0.605$ mA，　$r=0.999\ 999\ 7$；

$A_3=-2.085\times10^{-4}$ A/V，　$B_3=27.30$ mA。

对直线的交点，即转折点进行计算：

$V_1=-1.775$ V，　$I_1=0.323$ mA；　$V_2=-10.276$V，　$I_2=4.759$ mA。

上式中 A、B、r 分别代表斜率、截距和线性相关系数。可见，实际的曲线 3 段分段线性度很高，因而对非线性元件的电压-电流特性曲线在一定范围内可作分段线性近似，以便于以下的理论讨论。对于正向电压部分的曲线,理论计算是与反向电压部分曲线关于原点 180°对称的。

六、思考题

(1) 实验中需自制铁氧体为介质的电感器,该电感器的电感量与哪些因素有关? 此电感量可用哪些方法测量?

(2) 非线性负阻电路(元件)在本实验中的作用是什么?

七、FD-NCE-II 非线性电路混沌实验仪介绍

1. 概述

非线性动力学以及与此相关的分岔混沌现象的研究是近二十多年来科学界研究的热门课题。混沌现象涉及物理学、数学、生物学、电子学、计算机科学和经济学等领域,应用极为广泛,非线性电路混沌实验已列入新的综合大学普通物理实验教学大纲,是理工科院校新开设的备受学生欢迎的基础物理实验。由复旦大学物理实验教学中心与上海复旦天欣科教仪器公司联合研制的 FD-NCE-II 非线性电路混沌实验仪具有以下几个优点:

(1) 实验电路采用基础物理中电磁学实验最基本电路,突出物理和物理实验教学中的重点内容。物理现象明显,实验内容丰富,实验数据稳定。

(2) 电路的基本元件由学生自己接线,有利于提高学生动手能力,集成块与电源都有保护装置,仪器牢靠,不易损坏。

(3) 用示波器观测正弦波形的周期分岔及混沌现象,图形明显,且重复性好,可连续观测几小时。本仪器可用于高等院校及中专的基础物理实验、物理演示实验及设计性和开放性物理实验。

2. 实验项目

(1) 用 RLC 串联谐振电路,测量仪器提供的铁氧体介质电感在通过不同电流时的电感量。解释电感量变化的原因。

(2) 用示波器观测 LC 振荡产生的波形及经 RC 移相后的波形。

(3) 用双踪示波器观测上述两个波形组成的相图(李萨如图)。

(4) 改变 RC 移相器中可调电阻 R 的值,观察相图周期变化。记录倍周期分岔、阵发混沌、三倍周期、吸引子(周期混沌)和双吸引子(周期混沌)相图。

(5) 测量由 LF353 双运放构成的有源非线性负阻元件的伏安特性,结合非线性电路的动力学方程,解释混沌产生的原因。

3. 仪器组成及技术指标

(1) 直流稳压输出±15 V,提供运算放大器工作电压。

(2) 4 位半数字电压表量程为 0～20 V,分辨率为 1 mV。

(3) 仪器总功率 15 W。

(4) 仪器工作电压(1±10%)×220 V。

(5) 仪器总重量 3 kg。

(6) 仪器尺寸 300 mm×200 mm×1 050 mm。

(7) 非线性电路混沌实验电路板包括:① LC 振荡器;② RC 移相器电路;③ 双运放及 6

个配置电阻组成的等效有源非线性负阻元件；④ 连接导线和同轴电缆线；⑤ 4 位半数字电压表。

4. 仪器外观图

FD-NCE-II 非线性电路混沌实验仪控制面板如图 11 所示。

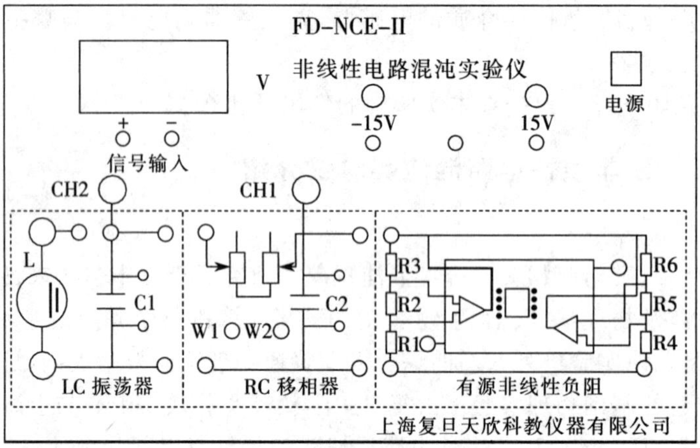

图 11 FD-NCE-II 非线性电路混沌实验仪控制面板

5. 仪器使用方法

(1) 打开机箱，将铁氧体介质电感与面板上对应接线柱相接。

(2) 用同轴电缆线将实验仪面板上的 CH2 插座连接示波器的 Y 输入。CH1 插座连接示波器的 X 输入，并置 X 和 Y 输入为 DC，以观测两个正弦波构成的李萨如图(相图)。

(3) 接通实验板的电源，这时数字电压表有显示，对应 ±15 V 电源指示灯都为亮状态，且都有电压输出。

(4) 数字电压表上的数字不停地闪烁，说明输入电压超过量程。

6. 注意事项

(1) 双运算放大器的正负极不能接反，地线与电源接地点必须接触良好(尽管仪器有保护装置，但学生必须学会准确接线)。

(2) 关掉电源以后，才能拆实验板上的接线。

(3) 仪器预热 10 min 以后才能开始测数据。

实验 13　磁滞回线的测量与分析

一、实验目的

(1) 熟悉磁滞回线组合仪的线路，熟悉示波器的使用方法。

(2) 观察和研究磁滞回线，学会磁滞回线的测量。

二、实验仪器

本实验使用的实验仪器主要有 YJ-CZX-I 型磁滞回线组合仪、示波器、导线等。

三、实验原理

铁磁物质具有保持原先磁化状态的性质，称为磁滞，这是磁铁物质的一个重要性质。不可逆的磁化导致磁滞，以绕有线圈的硅钢片铁芯为例，如果通过线圈的磁化电流从零逐渐增大，则铁芯中的磁感应强度 B 随磁场强度 H 改变，如图 1 所示。oa 段曲线为起始磁化曲线；$abcdefa$ 为磁滞回线；B_m 为磁饱和强度；H_c 为矫顽力；B_r 为剩磁。

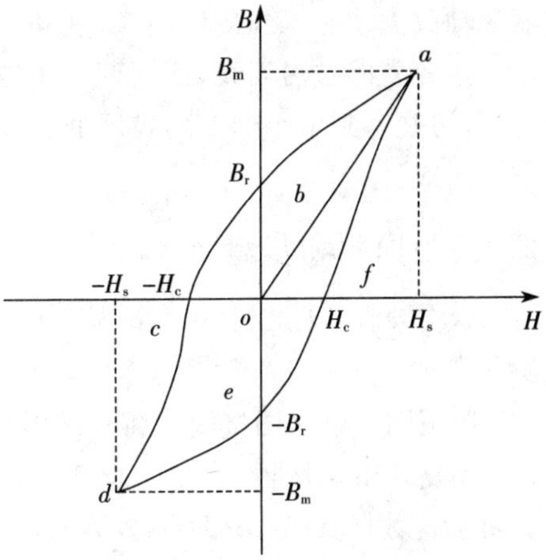

图 1　铁芯中的磁感应强度 B 随磁场强度 H 变化曲线

初始状态为 $H=0$、$B=0$，改变磁场强度 H 时，在磁场由弱到强的单调增加过程，可以得到面积由小到大的一块磁滞回线，各磁滞回线的正顶点的连接线 oa 称为铁磁物质的基本磁化曲线。可以看出，铁磁材料的 B 和 H 不是线性关系，即磁导率 B/H 不是常数。

$$IN_1 = HL_1 \tag{1}$$

式中，N_1 为被测样品初级线圈的匝数，L_1 为初级线圈铁芯的平均长度，得

$$U_X = (L_1R_1/N_1)\cdot H \tag{2}$$

此式表明在交变磁场下，任一时刻 t 电子束 X 轴偏转正比于磁场强度 H。

如图 2 所示，样品中与磁感应强度瞬时值 B 成正比的电压 U_Y 是次级线圈 N_2 和 R_2C 电路给出的，因交变磁场强度 H 在样品中产生交变的磁感应强度 B，由次级线圈产生感应交变电动势 $\varepsilon = \mathrm{d}\Phi/\mathrm{d}t = N_2A\mathrm{d}B/\mathrm{d}t$，式中：$N_2$ 为样品次级线圈的匝数；A 为样品铁芯截面积。

当 $R_2 \gg 1/2\pi fc$ 时，认为 $\varepsilon = IR_2 = (C\mathrm{d}U_C/\mathrm{d}t)\cdot R_2$，则

$$U_Y = U_C = Q/C = (1/C)\int I\mathrm{d}B = (1/CR_2)\int \varepsilon \mathrm{d}t = (N_2A/CR_2)\int \mathrm{d}B \tag{3}$$

积分整理：

$$B = R_2CU_C/N_2A \tag{4}$$

表明输入到示波器 Y 轴上的电压 U_Y（即 U_C）正比于磁感应强度 B。

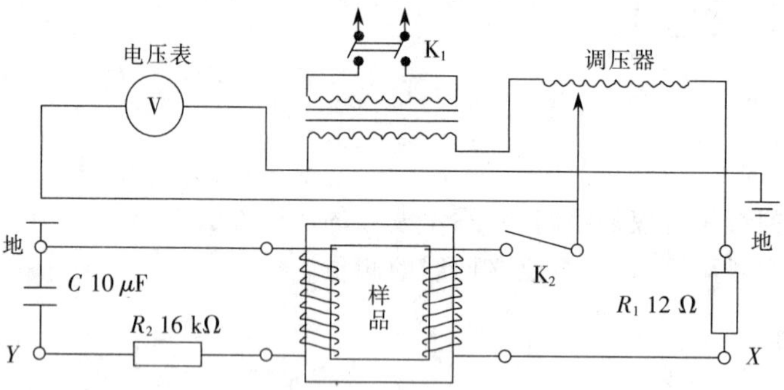

样品参数：铁芯截面积 A=354 mm²，初级线圈铁芯平均长度 78 mm，初级匝数 1 150 T，次级匝数 281 T

图 2　用示波器观察 B–H 曲线的实验电路图

R_2C 串联电路在电子技术中称为积分电路，由式(4)可知，输出电压 U_C 是感应电动势 ε 对时间的积分，由于 R_2C 电路作用才能使 U_Y 与 B 成正比，且 $R_2 \gg 1/2\pi fc$，U_C 振幅很小，经示波器 Y 轴放大才能得到最佳图像，这样的磁化曲线在变化的一个周期内，电子束的痕迹就能描出一条完整的磁滞回线，适当调节示波器 X 轴和 Y 轴的幅值，再由小到大调节调压器的输出电压，可观察到由小到大的扩展的磁滞回线图像。各正顶点的光滑连线就是铁磁材料的基本磁化曲线。

四、实验内容和步骤

(1) 本实验直接以 220 V 电压为电源，接好电路，需经指导教师检查无短路后，才能接通电源。

(2) 按照图 2 电路图接线。将示波器的 SX、SY 选择在适当的位置。

(3) 反复调节调压器，在稳定电压下，分别得到 8 条不同的磁滞回线，描绘出基本磁化曲线。要求将数据 X、Y、B、H 列入表格(表格自拟)。

(4) 描绘出第 8 条磁滞回线，要求测出至少 12 个点的坐标，并将坐标点列入表格。

注意：本仪器内部使用电子调压器，请勿将调压器两端短接，否则将使调压器烧毁；调压器在正常使用下会有轻微发热，故其调压有个稳定过程，在输出为 50 V 左右时发热现象较为明显，因此在调节电压过程中须反复调节，达到稳定的电压值后再进行读数操作。

五、数据记录及处理

请自拟表格记录实验数据，根据数据描绘出基本磁化曲线。

六、思考题

(1) 什么是磁滞现象？试分析铁磁材料的磁化曲线。

(2) 实验过程中，如何调压到稳定电压值？

实验 14　电子束的偏转和聚焦

一、实验目的

(1) 了解示波管的基本构造和工作原理。
(2) 掌握示波管中电子束电偏转和电聚焦的基本原理。
(3) 掌握示波管中电子束磁偏转和磁聚焦的基本原理。
(4) 掌握测量电子荷质比的原理及测量方法。

二、实验仪器

DH4521 电子束测试仪。

三、实验原理

1. 电偏转

阴极射线管结构如图 1 所示。

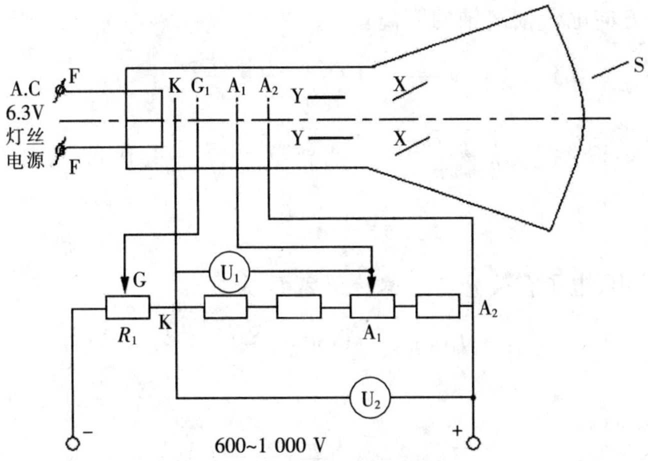

K.阴极；G.栅极；A_1.聚焦阳极；A_2.第二阳极；Y.垂直偏转板；X.水平偏转板；S.荧光屏

图 1　阴极射线管

由阴极 K,控制栅极 G,阳极 A_1、A_2…组成电子枪。阴极被灯丝加热而发射电子,电子受阳极的作用而加速。

电子从阴极发射出来时,可以认为它的初速度为零。电子枪内阳极 A_2 相对阴极 K 具有几百甚至几千伏的加速正电位 U_2,它产生的电场使电子沿轴向加速,电子从速度为 0 到达 A_2 时速度为 v。由能量关系,有

$$\frac{1}{2}mv^2 = eU_2 \qquad 所以 \quad v = \sqrt{\frac{2eU_2}{m}} \tag{1}$$

过阳极 A_2 的电子以速度 v 进入两个相对平行的偏转板间。若在两个偏转板上加上电压 U_d，两个平行板间距离为 d，则平行板间的电场强度 $E=\frac{U_d}{d}$，电场强度的方向与电子速度 v 的方向相互垂直，如图 2 所示。

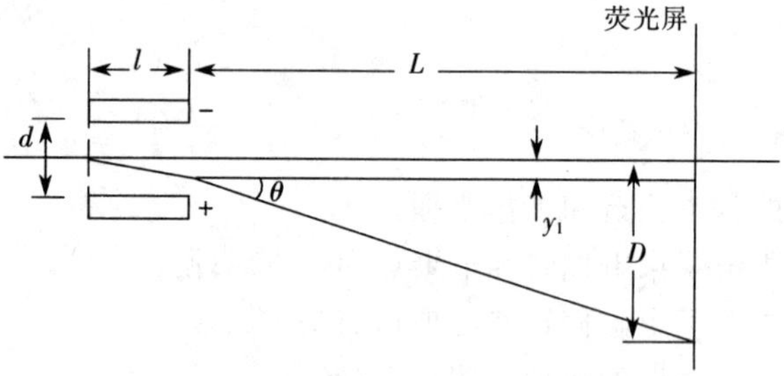

图 2 电子束的电偏转

设电子的速度方向为 z，电场方向为 y(或 x)。当电子进入平行板空间时，$t_0=0$，电子速度为 v，此时有 $v_z=v$，$v_y=0$。设平行板的长度为 l，电子通过 l 所需的时间为 t，则有

$$t=\frac{1}{v_z}=\frac{1}{v} \tag{2}$$

电子在平行板间受电场力的作用，电子在与电场平行的方向产生的加速度为 $a_y=\frac{-eE}{m}$，其中 e 为电子的电量，m 为电子的质量，负号表示 A_y 方向与电场方向相反。当电子射出平行板时，在 y 方向电子偏离轴的距离：

$$y_1=\frac{1}{2}a_y t^2=\frac{1}{2}\cdot\frac{eE}{m}t^2$$

将 $t=\frac{l}{v}$ 代入，得 $y_1=\frac{1}{2}\cdot\frac{eE}{m}\cdot\frac{l^2}{v^2}$，再将 $v=\sqrt{\frac{2eU_2}{m}}$ 代入，得

$$y_1=\frac{1}{4}\cdot\frac{U_d}{U_2}\cdot\frac{l^2}{d} \tag{3}$$

由图 2 可以看出，电子在荧光屏上偏转距离 D 为

$$D=y_1+L\tan\theta,\quad \tan\theta=\frac{v_y}{v_z}=\frac{a_y t}{v}=\frac{U_d l}{2U_2 d} \tag{4}$$

故

$$D=\frac{1}{2}\cdot\frac{U_d l}{U_2 d}\left(\frac{l}{2}+L\right) \tag{5}$$

从式(5)可看出，偏转量 D 随 U_d 增加而增加，与 $\frac{l}{2}+L$ 成正比。偏转量与 U_2 和 d 成反比。

2. 磁偏转

电子通过 A_2 后，若在垂直于 z 轴的 x 方向放置一个均匀磁场，那么，以速度 v 飞越的电子在 y 方向上也将发生偏转。由于电子受洛伦兹力 $F=eBv$，大小不变，方向与速度方向垂直，因此，电子在 F 的作用下做匀速圆周运动，洛伦兹力就是向心力，有 $evB=\frac{mv^2}{R}$，所以 $R=\frac{mv}{eB}$。电子离开磁场将沿切线方向飞出，直射荧光屏。

3. 电聚焦

电子射线束的聚焦是所有射线管如示波管、显像管和电子显微镜等都必须解决的问题。在阴极射线管中，阳极被灯丝加热发射电子。电子受阳极产生的正电场作用而加速运动，同时又受栅极产生的负电场作用，只有一部分电子能通过栅极小孔而飞向阳极。改变栅极电位能控制通过栅极小孔的电子数目，从而控制荧光屏上的辉度。当栅极上的电位负到一定的程度时，可使电子射线截止，辉度为零。

聚焦阳极和第二阳极由同轴的金属圆筒组成。由于各电极上的电位不同，在它们之间形成了弯曲的等位面、电力线。这样就使电子束的路径发生弯曲，类似光线通过透镜那样产生了会聚和发散，这种电子组合称为电子透镜。改变电极间的电位分布，可以改变等位面的弯曲程度，从而达到电子透镜的聚焦。

4. 磁聚焦和电子荷质比的测量

置于长直螺线管中的示波管，在不受任何偏转电压的情况下，示波管正常工作时，调节亮度和聚焦，可在荧光屏上得到一个小亮点。若第二加速阳极 A_2 的电压为 U_2，电子的轴向运动速度用 $v_{/\!/}$ 表示，则有

$$v_{/\!/} = \sqrt{\frac{2eU_2}{m}} \tag{6}$$

当给其中一对偏转板加上交变电压时，电子将获得垂直于轴向的分速度(用 $v_{\perp}$ 表示)，此时荧光屏上便出现一条直线。随后给长直螺线管通一直流电流 I，于是螺线管内便产生磁场，其磁感应强度用 B 表示。众所周知，运动电子在磁场中要受到洛伦兹力 $F = ev_{\perp} B$ 的作用，显然 $v_{/\!/}$ 为零，电子继续向前做直线运动，而 $v_{\perp}$ 受力最大为 $F = ev_{\perp} B$，这个力使电子在垂直于磁场(也垂直于螺线管轴线) 的平面内做圆周运动，设其圆周运动的半径为 R，则有

$$ev_{\perp} B = \frac{mv_{\perp}^2}{R} \quad R = \frac{mv_{\perp}^2}{ev_{\perp} B} \tag{7}$$

圆周运动的周期为：

$$T = \frac{2\pi R}{v_{\perp}} = \frac{2\pi \cdot m}{e \cdot B} \tag{8}$$

电子既在轴线方向做直线运动，又在垂直于轴线的平面内做圆周运动。它的轨道是一条螺旋线，其螺距用 h 表示，则有

$$h = v_{/\!/} T = \frac{2\pi}{B}\sqrt{\frac{2mU_2}{e}} \tag{9}$$

有趣的是，我们从(8)(9) 两式可以看出，电子运动的周期和螺距均与 $v_{\perp}$ 无关。不难想象，电子在做螺线运动时，它们从同一点出发，尽管各个电子的 $v_{\perp}$ 各不相同，但经过一个周期以后，它们又会在距离出发点一个螺距的地方重新相遇，这就是磁聚焦的基本原理。由(9)式可得

$$e/m = 8\pi^2 U_2/h^2 B^2 \tag{10}$$

长直螺线管的磁感应强度 B，可以由下式计算：

$$B = \frac{\mu_0 NI}{\sqrt{L^2 + D_0^2}} \tag{11}$$

将式(11) 代入式(10)，可得电子荷质比为

$$e/m = 8\pi^2 U_2 (L^2 + D_0^2)/(\mu_0 NIh)^2 \tag{12}$$

式中，μ_0 为真空中的磁导率，$\mu_0 = 4\pi \times 10^{-7}$ H/m。

本仪器的其他参数如下：

螺线管内的线圈匝数：$N = 535 \pm 1$（具体以螺丝管上标注为准）；

螺线管的长度：$L = 0.235$ m；

螺线管的直径：$D_0 = 0.092$ m；

螺距（y 偏转板至荧光屏距离）$h = 0.135$ m。

四、实验内容和步骤

1. 电偏转实验

① 先用专用10芯电缆连接测试仪和示波管，再开启电源开关，将"电子束-荷质比"选择开关打向电子束位置，适当调节辉度，并调节聚焦，使屏上光点聚成一细点。应注意光点不能太亮，以免烧坏荧光屏。

② 光点调零，将面板上钮子开关打向 x 偏转电压显示，调节"x 调节"旋钮，使电压表的指针在零位，再调节 x 调零旋钮，使光点位于示波管垂直中线上；同 x 调零一样，将面板上钮子开关打向 y 偏转电压显示，调节 y 后，光点位于示波管的中心原点。

③ 测量偏转量 D 随电偏转电压 U_d 变化。调节阳极电压旋钮，给定阳极电压 U_2。将电偏转电压表显示打到显示 y 偏转调节（垂直电压），改变 U_d 测一组 D 值。改变 U_2 后再测 D-U_d 曲线。($U_2 = 600 \sim 1\ 000$ V)

④ 求 y 轴电偏转灵敏度 D/U_d。说明为什么 U_2 不同，则 D/U_d 不同。

⑤ 同 y 轴一样，也可以测量 x 轴的电偏转灵敏度。

2. 磁偏转实验

① 开启电源开关，将"电子束- 荷质比"选择开关打向电子束位置，适当调节辉度，并调节聚焦，使屏上光点聚成一细点。应注意光点不能太亮，以免烧坏荧光屏。

② 光点调零，通过调节"x 调节"和"y 调节"旋钮，使光点位于 y 轴的中心原点。

③ 测量偏转量 D 随磁偏转电流 I 的变化。给定 U_2，将磁偏转电流输出与磁偏转电流输入相连，调节磁偏转电流调节旋钮（改变磁偏转线圈电流的大小）测量一组 D 值。改变磁偏转电流方向，测一组 D-I 值。改变 U_2，再测两组 D-I 数据（$U_2 = 600 \sim 1\ 000$ V）。通过纽子开关切换磁偏转电流方向，再次实验。

④ 求磁偏转灵敏度 D/I。解释为什么 U_2 不同，则 D/I 不同。

3. 电聚焦实验

① 开启电源开关，将"电子束- 荷质比"选择开关打向电子束位置，适当调节辉度，并调节聚焦，使屏上光点聚成一细点。应注意光点不能太亮，以免烧坏荧光屏。

② 光点调零，通过调节"x 调节"和"y 调节"旋钮，使光点位于 y 轴的中心原点。

③ 调节阳极电压 U_2 为 $600 \sim 1\ 000$ V，对应的调节聚焦旋钮（改变聚焦电压）使光点达到最佳的聚焦效果，测量出各对应的聚焦电压 U_1。

④ 求出 U_2/U_1。

4. 磁聚焦和电子荷质比的测量实验

① 开启电子束测试仪电源开关，将"电子束- 荷质比"开关置于荷质比方向，此时荧光屏

上出现一条直线，阳极电压调到 700 V。

② 将励磁电流部分的调节旋钮逆时针方向调节到头，并将励磁电流输出与励磁电流输入相连(螺线管)。

③ 电流换向开关打向正向，调节输出调节旋钮，逐渐加大电流使荧光屏上的直线一边旋转一边缩短，直到出现第一个小光点，读取此时对应的电流值 $I_{正}$，然后将电流调为零。再将电流换向开关打向反向(改变螺线管中磁场方向)，重新从零开始增加电流，使屏上的直线反方向旋转并缩短，直到再得到一个小光点，读取此时电流值 $I_{反}$。

④ 改变阳极电压为 800 V，重复步骤③，直到阳极电压调到 1 000 V 为止。

⑤ 数据记录和处理。将所测各数据记入表中，通过(12)式，计算出电子荷质比 e/m。

五、注意事项

(1) 在实验过程中，光点不能太亮，以免烧坏荧光屏。

(2) 实验通电前，用专用 10 芯电缆连接测试仪和示波管。

(3) 在改变螺线管励磁电流方向或磁偏转电流方向时，应先将电流调到最小后再换向。

(4) 改变阳极电压 U_2 后，光点亮度会改变，这时应重新调节亮度，若调节亮度后加速电压有变化，再调到现定的电压值。

(5) 励磁电流输出中有 10 A 保险丝，磁偏转电流输出和输入有 0.75 A 保险丝用于保护。

(6) 切勿在通电的情况下拆卸面板对电路进行查看或维修，以免发生意外。

实验 15　PASCO 电学组合实验

第一部分　欧姆定律

一、实验目的

(1) 学会利用计算机进行物理实验。

(2) 研究欧姆定律和非欧姆材料电压与电流的关系。

二、实验仪器

本实验使用的实验仪器主要有计算机、Date studio(PASCO Capstone)软件、750(850)通用接口、功率放大器、电子学实验线路板、10 Ω 电阻器、导线、香蕉插头连线等。

三、实验原理

欧姆定律用物理公式可表示为

$$I=\frac{U}{R} \tag{1}$$

欧姆电阻两端的电压和通过的电流之间的函数关系是直线,直线斜率的数值等于电阻值。

四、实验内容和步骤

1. 应用 Date studio 软件和 750 接口进行实验

(1) 计算机设置

① 连接计算机和各个接口,接通电源。

② 连接功率放大器和模拟通道 A,接通电源。

③ 采样频率设置为 4 000 Hz。

④ 设置信号发生器,使它能输出频率为 60 Hz、电压为 3.00 V 的三角波信号。

⑤ 设置显示器窗口,使得垂直轴表示输出电压(1.000 V/DIV),水平轴表示模拟通道 A 的电流(0.100 A/DIV)。

(2) 仪器设置

在电子学实验线路板上,选择合适的部件按图 1 连线,接通功放电源。

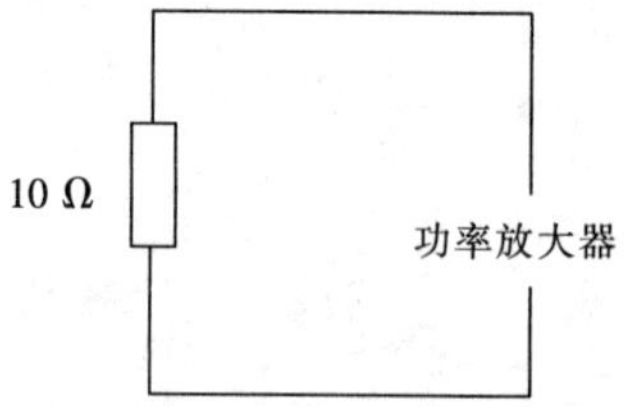

图 1　电阻部件连线电路

(3) 记录数据

点击信号发生器窗口"ON"按钮,接通信号发生器,点击实验设置窗口"MON"按钮,记录并显示数据。

(4) 数据分析

确定并记录显示器窗口直线的斜率。

(5) 选做内容

更换 100 Ω 的电阻器重做上述实验。

2. 应用 PASCO Capstone 软件和 850 接口进行实验

(1) 如图 1 所示设置电路，使用 3.3 kΩ 电阻。

(2) 点击屏幕左边的信号发生器，设置输出对应于直流波形和直流电压 1 V，点击“运行”按钮。

(3) 850 通用接口可以读出电流值，分辨率大约是 0.01 mA。尽管该电流很小，但是瞬时变化值会很大。通过电流几秒钟，我们可以得到一个精度为 0.01～0.02 mA 的数值。因为噪声会造成大概 5 mA 的系统误差，超过 1 mA 的范围，所以我们必须校准系统从而获得准确的数值(即零噪声时达到±0.1 mA)。

(4) 校准运行。从 850 通用接口拔下红色导线，这时对于所有的电压其电流应该为零，事实上并非如此。点击“记录”按钮，等待几秒钟直到平均电流不再抖动。在电压-电流表中零电流列中记录平均电流值。如果实际电压与电压-电流表中的电压不同，改变表格以适合实际的电压值。点击“停止”按钮。

(5) 调整信号发生器输出为 3 V，重复步骤(4)。当电压设置为 6 V、9 V、12 V 和 15 V 时重复该步骤。

(6) 将信号发生器设置回到 1 V。

(7) 实验运行。将红色导线插回 850 输出接口 1。重复步骤(4)(5)，在测量电流列中记录平均电流值，真实的电流值在测量电流值和零电流之间。

(8) 关闭信号发生器。

五、思考题

电阻轨迹直线的斜率是否等于电阻值？

第二部分　RC 电路

一、实验目的

研究充电过程中电容器上电压的变化规律和测量 RC 电路的时间常数。

二、实验仪器

本实验的实验仪器主要有计算机、Date studio(PASCO Capstone)软件、750(850)通用接口、功率放大器、电子学实验线路板、100 Ω 电阻器、330 μF 电容、香蕉插头连线等。

三、实验原理

电容是电路中可以存储电荷的器件。电容器的电容(大小)可用以衡量在给定电压时存储电荷量的多少。

$$Q = CU_C \tag{2}$$

式中：电容 C 的单位是法拉(F)，电荷 Q 的单位是库仑(C)，U_C 是穿过电容器的电压，单位是

伏特(V)。在充电过程中,电容器电量随时间变化的表达式可表示为

$$q = q_0(1 - e^{-t/\tau}) \tag{3}$$

式中:τ 是时间常数($\tau = RC$,R 是电阻,C 是电容)。

为了确定电容器上的电荷在时间上如何衰减,需要使用基尔霍夫回路定理,实验电路如图 2 所示,即

$$U_0 = U_C + U_R \tag{4}$$

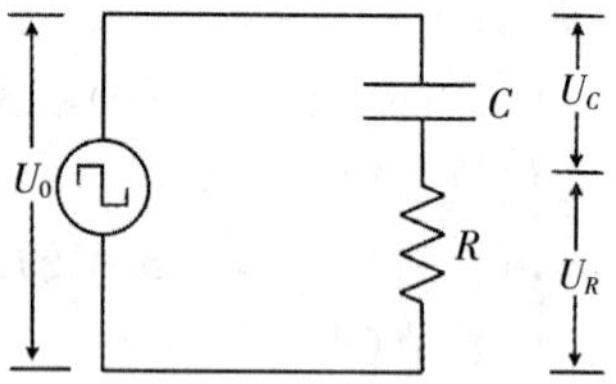

图 2 RC 谐振电路

由式(4),可得通过电容的电压为

$$U_C = \frac{Q}{C} \tag{5}$$

通过电阻的电压由欧姆定律给出:

$$U_R = IR \tag{6}$$

于是,有

$$U_0 = \frac{Q}{C} + IR \tag{7}$$

当电容器放电时,施加的电压 U_0 为零,式(8) 可归纳为

$$\frac{Q}{C} + IR = 0 \tag{8}$$

由于电流

$$I = \frac{dQ}{dt} \tag{9}$$

式(8) 就成了微分方程:

$$\frac{dQ}{dt} + \left(\frac{1}{RC}\right)Q = 0 \tag{10}$$

由式(10),对电荷 Q 求解,得

$$Q = Q_{max} e^{-(\frac{t}{RC})} \tag{11}$$

将电荷 Q 代入式(4),得出穿过电容器电压的函数如下:

$$U(t) = U_0 e^{-(\frac{t}{RC})} \tag{12}$$

式中

$$U_0 = \frac{Q_{max}}{C}$$

电容器上电压速率(电荷存储量) 的减少依赖于整个电路中的电阻和电容。如果电容器充压至初始电压为 U_0,并被允许通过电阻 R 来放电,那么通过电容器上的电压 U 会成倍衰减。

半衰期 $t_{1/2}$ 被定义为电压降低到初始电压 1/2 时所经历的时间:

$$U(t_{1/2}) = U_0/2 = U_0 e^{\frac{-t_{1/2}}{RC}} \tag{13}$$

解式(13) 可得,电容器电量达到$\frac{q_0}{2}$ 时所用的时间称为半衰周期($t_{1/2}$),它和时间常数关系为

$$t_{1/2} = \tau \ln 2 = RC \ln 2 \tag{14}$$

四、实验内容和步骤

1. 应用 Date studio 软件和 750 接口进行实验

(1) 计算机设置

① 连接计算机和各个接口,接通电源。

② 分别连接电压传感器和模拟通道 A、功率放大器和模拟通道 B，然后接通电源。

③ 设置采样频率为 1 000 Hz，停止条件为 4.00 s。

④ 设置信号发生器，使它能输出频率为 0.40 Hz、电压为 4.00 V 的方波信号，输出模式为自动。

⑤ 设定图形显示窗口垂直轴显示范围为 0～5 V，水平轴显示范围为 0～4 s。

(2) 仪器设置

在电子学实验线路板上，选择合适的部件(R=100 Ω、C=330 μF)，按照图 2 连线，接通电源。

(3) 记录数据

点击“REC”按钮，4 s 后数据图标 RUN＃1 出现在实验设置窗口中，然后根据需要记录并显示数据。

(4) 数据分析

① 点击自动改变比例按钮，使图形显示匹配数据。

② 点击放大镜按钮，利用鼠标拖出电压上升区域。

③ 利用鼠标显示并记录电压起始上升时间和电压达到 2.00 V 的时间，两者之差即 $t_{1/2}$。

④ 利用 $t_{1/2}=\tau\ln 2$，计算电容器的电容。

⑤ 测量电阻 R 和电容 C，计算 τ 并和实验结果相比较。

2. 应用 PASCO Capstone 软件和 850 接口进行实验

(1) 软件设置

① 构建谐振电路。将 850 通用接口的信号发生器＃1 作为电压源。(R=470 kΩ、C=3 900 pF)

② 单击信号发生器＃1，连接内部的输出电压-电流传感器。设置信号发生器为频率 350 Hz的方波，振幅电压为 2 V，补偿电压为 2 V。这将会使方波信号的正值振幅电压达到 4 V。设置信号发生器到自动挡。

③ 插入电压传感器通道 A，使电压传感器穿过整个电容器。

(2) 运行

① 建立一个示波器显示，可同时显示通道 A 的电压和同一轴上的输出电压。点击示波器监视和调整规模使屏幕上出现整个周期，显示电容器的整个充电和放电过程。

② 增加可观察点的数量(使用范围工具栏上的工具)达到最大允许值，然后将电压显示拍个快照，重命名该快照为“3 900 pF”。

(3) 数据分析

① 建立通道 A 电压-时间和输出电压-时间图像。选择该图像上运行 3 900 pF 的电压。

② 使用坐标工具，测量当电压下降到其最大值的 1/2 的时间，该时间就是半衰期。在坐标工具属性上降低像素距离到一格是非常重要的(在工具上右击按钮达到该属性)。

③ 测量当电压降低到其最大值的 1/4 时所需的时间，这是 2 个半衰期。然后将这段时间除以 2 得到半衰期。

④ 测量当电压降低到其最大值的 1/8 时所需的时间。这是 3 个半衰期。然后将这段时间除以 3 得到半衰期。将前面测量所得的 3 个半衰期取平均值，估计测量精度并将它表示为半衰期±精度。

⑤ 将计算理论半衰期的值与测量值做比较。

五、思考题

(1) 利用实验数据确定电容器充电到 0.75 q_0 时所花的时间。

(2) 计算 4 个半衰周期后电容器电量为多少?

(3) 求出本实验中电容器的最大电量?

第三部分 LRC 谐振电路

一、实验目的

(1) 观察 RLC 交流电路的谐振特征。

(2) 绘制串联谐振曲线,测量流经 LRC 电路的电流,此电流随频率而变,观察改变电阻、电感、电容时对电路的影响。

二、实验仪器

本实验使用的实验仪器主要有计算机、PASCO Capstone 软件、850 通用接口、功率放大器、电子学实验线路板、香蕉插头连线等。

三、实验原理

改变 RLC 串联电路的电源频率,或电源频率不变,改变 L、C 元件的参数,使其满足条件:

$$\omega = 2\pi f = \frac{1}{\sqrt{LC}} \quad 或 \quad \omega = 2\pi f = \sqrt{\frac{1}{LC} - \left(\frac{R}{L}\right)^2} \tag{15}$$

此时,电路的等效电抗为 0,因而电流电压同位相,电路不再与电源交换无功功率,即电路发生谐振。在如图 3 所示的 RLC 串联电路中,各元件电流、电压有效值为

$$I = \frac{U}{Z} = \frac{U}{\sqrt{R^2 + \left(\omega L - \frac{1}{\omega C}\right)}} \tag{16}$$

$$\left.\begin{aligned} U_R &= IR \\ U_L &= IZ_L = I\omega L \\ U_C &= IZ_C = I/(\omega C) \end{aligned}\right\} \tag{17}$$

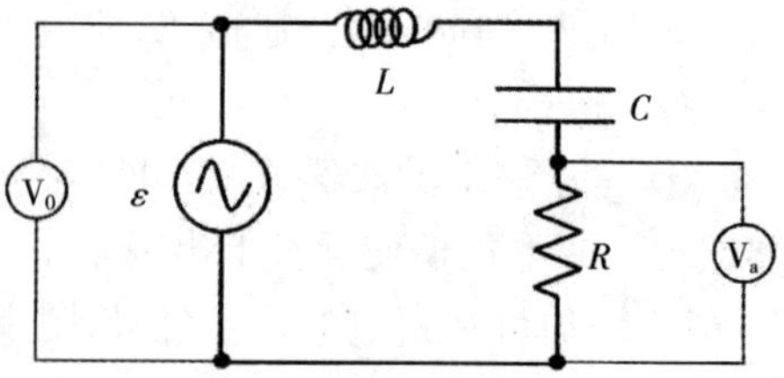

图 3 串联 LRC 电路

由式(16)、式(17) 可知,电路总阻抗 Z、电流 I、各元件两端的电压均随电源频率的变化而变化,当 $\omega L = \frac{1}{\omega C}$,即 $\omega = \omega_0 = \frac{1}{\sqrt{LC}}$ 时,RLC 串联电路处于谐振状态,这时,

阻抗有一极小值:

$$|Z|_{\min} = R \tag{18}$$

电流有一极大值:

$$I_{\max} = \frac{U}{R} \tag{19}$$

电压谐振：

$$U_L = U_C = QU \tag{20}$$

式中

$$Q = \frac{U_L}{U} = \frac{U_C}{U} = \frac{1}{R}\sqrt{\frac{L}{C}} \tag{21}$$

即电路谐振时的 U_L（或 U_C）与总电压 U 之比称为串联谐振电路的品质因数。

四、实验内容和步骤

1. 仪器设置

(1) 使用以下数值构建如图 3 所示电路。

① 电感 $L=2.5$ mH；

② 电容 $C=560$ pF；

③ 电阻 $R=1.0$ kΩ；

④ 外加电压加在使用信号发生器 #2 端。

(2) 在 PASCO Capstone 软件的硬件设置窗口的左边，标出通道 B 的电压传感器，并让电压传感器加上外加电压。

(3) 连接电压传感器到通道 A，然后并联到电阻器。

(4) 信号发生器 #2 频率设置为 1 000 Hz，振幅电压为 7 V，选择自动测量旋钮。

2. 运行

(1) 创建 V Ratio vs. Frequency 图。

(2) 创建示波器，将全部测量电压显示在纵坐标。具体方法：从左侧“数据摘要栏”中将“电压”数据用鼠标拖动到图表的纵坐标，选择 ms 作为水平坐标的时间单位。

(3) 通用采样率设置为 10 MHz。

3. 绘制共振曲线

(1) 设置信号发生器的输出频率为 10 Hz，打开示波器并按下触发键，调整水平和垂直方向的刻度，方便测量各个电压的幅度，以及电阻电压和输出电压之间的频率差。

(2) 按下示波器停止键，然后用坐标标示工具测量各个电压的幅度。两个电压都必须测量，以补偿输出电压的变化。

(3) 为了找出两个电压的相位变化，在坐标工具中，用 Δ 工具来测量相邻峰值之间的时间差，记录下相位差。

(4) 将输出电压频率增加 10 kHz，重复以上过程。

(5) 以 10 kHz 为步长继续增加输出电压的频率直到 500 kHz。为了得到电压与频率图像的更多细节，调整频率测量峰值附近更多的点。

(6) 将 1 kΩ 的电阻换成 3.3 kΩ，重复以上步骤。

五、思考题

(1) 当改变电阻值的时候，曲线图像的高度和宽度是怎样变化的？

(2) 计算理论共振频率，并与实际测量值进行比较。

三、设计性实验部分

实验16 简易万用电表的设计与制作

一、实验目的

(1) 学习和了解万用电表的工作原理。

(2) 根据万用电表的工作原理、所给器件性能,设计并制作出符合要求的万用电表。

二、实验内容和要求

(1) 设计两个直流电压挡：5 V、10 V 的电压表。

(2) 设计两个直流电流挡：5 mA、10 mA 的电流表。

(3) 设计两个电阻挡：×10 Ω、×1 kΩ 的电阻表。

三、实验仪器

本实验使用的实验仪器有微安表(0～100 μA,R_g=2 kΩ)、电阻箱(0～99 999.9 Ω)、标准电流表、标准电压表、电源(1.5 V)、波段开关等。

四、设计报告要求

(1) 在设计报告中,必须拟定实验方案,以及实验原理、实验内容和实验步骤。

(2) 在设计报告中,必须画出相应的实验电路图。

(3) 在设计报告中,写清楚实验所需的实验仪器。

(4) 在设计报告中,写明相关的实验条件。

五、实验提示

将电流表、电压表、电阻表的刻度指示盘刻在同一张刻度指示盘上,尤其要注意电阻指示刻度为非线性的,校准时以中值电阻为准。

六、思考题

(1) 实验所设计的简易万用电表的测量误差是多少？引起这些误差的根源是什么？

(2) 本实验所带来的启示是什么？

实验 17　线性电阻和非线性电阻的测量

一、实验目的

(1) 学会测量线性电阻的方法。

(2) 学会测量非线性电阻的方法。

(3) 学会正确选择测量仪器仪表的方法。

(4) 学会分析误差的来源。

二、实验内容和要求

(1) 给出一待测线性电阻，至少设计 2 种不同的测量方法测量其电阻值，并画出电路图，讨论误差来源。

(2) 给出一待测二极管，至少设计 2 种不同的测量方法测量其电阻值，并画出电路图，讨论误差来源。

三、实验仪器

本实验使用的实验仪器主要有直流稳压电源、电流表、电压表、电阻箱、滑动变阻器、万用电表、惠斯登电桥、待测电阻、待测二极管、导线等。

四、设计报告要求

(1) 在设计报告中，必须拟定实验方案，以及实验原理、实验内容和实验步骤。

(2) 在设计报告中，必须画出相应的实验电路图。

(3) 在设计报告中，写清楚所需的实验仪器。

(4) 在设计报告中，写明相关的实验条件。

五、思考题

(1) 内接法与外接法的区别是什么？线性电阻与非线性电阻的区别是什么？

(2) 本实验中测量误差来源是什么？

实验18　交流电桥的设计与制作

一、实验目的

(1) 了解电桥测电抗元件参数的测量原理。
(2) 熟悉线路的接法和仪器仪表的选用。

二、实验内容和要求

(1) 拟定测量线路(如待测元件的等效电路,电桥臂阻抗配置方式)。
(2) 设计实验表格和操作步骤。
(3) 处理实验数据,分析误差产生的原因。

三、实验仪器

本实验使用的实验仪器主要有音频信号发生器、晶体管毫伏表、标准电阻箱、标准电容箱、标准电感等。

四、设计报告要求

(1) 在设计报告中,必须拟定实验方案,以及实验原理、实验内容和实验步骤。
(2) 在设计报告中,必须画出相应的实验电路图。
(3) 在设计报告中,写清楚所需的实验仪器。
(4) 在设计报告中,写明相关的实验条件。

五、思考题

(1) 实验电抗元件有哪两种等效电路?两种等效电路测得的元件品质因数 Q 和耗散因数 $\tan\delta$ 形式是否相同?

(2) 能否用交流电桥测量交流电的频率?如果能,试设计该电桥电路,并简述其实验步骤。

附　录

一、国际单位制(SI)

附表 1　国际单位制(SI)的基本单位

物理量名称	单位名称	单位符号
长度	米	m
质量	千克	kg
时间	秒	s
电流	安[培]	A
热力学温度	开[尔文]	K
物质的量	摩[尔]	mol
发光强度	坎[德拉]	cd

附表 2　国际单位制(SI)的导出单位

物理量名称	单位名称	单位符号	用基本单位表示
频率	赫[兹]	Hz	s^{-1}
力	牛[顿]	N	$kg \cdot m \cdot s^{-2}$
压力、压强、应力	帕[斯卡]	Pa	$N \cdot m^{-2}$
能[量]、功、热量	焦[耳]	J	$N \cdot m$
功率、辐[射能]通量	瓦[特]	W	$J \cdot s^{-1}$
电荷[量]	库[仑]	C	$A \cdot s$
电压、电动势、电位	伏[特]	V	$W \cdot A^{-1}$
电容	法[拉]	F	$C \cdot V^{-1}$
电阻	欧[姆]	Ω	$V \cdot A^{-1}$
电导	西[门子]	S	$A \cdot V^{-1}$
磁通[量]	韦[伯]	Wb	$V \cdot s$
磁通[量]密度、磁感应强度	特[斯拉]	T	$Wb \cdot m^{-2}$

续表

物理量名称	单位名称	单位符号	用基本单位表示
电感	亨[利]	H	$Wb \cdot A^{-1}$
摄氏温度	摄氏度	℃	K
光通量	流[明]	lm	$cd \cdot sr$
[光]照度	勒[克斯]	lx	$lm \cdot m^{-2}$
[放射性]活度	贝可[勒尔]	Bq	s^{-1}
吸收剂量	戈[瑞]	Gy	$J \cdot kg^{-1}$
剂量当量	希[沃特]	Sv	$J \cdot kg^{-1}$

二、常用物理基本常数

附表 3 基本和重要的物理基本常数

物理常数	符号	单位	最佳实验值	供计算用值
真空中光速	c	$m \cdot s^{-1}$	299 792 458±1.2	3.00×10^{8}
引力常数	G	$m^3 \cdot s^{-2} \cdot kg^{-1}$	$(6.672\ 0\pm0.004\ 1)\times10^{-11}$	6.67×10^{-11}
阿伏伽德罗常数	N_A	mol^{-1}	$(6.022\ 045\pm0.000\ 031)\times10^{23}$	6.02×10^{23}
普适气体常数	R	$J \cdot mol^{-1} \cdot K^{-1}$	$(8.314\ 41\pm0.000\ 26)$	8.31
玻尔兹曼常数	k	$J \cdot K^{-1}$	$(1.380\ 662\pm0.000\ 041)\times10^{-23}$	1.38×10^{-23}
理想气体摩尔体积	V_m	$m^3 \cdot mol^{-1}$	$(22.413\ 83\pm0.000\ 70)\times10^{-3}$	22.4×10^{-3}
基本电荷(元电荷)	e	C	$(1.602\ 189\ 2\pm0.000\ 004\ 6)\times10^{-19}$	1.602×10^{-19}
原子质量单位	u	kg	$(1.660\ 565\ 5\pm0.000\ 008\ 6)\times10^{-27}$	1.66×10^{-27}
电子静止质量	m_e	kg	$(9.109\ 534\pm0.000\ 047)\times10^{-31}$	9.11×10^{-31}
电子荷质比	e/m_e	$C \cdot kg^{-1}$	$-(1.758\ 804\ 7\pm0.000\ 004\ 9)\times10^{11}$	1.76×10^{11}
质子静止质量	m_p	kg	$(1.672\ 648\ 5\pm0.000\ 008\ 6)\times10^{-27}$	1.673×10^{-27}
中子静止质量	m_n	kg	$(1.674\ 954\ 3\pm0.000\ 008\ 6)\times10^{-27}$	1.675×10^{-27}
法拉第常数	F	$C \cdot mol^{-1}$	$(9.648\ 456\pm0.000\ 027)\times10^{4}$	96 500
真空电容率	ε_0	$F \cdot m^{-1}$	$(8.854\ 187\ 8\ 18\pm0.000\ 000\ 071)\times10^{-12}$	8.85×10^{-12}
真空磁导率	μ_0	$H \cdot m^{-1}$	$12.566\ 370\ 614\ 4\pm10^{-7}$	$4\pi\times10^{-7}$
电子磁矩	μ_e	$J \cdot T^{-1}$	$(9.284\ 832\pm0.000\ 036)\times10^{-24}$	9.28×10^{-24}
质子磁矩	μ_p	$J \cdot T^{-1}$	$(1.410\ 617\ 1\pm0.000\ 005\ 5)\times10^{-23}$	1.41×10^{-23}
玻尔(Bohr)半径	a_0	m	$(5.291\ 770\ 6\pm0.000\ 004\ 4)\times10^{-11}$	5.29×10^{-11}
玻尔(Bohr)磁子	μ_B	$J \cdot T^{-1}$	$(9.274\ 078\pm0.000\ 036)\times10^{-24}$	9.27×10^{-24}

续表

物理常数	符号	单位	最佳实验值	供计算用值
核磁子	μ_N	$J\cdot T^{-1}$	$(5.059\ 824\pm0.000\ 020)\times10^{-27}$	5.05×10^{-27}
普朗克(Planck)常数	h	$J\cdot s$	$(6.626\ 176\pm0.000\ 036)\times10^{-34}$	6.63×10^{-34}
精细结构常数	a		$7.297\ 350\ 6(60)\times10^{-3}$	
里德伯(Rydberg)常数	R	m^{-1}	$1.097\ 373\ 177(83)\times10^{7}$	
电子康普顿波长	λ_e	m	$2.426\ 308\ 9(40)\times10^{-12}$	
质子康普顿波长	λ_p	m	$1.321\ 409\ 9(22)\times10^{-15}$	
质子电子质量比	m_p/m_e		1 836.151 5	

三、部分常用物理量数值

附表4　20 ℃时常用金属的弹性模量(杨氏模量)

金属	杨氏模量	
	/(G·Pa)	$/(N\cdot m^{-2})$
铝	70.00～71.00	$7.000\times10^{10}\sim7.100\times10^{10}$
钨	415.0	4.150×10^{11}
铁	190.0～210.0	$1.900\times10^{11}\sim2.100\times10^{11}$
铜	105.0～130.0	$1.050\times10^{11}\sim1.300\times10^{11}$
金	79.00	7.900×10^{10}
银	70.00～82.00	$7.000\times10^{10}\sim8.200\times10^{10}$
锌	800.0	8.000×10^{10}
镍	205.0	2.050×10^{11}
铬	240.0～250.0	$2.400\times10^{11}\sim2.500\times10^{11}$
合金钢	210.0～220.0	$2.100\times10^{11}\sim2.200\times10^{11}$
碳钢	200.0～210.0	$2.000\times10^{11}\sim2.100\times10^{11}$
康铜	163.0	1.630×10^{11}

附表5　常用固体的密度

物质	密度/$(g\cdot cm^{-3})$	物质	密度/$(g\cdot cm^{-3})$	物质	密度/$(g\cdot cm^{-3})$
银	10.492	铅锡合金	10.6	软木	0.22～0.26
金	19.3	磷青铜	8.8	电木板(纸层)	1.32～1.40
铝	2.70	不锈钢	7.91	纸	0.7～1.1

续表

物质	密度/(g·cm^{-3})	物质	密度/(g·cm^{-3})	物质	密度/(g·cm^{-3})
铁	7.86	花岗岩	2.6～2.7	石蜡	0.87～0.94
铜	8.933	大理石	1.52～2.86	蜂蜡	0.96
镍	8.85	玛瑙	2.5～2.8	煤	1.2～1.7
钴	8.71	熔融石英	2.2	石板	2.7～2.9
铬	7.14	玻璃(普通)	2.4～2.6	橡胶	0.91～0.96
铅	11.342	玻璃(冕牌)	2.2～2.6	硬橡胶	1.1～1.4
锡	7.29	玻璃(火石)	2.8～4.5	丙烯树脂	1.182
锌	7.12	瓷器	2.0～2.6	尼龙	1.11
黄铜	8.5～8.7	砂	1.4～1.7	聚乙烯	0.90
青铜	8.78	砖	1.2～2.2	聚苯乙烯	1.056
康铜	8.88	混凝土	2.4	聚氯乙烯	1.2～1.6
硬铝	2.79	沥青	1.04～1.40	冰(0℃)	0.917

附表 6　常用液体的密度

物质	密度/(g·cm^{-3})	物质	密度/(g·cm^{-3})	物质	密度/(g·cm^{-3})
丙酮	0.179	甲苯	0.866 8	海水	1.01～1.05
乙酮	0.789 3	重水	1.105	牛乳	1.03～1.04
甲醇	0.791 3	汽油	0.66～0.75	甘油	1.261
苯	0.879 0	柴油	0.85～0.90	蓖麻油	0.96～0.097
三氯甲烷	1.489	松花油	0.87		

附表 7　固体的线膨胀系数(在 101 325 Pa 条件下)

物质	温度/℃	线膨胀系数/(10^6 ℃$^{-1}$)	物质	温度/℃	线膨胀系数/(10^6 ℃$^{-1}$)
金	20	14.2	碳素钢		约 11
银	20	19.0	不锈钢	20～100	16.0
铜	20	16.7	镍铬合金	100	13.0
铁	20	11.8	石英玻璃	20～100	0.4
锡	20	21	玻璃	0～300	8～10
铅	20	28.7	陶瓷		3～6
铝	20	23.0	大理石	25～100	5～16
镍	20	12.8	花岗岩	20	8.3
黄铜	20	18～19	混凝土	−13～21	6.8～12.7

续表

物质	温度/℃	线膨胀系数/(10^6 ℃$^{-1}$)	物质	温度/℃	线膨胀系数/(10^6 ℃$^{-1}$)
殷钢	−250～100	−1.5～2.0	木材		3～5
锰铜	20～100	18.1	(平行纤维)		
磷青铜	—	17	木材		35～60
镍钢(Nin10)	—	13	(垂直纤维)		
镍钢(Nin43)	—	7.9	电木板		21～33
石蜡	16～38	130.3	橡胶	16.7～25.3	77
聚乙烯		180	硬橡胶		50～80
冰	0	52.7	冰	−50	45.6
			冰	−100	33.9

附表 8　物质的比热容

物质	温度/℃	比热容/(10^2 J·kg^{-1}·℃$^{-1}$)	物质	温度/℃	比热容/(10^2 J·kg^{-1}·℃$^{-1}$)
Al	25	9.04	水	25	41.73
Ag	25	2.37	乙醇	25	24.19
Au	25	1.28	石英玻璃	20～100	7.87
C(石墨)	25	7.07	黄铜	0	3.70
Cu	25	3.850	康铜	18	4.09
Fe	25	4.48	石棉	0～100	7.95
Ni	25	4.39	玻璃	20	5.9～9.2
Pb	25	1.28	云母	20	4.2
Pt	25	1.363	橡胶	15～200	11.3～20
Si	25	7.125	石蜡	0～20	29.1
Sn(白)	25	2.22	木材	20	约 12.5
Zn	25	3.89	陶瓷	20～200	7.1～8.8

附表 9　液体的表面张力系数

液体	接触气体	温度/℃	表面张力系数/(10^{-3} N·m^{-1})
水	空气	10	74.22
水	空气	30	71.18
水	空气	50	67.91
水	空气	70	64.4
水	空气	100	58.9
水银	空气	15	487

续表

液体	接触气体	温度/℃	表面张力系数 /(10^{-3} N · m^{-1})
乙醇	空气	20	22.3
甲醇	空气	20	22.6
乙醚	蒸气	20	16.5
甘油	空气	20	63.4

附表 10　一些透明媒介的光折射率

物质	H_α 线 (656.3 nm)	D 线 (589.3 nm)	H_β 线 (486.1 nm)
水(18 ℃)	1.331 4	1.333 2	1.337 3
乙醇(18 ℃)	1.360 9	1.362 5	1.366 5
二硫化碳(18 ℃)	1.619 9	1.629 1	1.654 1
冕玻璃(轻)	1.512 7	1.515 3	1.521 4
冕玻璃(重)	1.612 6	1.615 2	1.621 3
燧石玻璃(轻)	1.603 8	1.608 5	1.620 0
燧石玻璃(重)	1.743 4	1.751 5	1.772 3
方解石(寻常光)	1.654 5	1.68 5	1.667 9
方解石(非常光)	1.484 6	1.486 4	1.490 8
水晶(寻常光)	1.541 8	1.544 2	1.549 6
水晶(非常光)	1.550 9	1.553 3	1.558 9

参考文献

[1] 贺业泰．误差理论与数据处理[M]．北京：机械工业出版社，2005.

[2] 龚镇雄．普通物理实验[M]．北京：人民教育出版社，1981.

[3] 霍剑青，吴泳华，刘鸿图，等．大学物理实验[M] 北京：高等教育出版社，2005.

[4] 谢行恕．大学物理实验[M]．北京：高等教育出版社，2005.

[5] 丁慎训．物理实验教程[M]．北京：清华大学出版社，2002.

[6] 吕斯骅．新编基础物理实验[M]．北京：高等教育出版社，2006.

[7] 原所佳．基础物理实验[M]．北京：国防工业出版社，2006.

[8] 沈元华，陆申龙．基础物理实验[M]．北京：高等教育出版社，2005.

[9] 凌亚文．大学物理实验[M]．北京：科学出版社，2005.

[10] 余虹．大学物理实验[M]．北京：科学出版社，2007.

[11] 邓水凤，刘红荣．大学物理实验[M]．湘潭：湘潭大学出版社，2009.

[13] 戴乐山，戴道宣．近代物理实验[M]．上海：复旦大学出版社，1995.

[14] 叶伏秋，邬云文．新编大学物理实验[M]．湘潭：湘潭大学出版社，2011.

[15] 陶纯匡，王银峰．大学物理实验[M]．北京：机械工业出版社，2007.

[16] 李文斌，刘旺东．大学物理实验[M]．湘潭：湘潭大学出版社，2010.

[17] 戴允玢，贾贵儒．大学物理实验教程[M]．北京：机械工业出版社，2008.

[18] 刘文军．大学物理实验[M]．北京：机械工业出版社，2008.

[19] 吴平．大学物理实验[M]．北京：机械工业出版社，2008.

[20] 廖立新，全秀娥，肖立娟．大学物理实验[M]．湘潭：湘潭大学出版社，2019.

版权所有　侵权必究

图书在版编目（CIP）数据

大学物理实验教程 / 闫万珺，张忠政，张殿喜主编
. -- 湘潭 ：湘潭大学出版社，2019.12

ISBN 978-7-5687-0381-9

Ⅰ．①大… Ⅱ．①闫… ②张… ③张… Ⅲ．①物理学
－实验－高等学校－教材 Ⅳ．①04-33

中国版本图书馆 CIP 数据核字（2019）第 290951 号

大学物理实验教程

DAXUE WULI SHIYAN JIAOCHENG

闫万珺 张忠政 张殿喜 主编

责任编辑：王利剑　丁立松
封面设计：张丽莉
出版发行：湘潭大学出版社
社　　址：湖南省湘潭大学工程训练中心
电　　话：0731-58298960 0731-58298966（传真）
邮　　编：411105
网　　址：http://press.xtu.edu.cn/
印　　刷：长沙印通印刷有限公司
经　　销：湖南省新华书店
开　　本：787 mm×1092 mm 1/16
印　　张：17
字　　数：414 千字
版　　次：2019 年 12 月第 1 版
印　　次：2019 年 12 月第 1 次印刷
书　　号：ISBN 978-7-5687-0381-9
定　　价：45.00 元